# 進化は万能である

人類・テクノロジー・宇宙の未来

THE EVOLUTION OF EVERYTHING
How New Ideas Emerge

マット・リドレー Matt Ridley
大田直子・鍛原多恵子・柴田裕之・吉田三知世＝訳

早川書房

# 進化は万能である

## ――人類・テクノロジー・宇宙の未来

THE EVOLUTION OF EVERYTHING

*How New Ideas Emerge*

by

Matt Ridley



Translated by

Naoko Ohta, Taeko Kajihara, Yasushi Shibata, Michiyo Yoshida

First published 2016 in Japan by

Hayakawa Publishing, Inc.

This book is published in Japan by

arrangement with

Felicity Bryan Ltd.

through Tuttle-Mori Agency, Inc., Tokyo.

装幀／加藤賢策（LABORATORIES）

# 目次

※各章冒頭に掲げられている抜粋は、ルクレーティウス著、樋口勝彦訳、『物の本質について』（岩波書店〔岩波文庫〕刊）から引用させていただいた。

# プロローグ　一般進化理論

「evolution（進化）」という言葉はもともと「折りたたまれたり巻かれたりして閉じていたものが外へと展開すること」を意味する。進化とは一つの物語、つまり物事がどのように変化するかについての一つのナラティブだ。この単語にはほかにも多くの意味があり、それぞれ特定の種類の変化を指す。進化は、何かから何か別のものが現れ出てくることを含意する。そして、突然の大変革とは逆の、緩やかな漸進的《ぜんしんてき》変化という含みを持つようになった。進化は自然発生的であると同時に否応《いやおう》のないものだ。単純な始まりから積み重なる変化を示唆する。外から指図されるのではなく内から起こる変化という、言外の意味を持つ。またたいてい、目的がなく、どこに行き着くかにかんして許容範囲が広い変化を指す。そして無論、自然淘汰の仕組みを通して生き物の中で起こる、変化を伴う遺伝的な由来という、非常に特殊な意味も持つに至っている。

進化は私たちの周りのいたるところで起こっている、というのが本書の主張だ。自然界のみならず人間の世界がどのように変化するかを読み解くうえで、それが最善の見方となる。人間社会の制度や組織、所産、習慣における変化は、漸進的で否応がなく、避け難い。ある段階から別の段階へと、一つのナラティブに沿って進む。飛躍はなく、じわじわと進展する。外から駆り立てられるのではなく、独自の自然発生的な勢いを持っている。ゴールも目的も頭にはない。おもに試行錯誤で起こる――いわば、自然淘汰の一バージョンだ。電灯を例に取ろう。一七一二年、トマス・ニューコメンという無名の技師が、熱を仕事に変える最初の実用的方法を思いついたとき、彼は自分の発明の裏にある基本原理（水を沸騰させて蒸気に変えると膨張するという原理）が無数の小さなステップを経て、ついには電気を生み出す機械の誕生につながり、その機械が人工の光を提供するようになるとは、夢にも思っていなかっただろう。だがこうして、熱から仕事へ、仕事から光へという道が開かれたのだ。白熱灯から蛍光灯へ、さらにはLEDライトへという変化は、今もなお展開しつつある。これらの出来事の順序は、過去においても現在においても、進化の道筋に沿ったものだ。

進化は前述のすべての意味において、たいていの人が気づいているよりもはるかに一般的で、なおかつはるかに大きな影響力を持っているということを、私はこれから主張していく。進化は遺伝のシステムだけに限られてはおらず、道徳からテクノロジー、金銭から宗教まで、人間の文化に見られる事実上すべてのものの変化の仕方を、進化によって説明できる。人間文化のこれらの細流の流れは緩やかで漸進的で、何者の指示も仰いでおらず、創発的《そうはつ》で、競合するアイデア間の自然淘汰に駆り立てられている。人々は、意図されていない変化の張本人というより、その変化に巻き込まれる犠牲者であることのほうが多い。そして、文化の進化は、目的など頭にないものの、それでも数々の問題に対する実用的で巧妙な解決法を生み出す。生物学者が「適応」と呼ぶものだ。動植物の形態や振る舞いの場合には、見たところ目的があるように思えるので、意図的なデザインに帰することなく説明するのが難しく感じられる。眼は見るためにデザインされたとしか思えないではないか。私たちは人間の文化が人間の抱える問題を解決するようにうまく適応しているのを目にしたときにも、同じように思ってしまう。これは、誰か賢い人が、解決するという目的を念頭に置いてデザインしたからだと、私たちは考える傾向にある。というわけで私たちは、たまたまタイミング良くその場に賢い人が居あわせたなら、それをその人の手柄としてしまいがちなのだ——それがどれほど分不相応なことであっても。

したがって、現在のような人類史の教え方は、人を誤らせかねない。デザインや指図、企画立案を過度に重視し、進化をあまりに軽視するからだ。その結果、将軍が戦いに勝ち、政治家が国家を運営し、科学者が真理を発見し、芸術家が新しいジャンルを生み出し、発明家が画期的躍進をもたらし、教師が生徒の頭脳を形成し、哲学者が人々の思考を変え、聖職者が道徳を説き、ビジネスマンが企業を引っ張り、策謀家が危機を招き、神々が道徳を定めるように見えてしまう。個々の存在ばかりではなく、組織や機関が主役に思える場合もある。ゴールドマン・サックスや共産党、カトリック教会、アルカイダなどが、世界のあり方を決めていると言われる。

私はそういうふうに歴史を習った。だが今思うと、正しいことよりも間違っていることのほうが多かった。もちろん、個々の人間が大きな影響を及ぼすこともありうるし、それは政党や大企業にしても同じだ。リーダーシップが重要であることに変わりはない。とはいえ、もしこの世の中についての支配的な神話や、私たちの誰もが犯す大きな過ちや、盲点というものが一つあるとすれば、それは、世界は現実をはるかに上回る程度まで物事が計画されている場所であると、誰もが思い込んでいることだろう。その結果、私たちは再三にわたって因果関係を取り違える。風があるのはヨットのせいだと文句を言ったり、ある出来事を引き起こしたのはそこに居あわせた傍観者だと言ってその人を称えたりする。戦いが勝利に終われば、（敵軍を弱らせたマラリアの流行ではなく）将軍がその勝利の立役者に違いない。子どもが何かを習得すれば、それは（教師の手助けでその子どもが見つけた本や仲間、好奇心のおかげではなく）教師が教えたからに違いない。ある種《しゅ》が絶滅を免れれば、それは（肥料が発明されて、人々を養うために必要な土地の面積が減ったおかげではなく）環境保護活動家が救ったからに違いない。何か発明がなされれば、（次なる技術上の進展の機が、否応もなく、避け難いまでに熟していたからではなく）発明家がそれを発明したからに違いない。危機が発生すれば、（失態ではなく）陰謀が目に映る。私たちは、人々や組織や機関がつねに主導権を握っているかのように、世の中の事柄を記述するが、多くの場合、じつはそうではない。ナシーム・タレブが著書『反脆弱《はんぜいじやく》（*Antifragile*）』で述べているように、複雑な世界では、「原因」という概念そのものが疑わしいのだ。「これまた新聞を無視する理由になる。なにせ新聞というものは、たえず物事の原因を提示しているからだ」。

タレブは、あざけり半分に自らが「ソヴィエト＝ハーヴァード幻想」（訳注　科学的知識を適用できる範囲を過大に見積もる、往々にしてトップダウン的な思考法のこと）と呼ぶものをばっさりと切り捨てる。彼によれば、この幻想は、鳥に対して飛翔の講義を行ない、その講義のおかげで鳥が空を飛ぶ技能を獲得したと考えることだそうだ。アダム・スミスも、彼が「体系の人」と呼ぶ輩《やから》に対する遠慮のなさでは引けを取らない。そのたぐいの人間は「チェス盤の上で手がさまざまな駒を動かすのと同じぐらい簡単に、自分は大きな社会のさまざまな人々を動かせる」と思い込んでいるが、人間社会という巨大なチェス盤の上では、どの駒も独自の動きを持っていることに考えが及ばないのだ。

エイブラハム・リンカーンの造語を借りれば、私は本書を通して読者のみなさんを徐々に、人間の意図やデザインや企画立案という妄想の束縛から「解放する《ディセンスロール》」ことができればと願っている。ダーウィンが生物学の分野で成し遂げたことのほんの一部でも、人間の世界のあらゆる側面についてやってのけ、みなさんがデザインという幻想を見透かして、その向こうにある創発的で、企画立案とは無縁で、否応もなく、美しい変化の過程を目にできるようになってもらいたいと願っている。

人間は自分自身の世界を説明するのが驚くほど下手であるということを、私はこれまでたびたび思い知らされてきた。もしアルファケンタウリから人類学者が地球にやってきて鋭い質問を連発したら、まともな答えは得られないだろう。世界中で殺人の発生率が下落しているのはなぜか？　犯罪学者のあいだでは意見が分かれている。一九世紀と比べて、現在の世界の人々の平均所得が一〇倍以上になったのはなぜか？　経済史学者の見方は一致しない。およそ二〇万年前、アフリカに住んでいた人類の一部が累積的なテクノロジーと文明を発明しはじめたのはなぜか？　人類学者はその理由を知らない。世界経済はどのように機能しているのか？　経済学者は説明できるふりはするが、詳しい説明となると、じつはお手上げだ。

これらの現象は、アダム・ファーガスンという名のスコットランドの従軍牧師が一七六七年に最初に定義した奇妙なカテゴリーに属する。これらは人間の行動の結果ではあっても、人間のデザインによるものではない。本来の意味での進化現象、すなわち、自《おの》ずと展開していく現象だ。そして、この種の進化現象は、ありとあらゆる場所で、ありとあらゆる事物の中に見られる。それにもかかわらず、私たちはこのカテゴリーを見落としてしまう。私たちの言語と思考は、世の中の事物を、人間がデザインして生み出したものと、秩序も目的もない自然現象の二種類に分類する。経済学者のラス・ロバーツは、私たちには後者のような現象を網羅する言葉がないことを指摘している。雨が降っても濡れないようにしてくれる傘は、人間の行動とデザインの両方の結果であるのに対して、傘を忘れたときにあなたをびしょ濡れにする暴風雨はそのどちらでもない。だが、地元の店があなたに傘を売ることを可能にしているシステムはどうだろう？　あるいは、「傘」という言葉自体は？　はたまた、行き会った歩行者がすれ違いやすいように傘を傾《かし》げるというエチケットは？　これら（市場、言語、慣習）は、人間が作り出したものだ。ところが、どれを取っても一人の人間によってデザインされたものではない。みな、計画もないままに現れ出てきたのだ。

　私たちは意図や計画やデザインという考え方を、自然界を理解しようとするときにも持ち込む。そして、自然の中に創発的な進化ではなく意図的なデザインを見出す。ゲノムの中にヒエラルキーを、脳の中に「自己」を、心の中に自由意志を探す。異常気象現象に遭遇すれば、何かしら理屈を言って、呪術《じゅじゅつ》であろうが、人間が引き起こした地球温暖化であろうが、人間の主体性のせいにする。

　だがこの世界は、私たちが認めたがる程度をはるかに超えて、驚くほど自己組織的で自己変革的だ。パターンが出現し、トレンドが進化する。空を飛ぶガンの群れは意図することなくV字隊形を成し、シロアリは建築家抜きでりっぱな蟻塚を築き、ミツバチは指示されなくても六角形の巣を作り、脳は作り手がいないのに形を取り、学習は指導がなくても起こり、歴史が政治的な出来事を方向づけるのであってその逆ではない。ゲノムにはマスター遺伝子などありはしないし、脳には指令センターがあるわけではなく、英語という言語にディレクターはおらず、経済の最高経営責任者は存在せず、社会を統《す》べる総裁はいないし、コモンローは裁判長を持たず、気候に調節つまみはついておらず、歴史を指揮する元帥も不在だ。

社会では、人々は変化の影響を受ける側であり、たとえ変化をもたらす直接の行動主体であるにしても、原因はほかにあることのほうが多い。それは、創発的で集合的で否応のない力だ。そのような否応のない力のうちでも最も強力なのが、自然淘汰そのものによる生物学的進化だが、それ以外にも、計画されていない進化的変化の、より単純な形態がいくつもある。実際、イノベーション理論家のリチャード・ウェブの言葉を借りれば、ダーウィン説は「特殊進化理論」なのだ。じつは、一般進化理論というものもあって、生物学よりもはるかに広い範囲に応用できる。社会や通貨、テクノロジー、言語、法律、文化、音楽、暴力、歴史、教育、政治、神、道徳にも当てはまるのだ。この一般理論によれば、物事は同じ状態であり続けることはなく、徐々に、それでいて否応のないかたちで変化し、「経路依存性」や、変化を伴う由来、試行錯誤、選択的持続性を示すことになる。それにもかかわらず人間は、この内部から起こる変化の過程が、あたかも上からの指図を受けているかのように捉え、自らそれをもたらしたものと思い込む。

事の真相を、左派、右派両方の知識人の大半があいかわらず見落としており、彼らは事実上、「特殊創造説（訳注　本来は、聖書にあるとおりに神が万物を創造したという説。本書ではおおむね、意図や計画を持った主体が物事を生み出したり引き起こしたりしているという考え方を指して使われている）の支持者」であり続けている。自然は複雑だからといってデザイナーが存在することにはならないというチャールズ・ダーウィンの洞察を受け入れるのを拒む右派の強迫観念と、社会は複雑だからといって計画者が存在することにはならないというアダム・スミスの洞察を受け入れるのを拒む左派の強迫観念とは、どっちもどっちだ。これからのページで、私はあらゆる形を取るこの「特殊創造説」に立ち向かうことにする。

# 第１章 宇宙の進化

以上のことをよく理解してくれるならば、直ちに自然は自由であり、傲慢なる主人に左右されることなく、自然自身すべて自由勝手な独立行動をとっているものであって、神々とは関係がないということが判ってくるであろう。

——ルクレティウス、『物の本質について』第二巻より

「スカイフック」とは、空から物体を吊るしているという、架空の装置のことだ。第一次世界大戦のさなか、同じところに一時間留まれと命じられたある偵察機のパイロットがむかついて、皮肉を込めて返した言葉のなかで使われたのに端《たん》を発する。「本機はスカイフックに吊るされてなどいない」と応じたわけだ。哲学者のダニエル・デネットは、生物は知性ある設計者が存在する証拠だという主張の比喩にスカイフックという言葉を当てた。彼は、スカイフックの対極にあるのがクレーンだという——前者は解決法、説明、あるいは計画を高いところからこの世界に押し付ける。対する後者は解決

法、説明、あるいはパターンが地面から上に向かって出現するのを助ける。自然淘汰はまさに後者である。

西洋思想の歴史は、世界を設計や計画の産物として説明するスカイフック装置であふれている。プラトンは、社会というものは、設計された宇宙的秩序を模倣して機能していると述べたが、そんな説は信念として強制的に押し付けるほかなかった。アリストテレスは、物質に内在する本質的な、目的を設定し生成発展をもたらす諸原理——つまり魂——を探さねばならないとした。ホメロスは、神々が戦いの結果を決定すると主張した。聖パウロは、イエスがそうしろと教えたのだから道徳的に振舞わねばならないと言った。ムハンマドは、クルアーン（コーラン）を通して伝えられた神の言葉に従わねばならないとした。ルターは人間の運命は神の手中にあると述べた。ホッブズは、社会秩序は君主、あるいは、彼が「リヴァイアサン」と呼んだもの——すなわち国家——に由来すると言った。カントは、倫理は人間の経験を超越すると述べた。ニーチェは強い指導者たちがよい社会を生み出すと言った。マルクスは、国家とは経済的・社会的進歩をもたらす手段だとした。このように、世界はトップダウンのかたちで説明できて、トップダウンのかたちで規定されているのだから、その規定に従って生きなければならないのだと、私たちは繰り返し自分たちに言い聞かせてきた。

だが、これを打ち破ろうと何度も試み、その都度《つど》失敗してきた、もうひとつの考え方がある。その最初の提唱者は、エピクロスというギリシャの哲学者だったようだが、彼のことはほとんど知られていない。後世の著述家たちが彼について述べたことからすると、エピクロスは紀元前三四一年に生まれ、物理的世界、生物世界、人間社会、そして私たちがそれに従って生きている倫理も、すべては自然に起こった現象で、神の介入も温和な君主も過保護国家（訳注　いわゆる「福祉国家」の蔑称）もなしに説明できると考えた（今日《こんにち》明らかにされている限りにおいては）。彼の弟子たちの解釈によれば、エピクロスは先人のギリシャ哲学者、デモクリトスに倣《なら》い、世界は霊や体液《フモール》など、あれこれ特殊なものでできているのではなく、空虚と原子という二種類のものだけからなると考えた。すべてのものは、目に見えないほど小さく破壊できない原子が、空虚によって隔てられてできている。原子は自然の諸法則にしたがう。あらゆる現象は、自然な原因の結果である、とエピクロスは述べた。紀元前四世紀にしては、すこぶる先見性のある結論だ。

残念ながら、エピクロスが書いたものは失われてしまった。しかし、三〇〇年後、ローマの詩人ティトゥス・ルクレティウス・カルスが、長大で雄弁な未完の詩『物の本質について』（邦訳は樋口勝彦訳、岩波書店など）のなかで、エピクロスの思想をよみがえらせ、詳しく記した。ルクレティウスは、ローマが独裁制に陥りつつあった紀元前四九年ごろ、この詩の制作なかばで亡くなったようだ。フランスの小説家ギュスターヴ・フローベールは、この時代についてこう書いている。「神々はもはやなく、キリストはいまだ現れず、人間がひとり立っていたまたとない時代が、キケロとマルクス・アウレリウスのあいだにあった」。誇張の嫌《きら》いはあるが、少なくともこの前後の時期よりは、自由な思考が可能だったのは確かだ。ルクレティウスは、この二人の政治家よりも破壊的で偏見がなく、先見の明があった（キケロはルクレティウスを尊敬していたが、その思想には同意しなかった）。ルクレティウスの詩は魔術、神秘主義、迷信、宗教、そして神話のすべてを拒絶し、純粋な経験主義を貫く。ハーヴァード大学の歴史家スティーヴン・グリーンブラットが述べているように、七四〇〇行からなる六歩格詩《ヘクサメトロス》『物の本質について』においてルクレティウスが率直に言及している一連の事柄は、現代人が向き合うべき課題としても少しもおかしくない。すべてのものは、虚空のなかを運動する目には見えない粒子が有限個集まって、さまざまに異なるかたちで結びついたものでできていると主張した彼は、現代物理学を先取りしていた。宇宙に創造主はおらず、神の摂理など幻想に過ぎず、存在には目標も目的もなく、偶然のみが支配する創造と破壊を繰り返すだけだという、今日と同じ理解をしていた。自然は絶え間なく実験を行なっており、適応して子孫を残せる生物が繁栄すると示唆した点で、彼はダーウィンの先駆者と言える。宇宙は人類のために、あるいは人類を中心に作られたのではない。私たちは特別ではない。遠い過去には、平和で豊かな黄金時代など存在せず、ただ生存をかけた原始的な闘いがあっただけだ。これらの主張において、彼は現代の哲学者や歴史家と一致する。霊魂は滅び、来世はなく、組織化された宗教はすべて迷信的妄想で、常に残酷だ。そして天使、悪魔、幽霊は存在しないと論じる彼は、現代の無神論者に通ずる。倫理については、喜びを高め苦痛を減らすことが人間の生活にとって最高の目標であると彼は考えた。

私が最近になってようやくルクレティウスを知り、自分が相当なルクレティウス＝エピクロス主義者で、しかもそうとは知らずに昔からずっとそうだったのだとわかったのは、グリーンブラットの素晴らしい本、『一四一七年、その一冊がすべてを変えた』（河野純治訳、柏書房。原題は*The Swerve*《ザ・スワーブ》）に負うところが大きい。ルクレティウスの詩を、六〇代になってやっと、A・E・ストーリングズの美しい英訳で読んだことについては、これまでに受けた教育への憤りが今後も私の心のなかでくすぶり続けることだろう。学校で過ごしたこの長い年月を、イエス・キリストやらユリウス・カエサルやらの退屈な言葉や凡庸《ぼんよう》な散文をのろのろと読まされて無駄にしてしまったなんて。そんなものではなく、あるいは、せめてそれらに加えて、ルクレティウスについて教えてくれてもよかったのに。ウェルギリウス（訳注　古代ローマ最大の詩人）にしても、詩作活動の大部分をルクレティウスへの反論を動機のひとつとして行なったのであり、神、支配者、そしてトップダウンの考え方全般への尊敬を回復しようと懸命だった。それ以上細かく分割することのできない物質でできたさまざまな形が絶えず変化しているというルクレティウス流の考え方――スペイン生まれの哲学者ジョージ・サンタヤーナが、人類がこれまでに思いついた最も偉大な考えと呼んだもの――は、私自身の著作の変わらぬテーマのひとつだ。物理学と科学のみならず、進化、生態学、経済学にとっても、その背後にある中心思想である。キリスト教徒たちがルクレティウスを抑圧しなかったなら、ダーウィニズムの発見は何世紀も早まっていたに違いない。

## ルクレティウスの異端思想

『物の本質について』という詩に対して私たちは、それを知ってはいるものの、か細い糸でかろうじてつながっているだけだ。当時の著述者たちには言及され、称賛されており、古代ローマの街ヘルクラネウムの「パピルスの館」（ユリウス・カエサルの義父の図書館と推定されている）でその焼け焦げた断片も発見されているが、歴史のなかではほとんど忘れられていた。九世紀の諸文献には、『物の本質について』のあちこちがごく稀《まれ》に引用されているぐらいのもので、修道士はあまり読んでいなかったことがうかがえる。一四一七年にはもう、学者が『物の本質について』を全篇まとまったものとしては読まなくなって一〇〇〇年以上が経っていた。文書として、これは事実上失われてしまっていたのだ。いったいなぜ？

この疑問に答えるのはそれほど難しくない。あらゆるかたちの迷信に対するルクレティウスの尋常ならぬ軽蔑、そして、化体《かたい》説という教義（訳注　聖餐《せいさん》のぶどう酒とパンは神の奇跡によりキリストの血と肉となるというカトリックなどの教義）に反する彼の原子論そのもののせいで、キリスト教が支配的になれば世に忘れられてしまうのはいたしかたなかった。彼が快楽原則——喜びの追求は善につながり、苦痛にはよいところなどまったくない——を持ち上げたことも、喜びは罪深く苦難は道徳にかなっているというキリスト教で繰り返し現れる強迫観念と相容《あいい》れなかった。*

魂が不死であることと、超越者が世界を意図してつくりあげたのを証拠立てるものの存在とを信じていたプラトンとアリストテレスの場合は、キリスト教の枠を出ていないとみなすこともできたのだが、エピクロスの思想は完全に異端であり、キリスト教会にとって脅威だったので、ルクレティウスは抑圧されねばならなかった。彼の無神論は明白で、その率直さはドーキンス的でさえある。哲学史家のアンソニー・ゴットリープは、ルクレティウスの一節をリチャード・ドーキンスの『利己的な遺伝子』（日高敏隆・岸由二・羽田節子・垂水雄二訳、紀伊國屋書店）からのそれと比較する。ルクレティウスは、「あらゆる種類の運動と結合の仕方」によって「生物のたぐいが生まれ出て栄え」（樋口訳）るようすについて語り、ドーキンスは、「無秩序な原子が自ら集まっていっそう複雑なパターンをなし、ついには人間をつくりあげた」（日高・岸・羽田・垂水訳）さまを述べる。一七世紀イングランドの詩人で文芸評論家のジョン・ドライデンは、ルクレティウスは往々にして「無神論者としてあまりに熱心で、詩人であることを忘れた」と、とがめた。ルクレティウスは、「重苦しい宗教のもとに圧迫されて」いる人々について語り、「かの宗教なるものの方こそ、これまではるかに多くの罪深い、……行いを犯して来ている」と主張し、「宗教に対しても、また占卜師どもの脅迫に対しても、何とかして反抗する」（樋口訳）力を私たちに与えることを目指す。彼らがルクレティウスを叩き潰そうとしたのも無理はない。

彼らは九分どおり成功した。罪の報いについて詳しく説明しようと躍起になっていた聖ヒエロニムス（訳注　四～五世紀のキリスト教神学者）は、ルクレティウスのことを、愛の媚薬で正気を失い、そのため自殺した狂人だとかたづけてしまった。このような誹謗中傷《ひぼうちゅうしょう》を支持する証拠はまったく存在しない。聖人たちは典拠を示していない。エピクロスの支持者はすべて恥ずべき快楽主義者だという話がでっちあげられ、広められ、今日まで続いている。『物の本質について』の写本はすべて、エピクロスのほかの著作やその他の懐疑主義的な本ともども、各地の図書館から略奪されて破壊された。一四一七年に、フィレンツェの学者で、教皇秘書の職を失ったばかりのジャン・フランチェスコ・ポッジ

＊　グリーンブラットの本は、ベストセラーの多くがそうであるように、ほかの学者たちから非難されている。彼は中世の学者たちが文字を読めず無知だったことを誇張しているという批判に加え、『物の本質について』が九世紀に少なくとも時折言及されているという事実を見過ごしていること、そして、宗教的な考え方に対して辛辣すぎることが槍玉に挙げられている。しかし、『物の本質について』はキリスト教によって抑圧され攻撃された――再発見されたあとでさえも――が、一四一七年以降広く読まれるようになったおかげで、ルネサンスと啓蒙主義運動に影響を及ぼしたという彼の最も重要な主張が、正しいことに疑いはない。

ヨ・ブラッチョリーニが偶然『物の本質について』全篇の写本を見つけるまで、この詩の体裁で書かれた唯物主義的人文主義の思想の一切の痕跡は、ヨーロッパから消え去ってから長い年月が経過していたようだ。ドイツ中部で稀少な写本を探していたポッジョが、ある修道院（ドイツの都市、フルダにあったものと推測される）の図書室でたまたま『物の本質について』の写本を一冊発見した。それを急遽《きゅうきょ》書き写し、友人で裕福な愛書家のニコロ・ニコーリに送ったところ、ニコーリが作ったそのまた写本が、五〇回以上も書写された。一四七三年、この本は印刷され、かくしてルクレティウスの異端思想がヨーロッパ中の知識人たちに影響を及ぼしはじめたのだった。

## ニュートンがちょっと突き動かす

ルクレティウスは、その詩の美しさ以上に、合理主義、唯物主義、自然主義、人道主義、そして自由を熱烈に支持したことでこそ、西洋思想史において特別な地位を与えられるに値する。ルネサンス、科学革命、啓蒙主義、そしてアメリカ独立革命はどれも、ルクレティウスから多少なりとも何かを吸収した人々から始まった。ボッティチェリの『ヴィーナスの誕生』は、ルクレティウスの『物の本質について』の冒頭の場面を効果的に描いている。ジョルダーノ・ブルーノは、原子どうしは結びつきを変えること、そして人類は宇宙の目的ではないという考えを、畏怖をもって受け入れるべきだというルクレティウスの言葉を引用したせいで、その異端の教えを封じ込めるため針で口を閉じられて火刑の柱に磔《はりつけ》にされた。ガリレオの場合、コペルニクスの地動説のみならずルクレティウスの原子論を支持したことが、裁判で彼に不利な材料となった。じつのところ、科学史家のキャサリン・ウィルソンが述べているように、ピエール・ガッサンディ（訳注　一七世紀フランスの哲学者、自然学者。スコラ哲学的アリストテレス主義を批判し、エピクロスの原子論と道徳論を支持した）がデカルトに対抗して提唱しはじめ、トマス・ホッブズ、ロバート・ボイル、ジョン・ロック、ゴットフリート・ライプニッツ、そしてアイルランド国教会の主教ジョージ・バークリーら、当時最も影響力のあった思想家たちに受け継がれた一七世紀の経験主義全体が、ルクレティウス人気の急上昇に刺激されて発展したところが相当にあるのだ。

ルクレティウス的な考え方が浸透していくにつれ、それが次に何をもたらすかに最初に気づいたのは物理学者たちだった。アイザック・ニュートンはケンブリッジの学生だったころにエピクロスの原子論を詳しく知るようになった。ガッサンディがルクレティウスを解釈したものについてウォルター・チャールトン（訳注　一七世紀イギリスの自然哲学者で、エピクロス的原子論をイギリスにもたらしたとされる）が詳細に解説した本を読んだのである。その後ニュートンはラテン語版の『物の本質について』を入手した。この本は彼の蔵書の一冊として今日も残っており、頻繁《ひんぱん》に使われていたことがうかがえる。ニュートンは、原子と原子のあいだの空虚についてルクレティウスの考え方を踏襲しており、それはニュートンのさまざまな著作、とりわけ『光学』（島尾永康訳、岩波書店）で頻繁に言及されている。

ニュートンは、スカイフックを排した最初の近代思想家ではけっしてないが、最もうまくその作業をやってのけた一人だ。彼は惑星の軌道やリンゴの落下を、神ではなく重力によって説明した。それによって彼は、不断の神の介入と、あまりに多くのものの説明に使われすぎている、創造主による監督とを、もはや不要にした。ボールを最初に蹴ったのはエホバだったかもしれないが、ボールはただ自《おの》ずと丘を転げ落ちたのだ。

しかし、ニュートンが行なった解放は明らかに限定的だった。彼の説について、ならば神は存在しないということかと解釈する者はもちろん、神は究極の責任者ではないということかと受け止める者にも、彼は激怒した。彼は厳然とこう述べた。「太陽、惑星、そして彗星からなるこのきわめて優美な体系は、知性を持った強力な存在がなければ生じ得なかった」。彼はその理由をこう説明する。彼の計算によれば、太陽系は最終的にはばらばらになって混沌としてしまうはずなのに、明らかにそうはなっていないのだから、神がときおり介入して、惑星を軌道に押し戻しているに違いない。やはりエホバも仕事をしていたのだが、パートタイムだったというわけだ。

## 逸脱《スワーブ》

ニュートンのやったことはそこまでだった。スカイフックは、視界から消えただけで、いまだに存在している。啓蒙主義ではこのパターンが何度も繰り返された。神から一ヤードの土地を奪ったはいいが、それに続いて、まだ向こう側の土地は全部神のもので、それは今後もずっと変わらないと主張するのである。「実在しない、幻のようなものだ」と正体を看破されたスカイフックがいくつあったか知れはしないのに、正真正銘実在するスカイフックの候補はひきも切らず現れる。実際、物事が自然に出現した可能性のほうが高いと示すために必死に努力してきたあげく、突然神の計画を見てしまうという事例があまりに多いので、これを呼ぶための名称を借りてこようと思う。「逸脱《スワーブ》」というのがそれだ。ルクレティウス（デモクリトスとエピクロスの思想を継承していた）は、予測可能な運動しかしない原子からなる世界のなかでは、どう見ても人間には備わっていると思われる自由意志という能力がなぜありうるのか説明できなかった。これを説明するために、彼はご都合主義的にこう示唆した。原子たちはときおり予想外に逸脱《スワーブ》した振る舞いをするに違いない、なぜなら、そのようなことができるように神が原子を作られたから、と。ルクレティウス本人がこのように弱気になってしまったことは、「ルクレティウス的逸脱《スワーブ》」として古くから知られているが、私はこの言葉をもっと一般化して使いたい。つまり、ある思索家が、自分がどうにも理解できないことを説明するために、逸脱して行き当たりばったりにスカイフックを仮定する行為をすべて「逸脱《スワーブ》」と呼ぶことにする。このあと本書にはたくさんのルクレティウス的逸脱《スワーブ》が登場するので、ご注意いただきたい。

　ニュートンのライバル、ゴットフリート・ライプニッツは、一七一〇年に書いた神義論（訳注　ライプニッツが作った言葉で、全能の神が創った世界になぜ悪があるのか、という疑問に答える哲学）の論文のなかで、神の存在を一種数学的に説明しようと試みた。そして、悪が世界にじわじわと広がっているのは、人間の最善の面を引き出すためにほかならないと結論した。神は常に、悪を最小限に抑えるにはどうすればいいかを注意深く計算しており、必要とあらば災害を引き起こして、善人よりも悪人を多く殺すというのだ。ヴォルテールはこれをライプニッツの「最善説《オプティミズム》」だと揶揄した。当時「オプティミズム」という言葉は、現在とはほぼ完全に逆の意味で使われていた。すなわち、世界は神が作ったので、完全であり、よりよくすることはできない（「最善《オプティマル》」である）という意味だったのである。一七五五年の諸聖人の日（訳注　カトリック教会で、諸聖人を記念する祝日。毎年一一月一日）の朝、教会に大勢の人々が集まっていたときに、リスボンを地震が襲い六万人が亡くなったあと、神学者たちはライプニッツの議論にならい、リスボンは罪をおかしたので罰を受けたのだと、ご都合主義的に説明した。ヴォルテールはこれに我慢ならず、冷笑的に問いかけた。「ならばリスボンには、より多くの悪が見出されたのか／欲望の趣くままの歓楽に満ち溢れたパリよりも？」

フランスにおけるニュートン信奉者であったピエール＝ルイ・モーペルテュイは、ニュートン力学によって予測されるとおり地球が南北の極で平たくつぶれていることを証明するために、スウェーデンのラップランドまで行った。彼はさらに、自然の驚異や太陽系の規則性に神の存在を見出す、ほかのさまざまな主張を拒否して、ニュートンの到達点よりも先まで進んだ。ところが、せっかくそこまで行ったのに、彼は突然歩みを止め（モーペルテュイの「ルクレティウス的逸脱《スワーブ》」）、運動を説明する物理学の基礎原理として彼自身が発見した「最小作用の原理」は、自然が持っている英知を示しており、そのことからすると、自然は賢明な創造者が生み出したものに違いないと結論した。モーペルテュイ自身はこれを、「もしも神が私と同じくらい賢明なら、神は存在するに違いない」と表現した。あきれたナンセンスだ。

ヴォルテールは、おそらく彼の愛人で数学の才能に恵まれたデュ・シャトレ侯爵夫人エミリーがモーペルテュイと同衾《どうきん》し、ライプニッツを擁護する文章を書いたことに腹を立てたからだろう、小説『カンディード』（邦訳は吉村正一郎訳、岩波書店など）に、ライプニッツとモーペルテュイを混ぜ合わせたような人物、哲学者のパングロス博士を登場させた。パングロスは、彼が教育したカンディードともども梅毒に罹《かか》り、船の難破、地震、火事に遭《あ》い、奴隷にされ首をくくられるような目に遭いながらも、この世界は、あり得るすべての世界のなかで最善のものだと、喜々として確信したままで、純朴なカンディードもそう説得する。神義論に対するヴォルテールの軽蔑が、ルクレティウスに直接由来していることは明らかであり、ヴォルテールは生涯をとおしてルクレティウスの議論を借用し、一時は自ら「近代のルクレティウス」と名乗りさえした。

## パスタかミミズか？

詩人または名文家のなかでルクレティウスを拠《よ》りどころにしたのはヴォルテールが最初ではなかったし、また、最後のひとりでもないだろう。トマス・モアは、ルクレティウス的な喜びを、「ユートピア」を信じる心と調和させようと努力した。モンテーニュはルクレティウスを頻繁に引用し、彼を真似て「世界は、ひとつの不断の運動にすぎない……。そのなかのすべてのものは、常に運動している」と述べ、人間は「エピクロスの言う、無限の原子へと帰るべきだ」と主張した。エリザベス一世とジェームズ一世の時代、エドマンド・スペンサー、ウィリアム・シェイクスピア、ジョン・ダンなどのイギリス詩人たち、そしてフランシス・ベーコンらはみな、直接または間接的にルクレティウスから取ったさまざまなテーマをいじりまわした。ベン・ジョンソンは、オランダ語版のルクレティウスに詳細に注釈を入れた。マキアヴェッリは若かりしころ『物の本質について』の全文を書写した。モリエール、ドライデン、ジョン・イーヴリンは、『物の本質について』を翻訳した。ジョン・ミルトンとアレクサンダー・ポープは、この詩を手本にしたり引用したりし、またこれに反論しようと試みた。

トマス・ジェファーソンは、『物の本質について』のラテン語版を五種類と、他の三言語に翻訳されたものとを集め、自分はエピクロス主義者だと宣言し、「幸福の追求」という言葉を使って、意識的にルクレティウスを真似た。詩人で医師のエラズマス・ダーウィンは、進化論を発表した孫のみならず多くのロマン派詩人を刺激した人物だが、意図的にルクレティウスを模倣して、長大で官能的で、進化論的かつ哲学的な詩をいくつも書いた。彼の最後の詩『生命の殿堂』は、エラズマス・ダーウィン版『物の本質について』として書かれたのだった。

この偉大なローマの唯物論者の影響をビビッドなかたちで示すのが、メアリー・シェリーが『フランケンシュタイン、あるいは現代のプロメテウス』（邦訳は菅沼慶一訳、共同文化社など）の着想を得た瞬間のことだ。夫のパーシー・シェリーがバイロン男爵ジョージ・バイロンと、「ダーウィン博士」が行なった実験で、放置され発酵した「バーミセリ」（訳注　パスタの種類）が命を持つようになったという話について議論しているのを聞いて、ひらめいたのだ。シェリー、バイロン、そしてエラズマス・ダーウィンがみな熱心なルクレティウス主義者だったことからすると、たぶん彼らは実際には、パスタに命が宿ることについて議論していたのではなく、ルクレティウスが『物の本質について』のなかで、腐敗した植物のかたまりのなかに自然にわいてくるにょろにょろした小さな虫たち――「バーミクロス」――について論じている箇所（と、ダーウィンがその記述を真似て行なった実験）を引いて話していたのだろう。だが、このひとつの出来事のなかに、西洋の思想史が包括《ほうかつ》されている。つまりこうだ。古典作品の著者がルネサンスに再発見され、人々を刺激して啓蒙主義をもたらし、ロマン派運動に影響を及ぼしたのちに、最も有名なゴシック小説を生み出すきっかけとなり、その小説の悪役は今日なお繰り返し映画に登場しては人々を引き付けているのである。

啓蒙主義の哲学者たちは、常にルクレティウスを意識していた。彼らは、この世は実際に、創造主なる神によって造られたとする創造論者的な考え方から離れていく道を一層遠くまで進んだ者たちだ。ピエール・ベール（訳注　一七世紀フランスの哲学者で、啓蒙思想のさきがけとなった人物とされる）は、『彗星雑考』（野沢協訳、法政大学出版局）のなかで、『物の本質について』の第五巻の議論をほぼそのまま踏襲して、宗教の力は恐怖から生じていると示唆した。モンテスキューは『法の精神』（一七四八年）（邦訳は野田良之・稲本洋之助・上原行雄・田中治男・三辺博之・横田地弘訳、岩波書店など）の冒頭の文章で、ルクレティウスをほのめかして、「法はその最も普遍的な意味において、物の本質から生じる必然的な関係である」（傍点は引用者）と述べた。ドゥニ・ディドロは『哲学断想』（邦訳は新村猛・大賀正喜訳、岩波書店など）のなかでルクレティウスの議論をほぼそのまま引き継いで、自然には目的などないという意味のことを述べた。また、この本の冒頭には、『物の本質について』からの一文が引用されている。「暗闇の中から〔見れば〕、光に当っている物が見える」（樋口訳）というのがそれだ。さらにその後『盲人書簡』（吉村道夫・加藤美雄訳、岩波書店）のなかで、神そのものも感覚の産物に過ぎないと示唆し、異端のかどで投獄された。無神論を唱えた哲学者ポール＝アンリ・ティリ・ドルバック男爵は、一七七〇年に出版した著書『自然の体系』（邦訳は高橋安光・鶴野陵訳、法政大学出版局など）のなかで、ルクレティウスの思想を極限まで押し進めた。ドルバックは、原因と結果、そして運動する物質のほか何も認めなかった。「物質の形成を説明するのに超自然的な力に頼る必要はまったくない」というわけである。

このような懐疑主義が根付きはじめた場所のひとつに地質学がある。スコットランド南部で農場を経営したこともある地質学者のジェームズ・ハットンは、一七八五年、私たちの足元にある岩は、現在もなお続いている侵食と隆起のプロセスによって作られたのであり、山頂に貝の化石が存在する理由を説明するのにノアの大洪水など必要ないという理論を発表した。「ゆえにわれわれは、われわれの陸地の、すべてではなかったとしても大部分は、この地球にとって自然な作用によって生み出されたのだとの結論へと導かれる」。彼が、「始まりの痕跡など見つからないし、終わりを予感させるものも見つからない」と述べたのは有名だが、このとき彼は、地質学的時間というものの途方もない深さを垣間見《かいまみ》たのだった。このことで彼は、冒瀆者だ無心論者だと非難された。アイルランドの著名な科学者、リチャード・カーワンは、ハットンのような考え方がフランス革命などの危険な出来事の一因となったのだとほのめかしさえした。具体的には、その手の考え方は、「さまざまな無神論的体系、不信心の体系の構造にとって、あまりに好都合なことがすでに証明されている。ちょうど、これらの体系は混乱や醜行にとって好都合だと、とうの昔に証明されているのと同じように」と述べたのである。

## その前提は必要ない

スカイフックを破壊する先導役となった物理学者たちは、さらに世界を驚かせた。ニュートン主義をその論理的な帰結へと導いたのはピエール＝シモン・ラプラスだった（ニュートンが使った複雑で厄介な幾何学を、エミリー・デュ・シャトレが改良したものを使ってのことだ）。ラプラスは、宇宙の現在の状態は「その過去の結果であり、その未来の原因である」と論じた。すべての原因のすべての結果を計算できるほど強力な知性があったとしたら、その知性にとっては、「不確実なことなど存在せず、未来も過去とまったく同じように眼前に見えるだろう」。天文学的世界では、太陽系を安定に維持するために、ニュートンが持ち出した「そっと突き動かす神」すら必要ないことを数学的に示し、ラプラスはスカイフックを捨て去ったのである。「その前提は私には必要ありませんでした」とは、彼がナポレオンに告げた言葉である。

ラプラスの決定論の確実性は結局、二〇世紀になって、量子力学とカオス理論という二つの方向から攻撃を受けて崩壊した。原子以下の微小なレベルでは、物質の構造そのものに不確定性が組み込まれており、世界はニュートン的なものとはまったくかけ離れていることが明らかになったのだ。天文学的尺度のほうでもアンリ・ポアンカレが、ある種の配置に置かれた天体系は永続的な不安定状態に陥ってしまうことを見出した。そして気象学者のエドワード・ローレンツが、初期条件にきわめて敏感な系である気象系は本質的に予測不可能だと気づき、一九七二年の講演のタイトルで、「ブラジルの蝶の羽ばたきはテキサスに竜巻を起こすか？」と問いかけたことはつとに有名だ。

だが、これは悪いことではない。決定論への攻撃は、上からではなく下から、外からではなく内側からきた。なんといっても、おかげで世界はよりルクレティウス的な場所になった。一個の電子の位置、あるいは一年後の天気を予測できないことは、予言者、専門家、計画立案者の自信に対する反証となったのである。

## それ自体の穴にぴったりな水たまり

二〇世紀終盤の一時期、一部の天文学者たちは「人間原理」という新しいスカイフックを受け入れた。いろいろな形のものがあったが、基本的には、宇宙の条件と、いくつかのパラメータが取っている特定の値は、あつらえたかのように生物の出現に適しているようだと主張していた。言い換えれば、物事がほんの少しでも違っていたなら、安定した太陽、水が豊富な世界、高分子炭素化合物などはありえず、したがって生命が始まることもけっしてなかっただろうというわけだ。このような宇宙規模の幸運に恵まれたというのが事実であれば、私たちは不思議なほど自分たちに好都合な、いわば特権的な宇宙に暮らしているということになるのだが、それは少し薄気味悪いとはいえ、素敵なことではあった。

たしかに、私たちのこの宇宙には、そうでなければ生物など生まれ得なかっただろう、とてつもない偶然としか思えない特徴がいろいろあるように見える。宇宙定数が少しでも大きければ、反重力の圧力がもっと大きかっただろうから、銀河、恒星、惑星などが進化するずっと前に宇宙は爆発してばらばらになっていただろう。電磁気力と核力は、炭素が最もありきたりな元素のひとつになるのにちょうどいい強さになっているが、たくさんの結合を形成できる炭素は、生物にとって不可欠だ。分子結合の強さは、恒星から生物が生息可能な距離範囲にある惑星の温度で安定かつ切断可能なちょうどいい大きさになっている。少しでも弱ければ宇宙は熱くなりすぎ、少しでも強ければ冷たくなりすぎて、化学反応は起こりにくくなるだろう。

たしかにそのとおりだ。しかし、長年望遠鏡ばかりを使いすぎた宇宙論者たちの小さなグループの内側ではともかく、その外に出てしまえば、人間原理という考え方は、それをどれだけ真面目に受け止めるかによって、陳腐かばかばかしいかのいずれかでしかなかった。人間原理が、原因と結果を取り違えているのはあまりにも明らかだ。生物が物理法則に適合したのであって、逆ではない。水が液体で存在する世界では、炭素は高分子になれるし、太陽系は数十億年もつので、液体で満たされた細胞のなかに水溶性のタンパク質が存在する、炭素に基づく系として生物が出現したのだ。違う世界では、違った種類の生物が出現するのだろう、もしも出現できるとすればだが。デイヴィッド・ウォルサム（訳注　イギリスの天文生物学者）は『幸運な惑星（*Lucky Planet*）』という著書のなかで次のように述べているが、まったくそのとおりだ。「私たちが都合のいい場所、細かい法則が知性を持った生物の出現を許すような場所を占めているのは、必然にすぎないのだ」。人間原理など必要なかったのである。

ウォルサムはウォルサムで、地球は稀《まれ》で、比類ないものかもしれない、なぜなら、四〇億年にわたって水が液体状態でいられるほど温度が一定の惑星を生み出すに必要な一連の偶然はありえないものだったから、と主張している。月はとりわけ思いがけない幸運だった。なにしろ、惑星どうしの衝突で形成され、地球の潮汐《ちょうせき》の影響で徐々に地球から離れていったのだから（今は形成直後の一〇倍も遠く離れている）。衝突後、月がほんの少し大きいか小さいかしていたなら、あるいは地球の一日がほんの少し長いか短いかしていたなら、地軸は不安定になり、生物を滅ぼすような大きな気象災害が繰り返し起こって、知性を持った生物の出現は不可能になっていただろう。神なら、この月を巡る偶然を自分の功績だと主張するかもしれないが、ガイア――ジェームズ・ラブロックが提唱する、地球と生物が互いに関係しあってガイアというひとつの生命体をなして、気候をコントロールしているという理論——にはそれはできない。したがって私たちは、とんでもなく幸運でありえないほど稀な存在なのだろう。しかし、だからといって私たちが特別な存在だということにはならない。ここまでうまく事が運んでいなかったなら、私たちはここにはいなかっただろうから。

人間原理については、最後にダグラス・アダムズ（訳注　二〇世紀後半のイギリスの脚本家、SF作家で、無神論者）の言葉で締めくくろう。「こんな水たまりを想像してみてほしい。この水たまり、ある朝目覚めて、『僕はなんて興味深い世界——僕が入っている興味深い穴のことだ——に生きているんだろう。この穴、僕になかなかぴったりじゃないか？　実際、恐ろしいぐらいぴったりだよ。僕がなかに入るように作られたのかもしれないぞ！』と考えるのである」。

## 私たち自身で考える

ニュートンとその信奉者たちのあとに続いて、政治や経済の分野の啓蒙が起こったのはなんら偶然ではない。デイヴィッド・ボダニスが、ヴォルテールとその愛人についての伝記『情熱的な精神（*Passionate Minds*）』で論じているように、ニュートンの例に刺激され、自分の周りにある大昔から受け入れられてきた伝統を疑問視する人は少なくないだろうから。「もはや権威は、聖職者や王室関係者、そしてその背後にある確立した教会組織や国家に言われたことから生じる必要はない。それは、危険なことに、持ち運び可能な小さな本や、自分自身が思いついたアイデアから生じることもありえるのだ」。

ルクレティウスを読み、実験と思考を重ねることによって、啓蒙主義の潮流は、天文学も生物学も社会さえも、知性ある設計者に頼ることなく説明できるのだという考え方を次第に受け入れるようになった。ニコラウス・コペルニクス、ガリレオ・ガリレイ、バルーフ・スピノザ、そしてアイザック・ニュートンは、トップダウンの考え方からボトムアップの考え方へと、おずおずと進んだ。それに続いて、興奮が高まっていくなか、ロックとモンテスキュー、ヴォルテールとディドロ、ヒュームとスミス、フランクリンとジェファーソン、ダーウィンとウォレスが、知性ある設計者が世界をつくり上げたという考え方を否定する異端思想を主張する。新しい世界が出現したのだ。

# 第2章　道徳の進化

おお　憐む可き人の心よ、おお　盲目なる精神よ！　此の如何にも短い一生が、なんたる人生の暗黒の中に、何と大きな危険の中に、過ごされて行くことだろう！　自然が自分に向かって怒鳴っているのが判らないのか、外でもない、肉体から苦痛を取り去れ、精神をして悩みや恐怖を脱して、歓喜の情にひたらしめよ、と？

——ルクレティウス、『物の本質について』第二巻より

ほどなく、ルクレティウスとニュートンの信奉者のあいだで、従来の見方を覆《くつがえ》すはるかに先鋭的な思想が進化してきた。道徳そのものが、ユダヤ・キリスト教の絶対神から掟として下し与えられたものでなかったらどうなるのか？　そして、プラトン哲学で言うようなイデアの模倣ですらなく、仲良くやっていく方法を見つけようとする人々の社会的相互作用の自然発生的な産物だったとしたら？　一六八九年、ジョン・ロックは宗教的寛容（ただし、無神論者やカトリック教徒に対する寛容ではな

いが）に賛同し、政府が正統的な宗教慣行を強制しているからこそ社会が混乱に陥らずに済んでいると見る人々から、さんざん抗議された。だが、自然発生的な道徳という考え方は死に絶えることはなかった。しばらくのち、デイヴィッド・ヒュームが、さらにそのあとアダム・スミスが、埃《ほこり》を払い落としてそれを世間に提示しはじめた――道徳は自然発生的な現象である、と。ヒュームは、人々が親切にしあえば社会のためになることに気づいたので、社会の結束の裏には、道徳的な教えではなく合理的な計算があると考えた。スミスはその考えをさらに一歩進め、道徳は共感という、人間ならではの特徴から、誰に命じられるわけでもなく、何の計画に基づくわけでもなく現れ出たと主張した。

母親と暮らし、税関吏として最期を迎えた、カーコルディ出身の内気で武骨で独身の教授アダム・スミスが、人間の本性についてのこれほど鋭い洞察にいったいどうやってたどり着いたのかは、歴史の大きな謎だ。だが、スミスが人には恵まれていたことは確かだろう。彼はアイルランド生まれの卓越した哲学者フランシス・ハッチソンの教えを受け、デイヴィッド・ヒュームとしばしば言葉を交わし、ボトムアップの説明に徹底的にこだわる、ドゥニ・ディドロの新しい『百科全書』（序論および代表項目のみの邦訳は桑原武夫訳編、岩波書店）を読んだおかげで、十分な見識を持って足を踏み出すことができた。オックスフォード大学ベイリオル・カレッジでは、彼の目から見ると講師たちは「教えるふりをすることとすらすっかり断念していた」が、図書館は「すばらし」かった。スミスはグラスゴーで教えているあいだに、繁盛しているこの貿易港の商人たちに接する機会が得られ、「封建的なカルヴァン主義の世界がしだいに姿を消して、商業的、資本主義的な世界に取って代わられる」様子を目《ま》の当たりにした。グラスゴーは一八世紀に新世界との貿易の増大のおかげで爆発的に発展し、起業家のエネルギーで活気に満ちていたのだ。その後スミスは、若きバクルー公の個人教師としてフランス各地を巡るうちに、ドルバックやヴォルテールと会うことができた。彼らはスミスのことを「じつに優秀な男で、たぐい稀《まれ》だ」と考えた。だがそれは、スミスが人間の本性と道徳性の進化について、洞察力に富む最初の本を出版したあとのことだった。それはともかく、どういうわけかこの内気なスコットランド人は、思いがけない閃《ひらめ》きを得て、時代のはるか先を行く二つの途方もない考えを検討することになった。それは二つとも創発的《そうはつ》、進化的な現象にかかわるもの——人間のデザインの産物ではなく、人間の行動の結果にかかわるもの——だった。

アダム・スミスはそのような創発的現象の検討と説明に生涯をかけた。彼は言語と道徳性から始めて、市場と経済に進み、最後は法律に取り組んだ。ただし、法学の分野で企画していた本は、ついに出版することはなかった。スミスは一七五〇年代にグラスゴー大学で道徳哲学の講義を始め、一七五九年に講義の内容を『道徳感情論』(邦訳は村井章子・北川知子訳、日経BP社など)という書物にまとめた。今日《こんにち》この本は、とりたてて注目すべき作品には見えない。倫理にかんするさまざまな考えを一八世紀風の難解で冗長な文章でとりとめもなく語っているだけだ。すらすら読める佳作ではない。だが当時とすれば、従来の考え方に盾突く作品としては、それまで書かれたうちでも屈指の一冊だったことに間違いはない。思い出してほしい。道徳は教え込まれるものであり、しかも、何を教えるべきかをイエスが語ってくれていなければ存在すらしないと、そのころは考えられていたのだ。道徳教育抜きで子どもを育てて、その子がしかるべき振る舞いをすることを期待するのは、ラテン語を教えずに育てておいて、ウェルギリウスの作品を暗唱するのを期待するのに等しかった。アダム・スミスはそれに異を唱えた。彼の考えでは、道徳は教えに負うところはほとんどなく、理性に負うところは皆無で、子どもが大人になる過程で各自の心の中で、そして社会の中でも、一種の互恵的応酬によって徐々に発達するものだった。したがって道徳性は、人間の本性が持つ特定の側面の結果として、社会的状況に反応して現れ出てくるのだ。

アダム・スミスの研究者ジェームズ・オッテセンが指摘しているように、学者としての人生の初期に天文学の歴史を書いていたスミスは、自然現象の中に一定不変のものを探し求める点でも、可能なかぎり単純な説明を用いるという節減の法則を採用する点でも、自分ははっきりとニュートンの足跡をたどっていると見ていた。スミスは天文学史にかんする著述の中で、「非常に馴染み深い結合原理（訳注　今日で言う重力のこと）によって諸惑星の動きを一つにまとめられることを発見した」事実を挙げてニュートンを称えている。スミスは、事物の来歴の中に原因と結果を探し求めるスコットランドの伝統にも連なっていた。そこで彼は、プラトン哲学の道徳体系の完璧なイデアは何かを問う代わりに、その道徳体系がどのように誕生したのかを問うた。

まさにこの手法こそ、スミスが道徳哲学にもたらしたものだ。彼は、道徳性はどこから生まれたかを理解し、それを平明に説明したかった。いかにもスミスらしいのだが、彼はのちの各世代が陥る落とし穴にはまることを巧みに回避した。彼は生まれか育ちかという議論の本質を看破し、時代のはるか先を行って、生まれは育ちを通して現れ出るという説明を思いついた。私たちはみな、他者を幸せにすることに喜びを感じるという簡潔な所見で彼は『道徳感情論』を始めている。

人はどれほど利己的だと考えうるとしようとも、その本性のうちには明らかに何らかの行動規範があり、それがその人をして他者の運命に関心を抱かせ、他者の幸福を彼にとって必要なものとする。ただし、そうすることで彼が得られるものは、他者の幸福を目にするという喜びだけなのであるが。

そして私たちはみな、彼の言う感情の相互的同感を望む。「自分自身の胸中にあるいっさいの情動を伴う、同胞としての感覚を、他者が抱いているのを見出すことほど、私たちにとって喜ばしいことはない」。だが、子どもがいなかったスミスは、子どもは道徳の観念を持たないので、自分が宇宙の中心ではないことを、苦労して学ばなければならないと主張した。一般に、子どもは試行錯誤を繰り返しながら、どういう行動を取れば感情の相互的同感につながり、その結果、他者を幸せにすることで自分も幸せになれるかを発見していく。スミスによれば、誰もが自らの欲望を他者の欲望に適応させることを通じて、共有される道徳性の体系が生じるという。見えざる手(この言い回しは最初、天文学にかんするスミスの講義に登場し、そのあと、この『道徳感情論』に、そして『国富論』〔邦訳は山岡洋一訳、日本経済新聞出版社など〕で今一度使われている)が、共通の道徳律へと私たちを導く。オッテセンの説明によれば、その手が目に見えないのは、人々が共有された道徳体系を生み出すことに乗り出してはおらず、自分が相手にしている人々と今、相互的同感を達成することだけを目指しているからだという。のちにスミスが市場について行なった説明との類似性が、はっきり見て取れる。どちらも意図的なデザインからではなく、個人の行動から現れ出てくる現象なのだ。

道徳哲学におけるスミスの最も有名なイノベーションは、「公平な観察者」で、私たちは道徳的であるよう求められる状況では、この人物に監視されているように感じる。言い換えると、私たちは、自分の行動に対する他者の反応を見ながら道徳的に振る舞うことを学ぶのとちょうど同じで、自分の良心を体現する中立的な観察者を想定することで、そうした反応を想像できるのだ。あらゆる事実を知っている公平無私の観察者なら、私たちの振る舞いをどう思うだろう？　私たちは、この観察者が勧めることをすれば喜びが得られ、そうしなければ罪悪感を覚える。ヴォルテールはそれをこう簡潔にまとめている。「いちばん無難なのは、自分の良心に反する行動はいっさい取らないことだ。この秘訣に従えば、人生を楽しむことができ、死を恐れずに済む」。

## 道徳性はどのように現れ出るか

ここで留意してほしいのだが、この哲学は神を必要としない。スミスは「自然神学」も教えていたので、無神論者を自称したりはしなかったが、ときおり道を逸れてルクレティウスの無神論に危険なまでに近づくことがあった。彼が神に対して少なくとも口先では信心を表明していたことは、格別驚くにあたらない。なにしろハッチソンを含め、グラスゴー大学での彼の前任者のうち三人が、カルヴァン主義の正統的な信仰を固持しないとして異端の烙印《らくいん》を押されていたからだ。当時の宗教者はつねに目を光らせていた。非難がましいジョン・ラムジーという学生が次のような興味をそそる逸話を書き残している。スミスは「大学の評議会に……自分の講義を祈りで始めるという義務を免除してくれるように請願し」、却下されると、講義によって学生を導き、『神学の重要な真理は、人が神と隣人に対して負っている責務についても同様であるが、なんら特別な啓示なしに、自然の光に照らして発見しうる』という不当な結論を引き出させ」た。アダム・スミスの研究者ガヴィン・ケネディが指摘しているが、スミスは信心深い母親が亡くなったあとに刊行された『道徳感情論』の第六版（一七八九年）で、宗教的な箇所を多数削除したり変更したりした。彼は隠れ無神論者だったかもしれないが、キリスト教を文字どおりには受け止めないものの、何かしらの神が人間の胸の内に慈悲心を植えつけたと考える有神論者だった可能性もある。

スミスにしてみれば、人々は社会の中で感情の相互的同感を探し求めることで自らの道徳律を定めうるという意味において、道徳性は自然発生的な現象であり、道徳家はそのあとそうした慣習を観察して記録し、それを逆にトップダウンの教えとして人々に指導する。つまるところ、人にどう行動すべきかを説く聖職者は、道徳的な人々が現に何をするかを観察して、それに基づいて自分の道徳律を定めているとスミスは言っているのだ。

これは、文法の教師とよく似ている。文法の教師は日常会話に見られるパターンを体系的にまとめ、それを今度は私たちに法則として教えているにすぎない。分離不定詞（訳注　あいだに副詞あるいは副詞句が挟まったために「to」と動詞が分離した不定詞）のような例外を除けば、彼らの法則が良い書き手の文章に当てはまらないことは稀だ。もちろん、言葉の達人が文法や統語法の新しい規則を考案してその使用を奨励できるのと同じで、聖職者が道徳の新しい規則を考案してそれに従うよう奨励することも可能だが、そういうことはめったにない。文法の場合にも道徳の場合にも、慣行が変わり、教える側が（ときに、そうした変化を起こしたのは私だという顔をしつつ）徐々にそれに追随するのだ。

だから、たとえば私が生まれてから今に至るまでに、西洋では同性愛を非難することは道徳的にしだいに受け入れられなくなる一方、小児愛は道徳的に非難せざるをえなくなってきた。ずっと以前に未成年の少女を相手に逸脱行為に及びながら、それをなんとも思わなかった男性の有名人たちは、今や法廷に呼ばれ、面目を失う羽目になる。逆に、ずっと以前に（当時の）規則に反して成人男性と関係を結び、体面を傷つける危険を冒した人々は、今や公然と自分の恋愛について語れる。ただ、誤解しないでもらいたい。私はどちらの傾向にも賛成だが、肝心なのはそれではなく、次の点だ。こうした変化はどこかの道徳の指導者あるいは委員会が命じたから起こったのではない。少なくともそれがおもな原因ではない。まして、そうした変化を起こせという聖書の何らかの教えが明らかになったからというわけでは断じてない。むしろ、普通の人どうしの道徳的なやりとりが社会の中の共通の見方を徐々に変えたのであり、その過程で、道徳の教え手たちがその変化を反映するようになった。道徳がまさに文字どおり進化したのだ。私が生まれて以降に、「enormity」や「prevaricate」といった単語の意味が変わったのとちょうど同じであり（訳注　「enormity」はもともと「極悪」「非道な行為」という意味で使われていたが、今では「巨大さ」「膨大さ」という意味で一般に使われている。「prevaricate」については、第5章を参照のこと）、この場合も、どこかの委員会が集まってこれらの単語の意味の変更を検討したわけではなかったし、文法学者がそうした変化を防ごうとしても、打つ手はほとんどない（実際、文法学者は言語にまつわるイノベーションを非難することにほとんどの時間を費やしている）。オッテセンが指摘しているように、スミスは「brothers」と「brethren」という単語を、後者を好む嫌《きら》いはあるにせよ、区別せずに使っている。だが今日では規則が変わり、「brother」の複数形として

「brethren」を使うのは、感動したときや古風な物言いをするとき、あるいはあざけるときぐらいだろう。

じつはスミスも、言語とのこの類似性をはっきり認識しており、だからこそ、『道徳感情論』の第二版以降に、言語の起源についての小論を加えることにこだわったのだ。その小論でスミスは、言語の法則は、たとえば物理の法則とは違って、発見ではなく発明だと主張した。だが、それでも法則であることに変わりはない。子どもが「brought」の代わりに「bringed」と言ったら、親や友人に訂正される。だから言語は、「相互の欲求を互いに理解できるものに」しようとする人々のあいだで、ある種の試行錯誤を通して自然発生的に生まれたものではあっても、秩序系なのだ。責任をもって管理している人などいないが、この体系には秩序がある。これはなんと特異で新奇な発想だろう。従来の考え方に真っ向から盾突く意見ではないか。道徳に神が不要で、言語が自然発生的な体系であるなら、秩序ある社会が機能するためには、王も教皇も役人も、彼らが装っているような不可欠の存在ではないかもしれないことになる。

アメリカの政治学者ラリー・アーンハートの言葉を借りれば、スミスは自由主義《リベラリズム》の主要な信条の元祖だ。なぜなら彼は、宇宙の究極の絶対神、宇宙の究極の理性、宇宙の究極の自然の摂理のいずれの形にせよ、道徳はある超越的な宇宙の究極の秩序に従わなければならないとする西洋の伝統を退《しりぞ》けたからだ。「この超越的な道徳の宇宙論の代わりに、自由主義の道徳は経験主義的な道徳人類学を基盤としており、そこでは道徳的秩序は人間の経験の中から生まれてくる」。

何にもまして、スミスは道徳と言語が変化し、進化することを認めている。オッテセンが書いているように、スミスにとって、道徳的判断は過去の経験に基づいて帰納的にたどり着く一般原則だった。私たちは自分や他者の行動の是非《ぜひ》の判断を記憶にとどめ、他者も同じことをしているのを目にする。「頻繁《ひんぱん》に繰り返される判断のパターンは、道徳的義務に、あるいは上から下された戒律にさえ見えるようになりうるし、対照的に、あまり繰り返されないパターンは、その分だけ軽い信頼しか得られない」。私たちが道徳を見出すのは、人間の体験という乱雑な経験主義の世界なのだ。道徳哲学者は私たちの振る舞いを観察するだけで、道徳を発明したりはしない。

## より善《よ》き天使たち

なんということだろう。この一八世紀中産階級のスコットランド人教授によれば、道徳とは、人間が成長する過程で互いに行動を合わせているうちに生じる、偶然の副産物であり、比較的平和な社会に暮らす人間のあいだで発生する創発的現象であり、善良さは教える必要はなく、ましてや大昔のパレスティナの大工（イエス・キリスト）という神聖な起源なしには存在しえない迷信的信条と結びつける必要など皆無だというのだから。スミスは『道徳感情論』の一部では、ルクレティウスに驚くほど似ている（彼の作品を読んでいたことは確実だ）が、今日、寛容へ向かい、暴力から遠ざかる社会の進化を語る、ハーヴァード大学のスティーヴン・ピンカーにも、非常によく似ている。

いずれ本書でも検討するが、じつはここにはなんとも興味深い相似が見られる。道徳は時の経過に伴ってしっかりと発展していくというピンカーの説は、その根底でスミスの説とそっくりだ。ありていに言えば、スミスの説を体現する子どもは、たとえば暴力の横行する中世のプロイセンで試行錯誤を通して道徳観念を発達させると、たとえば今日の平和なドイツの郊外で育つ場合とは、まったく異なる道徳律を持つに至るだろう。中世に育った人は、自分の名誉や、自分の町のために人を殺したら道徳的だと見なされるが、今日では、肉食を拒み、慈善目的で多額の寄付をすれば道徳的だと考えられ、たとえどんな理由があろうと、誰かを殺したら、呆《あき》れるほど不道徳だと思われるだろう。それが名誉のための殺人であれば、なおさらだ。道徳は進化するというスミスの観点に立てば、道徳性は相対的であり、異なる社会では異なる終着点に行き着くだろうことが容易に見て取れ、これこそまさにピンカーが例証していることにほかならない。

ピンカーの著書『暴力の人類史』（幾島幸子・塩原通緒訳、青土社）は、ここ数世紀のあいだに暴力が驚異的なまでに減り続けていることを、時代を追って詳述している。私たちが体験したばかりの一〇年間は、戦争における全世界の死亡率が史上最低を記録した。西洋諸国の大半では中世以来、自殺率が九九パーセント低下した。人種的暴力、性的暴力、家庭内暴力や、体罰、暴行致死ほか、あらゆる暴力が急激に減っている。差別や偏見は当たり前だったのが、恥ずかしいことに変わった。動物に対してのものさえ含め、いかなる種類の暴力も娯楽として認められなくなった。これは、暴力がまったく残っていないということではないが、ピンカーが例証している暴力の減少は目覚ましく、今なお見られる暴力に私たちが戦慄《せんりつ》を覚えるところからは、この減少が今後も続くだろうことが窺《うかが》える。私たちの孫は、現在の世代が依然としてごく自然と思っていることの一部に呆然となるだろう。

ピンカーはこの傾向を説明するために、ノルベルト・エリアスが最初に打ち出した説に目を向けた。不運にも、エリアスがその説を発表したのは一九三九年のイギリスで、ドイツからのユダヤ人難民としてであり、ドイツ人であるという理由でイギリスに政府により拘禁される直前のことだった。暴力と強制は減少傾向にあるという説を唱えるのには、およそふさわしくない状況だ。それよりはずっと幸せな時代になっていた三〇年後の一九六九年、英語に翻訳されてようやく、彼の説は広く認められた。エリアスの主張によれば、「文明化の過程」のおかげで、ヨーロッパ人の習慣は中世以降、劇的に変化し、そして、人々が都会に密集して暮らし、資本主義的で世俗的になるにつれ、品行も良くなったという。彼は中世ヨーロッパの文献を綿密に調べ、当時は普通だった気軽で頻繁で日常的な暴力を記録するうちに、この奇妙な現象に気づいた（今と違って、当時はこの現象を裏づけるしっかりした統計的証拠がなかった）。不和が高じて殺人につながるのは日常茶飯事《さはんじ》で、手足の切断や死刑はありきたりの罰だったし、宗教は拷問と残虐行為によって規則を執行し、娯楽も暴力的なものが多かった。作家のバーバラ・タックマンは著書『遠い鏡』（徳永守儀訳、朝日出版社）で、中世フランスで人気のあったゲームを例として挙げている。杭に釘で打ちつけた猫に、両手を後ろで縛った人々が頭突きを食らわせ、誰が殺せるかを競った――その途中、必死に暴れる猫に引っ掻《か》かれて失明する危険をものともせずに。いやはや。

エリアスは、道徳基準は進化すると主張した。そして、それを裏づけるために、エラスムスほかの哲学者たちが刊行した礼儀作法の手引きを紹介している。これらの手引きには、テーブルマナーや排泄にかんするマナー、病人に対するマナーが満載されている。言わずもがなと思えるものばかりだが、逆にそのおかげで当時の実情が浮かび上がってくる。たとえば、「排尿中や排便中の人には挨拶しないこと……テーブルクロスで鼻をかんだり、手鼻をかんだり、袖や帽子の中に鼻汁を噴き込んだりしないこと……誰かにかかるといけないので、唾を吐くときには脇を向くこと……食事中は鼻をほじらないこと」といった具合だ。つまり、わざわざこうした行為を禁じなければならなかったという、まさにその事実から、現代の基準に照らすと中世ヨーロッパの生活が非常に胸の悪くなるようなものだったことがわかる。ピンカーはこう述べている。「これらは親が三歳児に与えるたぐいの指示であって、偉大な哲学者が教養ある読者層に与えるものとは思い難いだろう」。今日の私たちには第二の天性であるたしなみや自制、配慮といった習慣は、身につける必要があったとエリアスは主張する。時が流れるうちに、人々は「しだいに衝動を抑え、自らの行動の長期的影響を予想し、他者の考えや気持ちを考慮に入れるようになっていった」。言い換えれば、テーブルクロスで鼻をかまないことは、隣人を刺したりしないことと直結しているわけだ。小さな犯罪を許さないことが、大きな犯罪を許さないことにつながるという割れ窓理論の、いわば史実版といったところか。

## 温和な商業

だが私たちは、こうした上品な習慣をどのようにして獲得したのか？　エリアスは、私たちがこれらの規則を破ったときに受ける罰（と、より深刻な暴力に対する罰）を内面化して、羞恥心を抱くに至ったことに気づいた。つまり、まさにアダム・スミスが主張したとおり、私たちは公平な観察者というものを依《よ》りどころにしているのであって、その観察者の監視の目が厳しくなるにつれて、ますます人生の早い時点で、観察者の視点を取り入れるようになったということだ。だが、それはなぜか？　エリアスとピンカーは、おもな要因を二つ挙げている。政治と商業だ。政治がしだいに中央集権化して、各地の軍指導者から国王とその宮廷に中心が移ると、人々は戦士よりは廷臣のように振る舞わざるをえなくなった。その結果、暴力が減ったばかりか、みな上品になった。リヴァイアサン、すなわち国家権力は、たんにより生産的な農民を生み出して税を取り立てるためにではあったにせよ、平和を徹底させた。私的復讐によって正すべき不正行為とされていた殺人は、罰するべき犯罪として、国家に処理が委《ゆだ》ねられた。それと同時に、人々は商業に導かれ、取引において見ず知らずの人に信頼される機会を重視するようになった。見ず知らずの人のあいだでの金銭に基づくやりとりが増えるにつれ、人々はしだいに周囲の人間を、餌食《えじき》の候補ではなく取引のパートナーの候補と考えるようになってきた。店主を殺すことなど論外だ。というわけで、共感や自制、道徳が第二の天性となった。ただし道徳性はつねに諸刃《もろは》の剣であり、歴史の大半を通じて、暴力を引き起こすことも、それを防ぐことと同じぐらい多かった。

老子は二六〇〇年も前にそれに気づき、「多くを禁じるほど、人は徳を失う」と述べている。モンテスキューは、人間の暴力や不寛容、憎悪を和らげる効用を持つ取引のことを、「温和な商業」と呼んだ。そしてその後の年月のあいだに、その正しさが十二分に立証されてきた。社会が豊かで市場志向になるほど、人々は善良に振る舞うようになった。一六〇〇年以降のオランダ人や一八六〇年代以降のスウェーデン人、一九四五年以降の日本人とドイツ人、一九七八年以降の中国人を考えてほしい。一九世紀の長い平和は、自由貿易の発展と同時に見られた。そして、二〇世紀前半に世界を震撼させた暴力の激発は、保護貿易主義と時を同じくして起こっている。

商業が盛んな国では、商業が抑えられている国よりもはるかに暴力が少ない。シリアが商業の過多で苦しんでいるだろうか？　ジンバブエは？　ベネズエラは？　香港は商業を控えているからおおむね平和なのだろうか？　カリフォルニアは？　ニュージーランドは？　私はロンドンの聴衆の前でピンカーにインタビューしたことがある。そのとき、利益は暴力の一形態であり増加中だと言い張る聴衆の一人に対する、彼の熱のこもった回答に強い感銘を受けた。ピンカーは自伝的な話であっさりと応じた。一九〇〇年にワルシャワで生まれた彼の祖父は、一九二六年にモントリオールに移住し、シャツ会社で働き（祖父の一家はポーランドでは手袋を作っていた）、大恐慌のさなかに解雇され、それから妻とアパートでネクタイを縫い、ようやくお金がたまると小さな工場を開き、死ぬまで経営した。そしてたしかに、工場からは少しばかりの利益（家賃を払って、ピンカーの母親とその兄弟を育てられる程度）があがったが、祖父はハエ一匹殺すことはなかった。商業を暴力と同等と見なすことはできない、とピンカーは言った。

「資本主義市場に参加し、ブルジョアの美徳を持つことで、世の中は文明化した」とディアドラ・マクロスキーは著書『ブルジョアの美徳（*The Bourgeois Virtues*）』に書いている。「オピニオン誌がときおり主張することとは逆で、より豊かで都会的な人々のほうが、貧しい田舎暮らしの人々よりも、物質主義的ではなく、暴力的ではなく、皮相的ではない」。

それならば、商業は思いやりではなく意地の悪さを助長するというのが社会通念（とくに、教師や宗教指導者のあいだでは常識）になっているのは、どういうわけだろう？　私たちは経済を発展させ、「資本主義」に参加すればするほど、利己的で、個人主義的で無思慮になるのか？　この見方がすっかり蔓延しているので、教師や宗教指導者は証拠に反して、暴力は増えていると思い込んでいる。ローマ教皇フランシスコは、二〇一三年の使徒的勧告「福音の喜び」で、「無制限の」資本主義が富める者をさらに豊かにする一方で、貧しい者を困窮《こんきゅう》させたとし、「他者への敬意が失われ、暴力が増している」事実はその野放しの資本主義のせいであると主張した。困ったものだ。これは完全に誤った社会通念の一例にすぎない。暴力は増加などしておらず、減少しており、しかもそれは、最も制限の少ない形態の資本主義が見られる国々で、最も急速に減少している。ただし、無制限の資本主義などというものは、世界のどこを探してもありはしないが。二〇一四年に世界でもとりわけ暴力が多かった国を一〇挙げると、シリア、アフガニスタン、南スーダン、イラク、ソマリア、スーダン、中央アフリカ共和国、コンゴ民主共和国、パキスタン、北朝鮮となり、どれも資本主義からほど遠い国ばかりだ。逆に平和な国を一〇挙げると、アイスランド、デンマーク、オーストリア、ニュージーランド、スイス、フィンランド、カナダ、日本、ベルギー、ノルウェーとなり、みな揺るぎない資本主義国だ。

エリアスの説についてのピンカーの説明をこれほど詳しく紹介したのは、それが進化の考え方に完全に即した主張になっているからだ。ピンカーは、暴力を減らすうえでリヴァイアサン（政府の政策）が果たす役割を評価するときにさえ、その政策は感覚を変える試みであると同時に、変化する感覚を反映させる試みでもあることを示唆している。それに、リヴァイアサンの役割さえもが意図的なものではない。リヴァイアサンが企《くわだ》てていたのは独占することであって、文明化することではなかったからだ。ピンカーの主張はアダム・スミスの理論の延長であり、スミスの歴史的論理を利用しており、道徳心と、暴力を振るったり下劣な行動を取ったりする傾向は、進化すると断定している。両者が進化するのは、進化するべしと何者かが命じたからではない。それは自然発生的現象だ。道徳的秩序は自然に現れ出てきて、たえず変化する。もちろん、暴力的な方向に進化することもありうるし、現にときおりそうしてきたが、たいていは、ピンカーが詳細このうえなく例証しているとおり、平和に向かって進化してきた。全般的に見て、ヨーロッパで、そして世界の残りの大半では、過去五〇〇年にわたって、人々はとくに意識することもないまま、着実に暴力の度合いを減らし、しだいに寛容で倫理的になってきた。エリアスがこの傾向を言葉で指摘し、のちに歴史学者たちが統計を使ってそれを裏づけたときになってようやく、私たちはこの現象が起こっていることに気づいたのだった。このように、私たちがこの現象を起こしたのではなく、それが私たちに起こったのだ。

## 法の進化

アングロスフィア（訳注　英語圏のうち、文化的背景を共有し、政治や軍事で緊密な協力関係にある国々）の人々が、政府をまったく起源としない法に基づいて生きていることは、ほとんどの人が忘れているが、これは驚くべき事実だ。イギリスとアメリカの法は、けっきょくはコモンロー（慣習法・判例法）に由来する。コモンローとは、誰が定めたわけでもなく人々のあいだで自然に定まった倫理規範を指す。したがって、十戒やほとんどの制定法と違い、コモンローは先例や当事者の申し立てを通して現れ出てきて進化する。法学者アラン・ハッチンソンの言葉を借りると、コモンローは「徐々に進化するのであって、発作的に飛躍したり、漫然と停滞したりはしない」。それは「永遠に進行中の作業であり、移ろいやすく、ダイナミックで、混乱しており、建設的で、興味をそそり、ボトムアップだ」。著述家のケヴィン・ウィリアムソンは、次の事実を挙げて私たちをあらためて驚愕させる。「世界で最も成功し、最も実用的で、最も大切にされている法体系には、制定者がいない。それを立案した人もいなければ、考案した崇高な法の天才もいない。言語が現れ出てきたのとちょうど同じように、反復的、進化的なかたちで現れ出てきたのだ」。合理的に立案した法をもってコモンローに替えようとするのは、現存するものよりも優れたサイを研究室でデザインしようとするようなものだろうと、彼は冷やかし半分に言う。

判事たちは、現場の事実に合うように、事例ごとに法の原理を調整し、少しずつコモンローを変えていく。新たな難問が生じたときには、判事ごとに対処法にかんして異なる結論に至るので、その結果は一種のしとやかな競争の体《てい》を成し、一連の公判を通して、どの判断が望ましいかが徐々に決まっていく。この意味では、コモンローは自然淘汰によって構築されると言える。

コモンローはイギリス独特の制度で、おもに、かつてイギリスの植民地だった国々や、オーストラリア、インド、カナダ、アメリカといったアングロサクソンの伝統の影響を受けた国々で見られる。自然発生的秩序の見事な例だ。ノルマン征服以前は、イングランドの各地方では、それぞれ異なる規則や習慣が幅を利かせていた。だが一〇六六年以降は、判事たちが国中の習慣を頼りに、ときおり君主の裁定も認めつつ、コモンローを生み出した。ヘンリー二世のような強力なプランタジネット家の王たちは、国中で一貫するように法の標準化に乗り出し、コモンローの多くを国王裁判所に取り込んだ。だが、彼らがその法を発明したわけではない。それとは対照的に、ヨーロッパ大陸の支配者たちは、ローマ法、それもとくに、六世紀に皇帝ユスティニアヌスが編纂させ、一一世紀にイタリアで再発見された法典を拠《よ》りどころとした。ヨーロッパ大陸で遵守されている、シビルロー（大陸法）は一般に政府が制定する。

コモンローでは、たとえば、殺人罪を立証するのに必要な要因は判例法に含まれ、制定法に定められていない。一貫性を保証するために、裁判所は同様の争点を審理した上級の裁判所による判例に従う。それとは対照的に、シビルロー制度では、法典や法令はあらゆる可能性に対応するよう立案されており、判事は担当の訴訟に法を適用するという、より限られた役割を果たす。過去の判決は緩やかな指針にしかならない。訴訟のときには、シビルロー制度の判事は捜査官に近く、一方、コモンロー制度の判事は、陳述を行なう当事者のあいだに入る調停者の色合いが濃い。

どちらを好むかは、当人の優先順位次第だ。ジェレミー・ベンサムは、コモンローは首尾一貫性と合理性を欠いており、「死者の思考」の安置所だと主張した。自由至上主義の経済学者で、公共選択学派の創始者の一人であるゴードン・タロックは、コモンロー方式の裁定は重複のせいで費用がかかり、事実を突き止める手段として非効率で、豊かさを損なう司法積極主義の余地があるため、本質的に劣っていると主張した。

シビルローの伝統は、国家が恣意的に財産を没収するのを容認し、不法としていないことをする権限を与える嫌いがあるので、これまでコモンローほど自由の味方をしてこなかったと応じる者もいる。フリードリヒ・ハイエクは、コモンローはシビルロー制度と比べて干渉主義的でなく、国家の指導を受けず、変化にうまく対応できるので、より大きな経済的厚生に貢献してきたという見方を提唱した。実際、彼にしてみれば、コモンローは市場と同じように、自然発生的な秩序へと導く法制度だった。

イギリスが欧州連合（EU）に対して相変わらず抱いている不快感の多くは、ボトムアップの立法というイギリスの伝統と、トップダウン方式の大陸の伝統の違いに起因する。欧州議会議員のダニエル・ハナンは、コモンローが自由を重んじすぎていることを、同僚たちにしばしば指摘する。「法は国家から生じるのではなく、むしろ、王や大臣たちでさえ支配する、既存の法の民権があったという、尋常でない高尚な考え方」がそれだ。

これら二つの伝統が競いあうのは健全だと言える。だが、私が強調したいのは、生み出されるのではなく現れ出てくる法を持つことが完全に可能である点だ。ほとんどの人にとって、それは意外だろう。法は進化してきたと考える代わりに、頭の片隅で、法はいつも考案されるものだと、漠然と思い込んでいるからだ。経済学者のドン・ボードローが主張しているように、「法の範囲はあまりに広く、ニュアンスはあまりに多く、豊かで、境界があまりに頻繁に変化するため、法は国家によって立案され、執行される一連の規則であるという誤った通念はしだいに不条理になる」。

複製と変異と淘汰を通して進化するのは、コモンローだけではない。シビルロー、さらには憲法解釈でさえ徐々に変化し、そのなかには定着するものもあれば、そうでないものもある。どの変化が定着するかは、全知の判事たちが決めるわけでもなければ、ランダムに決まるわけでもなく、淘汰の過程で決まる。その結果、法学者のオリヴァー・グッドイナフが言うように、外部の力に帰することではなく、進化の観点に立つことで、この制度の核心が説明可能になる。「神のなせる業《わざ》だ」というのも、「(この状況では)そういうことも起こる」というのも、外部に原因を求めているのに対して、進化は「私たちが経験する時間と空間に内在する、規則に基づいた原因」なのだ。

# 第3章 生物の進化

この問題に関して、切にのがれたいと思わなければならない次のような誤謬がある。極度に恐れて避けたいと思わなければならない謬見がある。即ち、君は眼の明らかなる光明〔視覚〕というものは、我々が眼前を見ることを可能ならしめる為に造られたものである、と考えてはならないということである。又、我々をして大股に歩くことを可能ならしめる為に、脛や腿の端が足に基礎を置いて附着させられているのだとか、又腕が頑健なる肩に着けられ、よく働く手が両方に宛てがわれているのは、我々が生存に必要なことを為すのを可能ならしめる目的からだと考えてはならない。その他、これに類する説明を人々は加えるが、皆悉く理性を歪曲して、それに基づいた本末顚倒である。

――ルクレティウス、『物の本質について』第四巻より

チャールズ・ダーウィンは、知的な空隙の中に忽然《こつぜん》と生まれ出たわけではなかった。彼が科学のみ

ならず啓蒙思想にも通じていたのは、けっして偶然ではない。創発《そうはつ》的なアイデアに取り囲まれていたのだ。祖父が書いたルクレティウス風の詩を読んだ。ケンブリッジ時代には、最もボトムアップ的な二人の哲学者の名を挙げて、「今、ロックとアダム・スミスを読んでいる」と書簡に記している。彼が読んだスミスの本は『道徳感情論』だろう。当時の大学では、『国富論』よりこちらのほうが人気が高かったからだ。ビーグル号の旅から帰国し、自然淘汰の概念にたどり着こうとしていた一八三八年秋には、デュガルド・スチュワートによるアダム・スミスの伝記を読み、競争と創発的な秩序というアイデアに触れた。同じ月、政治経済学者ロバート・マルサスのエッセイ『人口論』（邦訳は永井義雄訳、中央公論新社など）を一度ならず読み、生き残る者と死にゆく者に分けられる生存競争の概念に感銘を受けた。これが自然淘汰の洞察につながった。このころダーウィンが親交を深めたハリエット・マルティノーは急進的な活動家の女性で、奴隷制廃止を訴えるとともに、アダム・スミスの自由市場という「類い稀《まれ》な」アイデアに取り憑かれていた。マルティノーはマルサスの親友でもあった。ダーウィンは母方の一族の（未来の妻の一族でもあった）ウェッジウッド家の影響で、急進論、自由貿易、宗教批判の立場を取るようになり、自由市場派の国会議員で思想家のジェームズ・マッキントッシュなどと懇意になった。進化生物学者のスティーヴン・ジェイ・グールドは、自然淘汰は「アダム・スミスの自由経済の……拡張と考えるべきである」とまで述べている。グールドによれば、どちらの場合も平衡と秩序は外からの力や神の介入ではなく、個々の主体の行動から生まれる。マルクス主義者のグールドだったが、驚いたことにこの考え方は生物学には当てはまっても、経済には当てはまらないと考えた。「アダム・スミスの自由主義は売手寡占《かせん》と革命につながるので、彼の専門である経済分野でうまく働かないというのも皮肉な話だ」。

要するに、チャールズ・ダーウィンのアイデアそのものが、一九世紀初期イギリスで開花した、人間社会における創発的な秩序というアイデアから進化したのだ。特殊進化理論に先駆けて一般進化理論が生まれていたというわけになる。ところが、ダーウィンは自然の中に見られる自発的な秩序を人々に認めさせようとして大きな壁にぶち当たった。すなわち、ウィリアム・ペイリーがことのほか巧みに説いた、デザイン論（訳注 argument from designは「目的論的証明」などとも言われる）である。

一八〇二年に発表した最後の著書で、神学者のウィリアム・ペイリーは生物のデザインには目的があると主張した。並外れた知識人だったペイリーの、このきわめて優れたデザイン論はこう展開される。ヒースの草原を歩いているときにつま先が岩にぶつかったとしよう。つま先に当たったのが岩ではなく、時計だったときに自分はどう反応するだろうか？　思うに、きっと時計を拾い上げ、それは人間によってつくられたと結論づけるだろう。「ある時、ある場所に職人がいて、その物体が持つ目的をかなえるために［時計を］つくったのだ——時計の構造を理解し、その利用法をデザインした職人が」。時計が時計職人を暗示するなら、精緻な仕組みを持つ生物がその作り手を暗示しないわけがあるだろうか？「時計に見られるありとあらゆる工夫の痕跡、ありとあらゆるデザインの顕われは、自然の仕組みにも見られる。両者の違いは、自然が限りなく壮大であり、その違いの程度が計算できないほど大きいという点にある」。

ペイリーのデザイン論は目新しいものではなかった。ニュートン流の機械的宇宙観を生物学に転用しているのだ。事実、それはペイリーの六〇〇年前にトマス・アクィナスが挙げた神の存在を証明する五つの方法のうち一つのバリエーションなのである――「知識と知性を備えた何者かに指図を与えられない限り、知性を持たない者は何らかの目的に向かって進むことはできない」。一六九〇年、この考えはあまりに合理的で、否定する者などいるわけがないとでも言わんばかりに、常識《コモンセンス》の主唱者ジョン・ロックがこの考えを次のように再定義した。「いかにも卑小で思考しない『物質』が、思考する知性を備えた存在を生み出すというのは、無から『物質』が生み出されるというのと同じく不可能である」。精神から物質が生まれたのであって、その反対ではないのだ。ダニエル・デネットが指摘したように、ロックは神がデザイナーであるという考えに、経験主義的で世俗的な、ほとんど数学的とも言える承認を与えたのだった。

## ヒュームの逸脱《スワーブ》

こうした、慣れ合いとも言うべき意見の一致に最初に異を唱えたのが、デイヴィッド・ヒュームだった。著書『自然宗教に関する対話』（福鎌忠恕・斎藤繁雄訳、法政大学出版局）（彼の死後、一七七九年に刊行された）の有名なくだりでヒュームは、架空の理神論者クレアンテスに力強く雄弁なデザイン論を繰り広げさせる。

> 世界を見回してみたまえ。その全体とあらゆる部分をよくながめたまえ。君は世界が一つの大きな機械にほかならず、無数のより小さな諸機械に細分されているのを見出すだろう。……これらすべてのさまざまな諸機械およびそれらのどれほど微細な諸部分であろうとも、相互に一種の正

確さで適合されており、この事実は、それらをかつて熟視したすべての人々の心を奪って驚嘆の念を抱かせるのだ。全自然を一貫している手段の目的への巧妙な適合は、程度は遥かに高いにせよ、人間の工夫、つまり人間の意図、思惟、知恵および知性への諸成果と正に類似している。このような次第で結果が相互に類似しているからというので、われわれは、類比のあらゆる法則によって、原因もまた類似していると推論するに至るのだ。また自然の創作者が人間の精神にある程度似ていると推測するに至るのだ。（福鎌・斎藤訳）

デネットの言うとおり、これは帰納的推論である。デザインがあればデザイナーがいると言うのは、火のないところに煙は立たないと言うのと変わらない、という論法だ。

しかし、クレアンテスの架空の対話者である懐疑論者のフィロは、この論法に見事に反駁《はんばく》する。まず、デザイナーをデザインしたのは誰かという問いを突きつける。「この果てしない堂々巡りに何か益があるのか？」次に、神の完全性が世界のデザインを説明し、そのことが神の完全性を証明するというのは循環論だと述べる。ならば、なぜ神が完全であるとわかるのか？　神は「愚かな技師」で、「天地創造にかけた永遠の時間」を通じて他人を模倣し、さまざまな世界で「不細工で行き当たりばったりの仕事」をしたのかもしれないではないか。あるいは、神が多数存在したり、人間や動物や樹木の姿をした「完璧な擬人」だったり、「複雑な物質をすべてその腹から生み出したクモ」だったりすることも、同じ論法で証明できるのではないか？

いまや舞台はヒュームの独壇場《どくだんじょう》である。エピクロスさながらに、彼は自然神学のあらゆる論法に穴を探しはじめた。真に信心深い者であれば、「人間と神の思考のあいだには、理解不能であるゆえに想像もつかぬほど大きな違いがある」と考えるだろう、とフィロは述べる。したがって、神を一介の技師にたとえるなど不敬の極みなのだ。反対に無神論者なら、自然に目的があることを認めるにやぶさかではなくとも、それを何らかの、神の知性以外の比喩によって説明するだろう。ちょうど、のちのチャールズ・ダーウィンがやってのけたように。

要するに、ヴォルテール同様、ヒュームは神のデザインなどという考え方に我慢がならないのだ。語り終えるまでには、ヒュームの分身とも言うべきフィロは、デザイン論をすっかり捻《ひね》り潰してしまったも同然だった。ところが、デザイン論の残骸を目にしたヒュームは、突如として攻撃の手を緩めて敵が逃げるに任せた。そして、哲学史最大の失望を与えるのだ。フィロは土壇場になって出し抜けにクレアンテスに歩み寄り、仮に至高の存在を神と呼ばないなら、「それを『精神』または『思考』以外に何と呼べばいいのか？」と問う。これこそヒュームの、ルクレティウス流の逸脱《スワーブ》である。いや、そうだろうか？　哲学者のアンソニー・ゴットリーブは、『対話』を注意深く読めば、精神が物質たりうるというかすかな手がかりが残されていると述べる。ヒュームの死後も信心深く口やかましい人々の目に留まらぬように、『対話』にひっそりと埋め込まれているというのだ。

ヒュームは無神論者呼ばわりされるのを恐れて心変わりしたわけではない、とデネットは主張する。『対話』が自身の死後に刊行されるようにすっかり手筈《てはず》を整えていたからだ。つまるところ、究極の唯物論的結論を避けたのはほかでもない懐疑心ゆえだった。ダーウィンのような洞察を持ち合わせなかった彼が、物質から目的が生まれるメカニズムに、単に思い至らなかった、という話にすぎない。

ヒュームが残した論理の穴をすり抜けて論を進めたのがウィリアム・ペイリーである。フィロは時計の隠喩を用いていた。金属片が「自ら時計になるはずがない」というのだった。フィロの反論を十分に認識していたペイリーだったが、やはりヒースの草原に落ちている時計の背後に精神の存在を見た。ペイリーの主張は、時計が部品からできているとか、デザインがほぼ完璧だとか、理解不能だとかいうもの――以前の物理学者に人気があり、ヒュームがすでに解決済みのもの――ではなかった。それは、「時計は明らかに何らかの仕事をするためにデザインされたものであって、しかもそれらは最近になって個々にデザインされたのではなく、もともとはるかな昔に、一斉にデザインされた」というものだった。ペイリーは新たな隠喩を用いて次のように主張した。「望遠鏡が眼を補助するためにつくられたという動かぬ証拠があるように、眼がものを見るためにつくられたという、動かぬ証拠が存在する」。水生動物の眼が陸生動物の眼より大きく湾曲《わんきょく》した表面を持つのは、水と大気の屈折率が異なるためだと彼は指摘した。器官が世界の法則に従っただけであって、その逆ではないというのだ。

しかし仮に神が全能なら、そもそもなぜ眼をデザインしなければならないのか？　器官などつくらず、魔法のように動物に視覚を与えればすむではないか？　ペイリーはこの問いに答えらしきものを用意していた。神は「道具や手段がなくても困りはしない。だが創造的な知性は、道具の構造、そして手段の選択と適合にこそ見て取れる」。神が喜んで物理法則に従ったのは、私たちにこれらの法則を理解する楽しみを与えるためだというのだ。ペイリーの近代の信奉者は、こう考えれば、自然淘汰による進化が後世に発見されても神の存在と矛盾が生じないと論じる。神は私たちが進化という法則を発見して喜ぶようにあらかじめ企図《きと》したというわけだ。

つまるところ、生物界を説明する自然発生的なメカニズムを発見すればするほど、背後に知性を持つ者の存在を確信するようになる、というのがペイリーの議論だった。この論理のねじれを見るにつけ、私はモンティ・パイソンの映画『ライフ・オブ・ブライアン』でジョン・クリース演じる人物を思い出さずにはいられない。ブライアンが自分は救世主でないと言うと、その人物は「神性を否定できるのは真の救世主のみだ」と答えるのだ。

## 眼に関するダーウィンの見解

ペイリーの本が刊行されてから約六〇年後、チャールズ・ダーウィンが包括《ほうかつ》的で衝撃的な答えを出した。世界中を旅して集めた岩石や生物に関わる事実と、長年にわたる綿密な観察や推測とから、エディンバラ大学で培《つちか》ったボトムアップ思考による洞察にもとづいて、驚嘆すべき理論を丹念に打ち立てた。原理を理解する知性を備えた何者かが存在しなくとも、互いに競争する生物の繁殖率の差異に応じて、形態を機能に適合させる複雑さが累積的に生まれるというのだった。こうして、あらゆる哲学思想の中でも最も強力な侵食力を備えた概念が誕生した。著書『ダーウィンの危険な思想』（山口泰司監訳、石川幹人・大崎博・久保田俊彦・斎藤孝訳、青土社）でダニエル・デネットは、ダーウィン主義を万能酸になぞらえる。この酸を入れておきたくとも、それはどんな素材をも溶かしてしまう。「ダーウィン主義に激しく反対する特殊創造説の支持者はある一点において正しい。ダーウィンの危険な思想は、私たちの最も基本的な信念、いや私たち自身にさえ、有能なダーウィン信奉者がこれまで認めてきたより深い傷を残すのだ」。

ダーウィン説は、自然淘汰の力が他のどのデザイナーより強力である点において優れている。それは未来については何も知らないが、過去の情報については他の何者にも増して、すみずみまで知り尽くしている。進化心理学者のレダ・コスミデスとジョン・トゥービーの言葉を借りれば、自然淘汰は「現実世界でありえたデザインの選択肢それぞれの行く末を無数の世代にわたる無数の個体について調べ上げ、その統計分布によってそれらの選択肢を評価する」。こうして、自然淘汰は直近の過去に何が成功したかについてすべてを知る。それは誤った結果や局所的な結果を捨て去り、当て推量や推論、あるいは過度の理想化に訴える必要がない。実際の生物が実際に遭遇する環境における統計的結果にもとづいているからだ。

誰よりも絶妙なかたちでダーウィン説をまとめたのは、ほかならぬダーウィンの最も激しい批判者であった。一八六七年、ロバート・マッケンジー・ビヴァリーと名乗る男が、自然淘汰というアイデアを徹底的に粉砕すると自負する説を立てた。完璧に無知な者とは、天地創造にあたって完璧な知恵に取って代わろうと試みる造物主なのだ、と彼は指摘する。言い換えれば（ビヴァリーは怒りに燃えて太文字で綴る）、**「完璧で美しい機械をつくるのに、そのつくり方を知る必要はない」**というのだ。この文を好んで引用するダニエル・デネットは答える。「そうだ、まさにそのとおりではないか！」。複雑で美しい生き物をつくるのに、そのつくり方を知る何者かがいる必要はないということこそ、ダーウィンのアイデアの核心なのだ。一世紀後、レナード・リードという経済学者が「私は鉛筆」というエッセイで、このことはテクノロジーにも通じると論じた。事実、完璧で美しい機械をつくるために、そのつくり方を知る必要はない。一本の簡単な鉛筆をつくるのに関与する大勢の人には、黒鉛の採掘夫や木こり、組立工やマネジャー、それにもちろんこれらの人々が飲むコーヒーの豆を栽培する人までいて、そのうちの誰一人として鉛筆を最初からつくれる人はいない。その知識はある特定の人物の頭の中ではなく、人々の脳をつなぐクラウドにしまわれているのだ。これは、のちの章でテクノロジーも進化すると私が主張する論拠の一つである。

チャールズ・ダーウィンの危険な思想は、意図的なデザインという考え方を生物学から完全に葬り去り、「組織立った複雑さが原始の単純なものから」（リチャード・ドーキンスの言葉）（『盲目の時計職人』〔日高敏隆監修、中嶋康裕・遠藤彰・遠藤知二・疋田努訳、早川書房〕より）生じるメカニズムに取って代わらせようとするものだった。構造と機能はいかなる類いの目的もないまま、少しずつ少しずつ複雑になる。それは「とくに考えを持たない、忍耐強い過程なのだ」（デネット）。意図してものを見ようと試みた生物がついぞいたためしはないが、それでも眼は動物がものを見ることのできる手段として出現した。実際のところ、自然には目的への適合性が存在する。眼に機能があると述べることは理にかなっている。ただ、目的に向かって前進する、精神が物質に先んじる過程ではなく、過去を見すえた過程から生じる機能を記述する言葉が存在しないだけなのだ。ダーウィンによれば、眼が進化したのは、ある程度の視覚を与える簡単なつくりの眼を持つ生き物が、過去に生存と繁殖において有利だったためであって、何者かが視覚を与えようという意図を持っていたためではない。私たちが機能について語る言葉はみなトップダウンだ。眼は「見るため」のもので、私たちが「ものを見るために」眼はそこにある。見ることと眼の関係は、キーを打つこととキーボードの関係と同じなのだ。こうした言葉遣いとそれによる隠喩にもやはり、スカイフック的な前提が潜んでいる。

ダーウィン自身、眼の進化には悩んだと認めている。一八六〇年、アメリカの植物学者エイサ・グレイに彼はこう書き送っている。「眼について考えると、今でも背筋に冷たいものが走る。だが眼は漸進的《ぜんしんてき》に変化したことが知られているのだから、そんな弱気の虫に負けてはいけないのだと頭ではわかっている」。一八七一年には、著書『種の起源』（邦訳は渡辺政隆訳、光文社など）でこう述べた。「異なる距離に焦点を合わせ、適切な光量を体内に導き、球面収差や色収差を補正する比類ない仕組みを持ち合わせた眼が、自然淘汰によって生まれたと考えるのは、正直なところ、あまりに好都合な気がする」。

ところが、次いでこの問題がいかにして克服できるかに話を移す。まず、同じことはコペルニクスにも起きたと述べる。常識的には、地球が静止していて、太陽がその周りを回っているとしか思えなかったからだ。ここでダーウィンは、何もないところから眼がどのようにして無数の段階を経て出現したかの説明に入る。単純な眼から複雑な眼への「数知れぬ漸進的な変化」を持ち出し、「それぞれの段階の眼はその持ち主にとって有用だった」と説く。そうした段階を持つ動物が現生動物に見られるなら、そして現に見られるのだから、「私たちが想像もできないからといって自然淘汰を退《しりぞ》けるいわれはない」、と。その二七年前、ダーウィンは自然淘汰に関する初の、未発表のエッセイで同趣旨の主張をしている。いわく、眼は「小さくとも有用な違いを次々と選び取ることによって生まれたのかもしれない」。この箇所の余白に、懐疑的な妻のエマは「途方もない仮説ね」と記している。

## パックス・オプティカ

実際には、まさにこの通りのことが起きたのを現在の私たちは知っている。各段階はその持ち主にとって実際に有用だった。各段階の眼はいまだに存在しており、その持ち主にとっていまだに有用であるからだ。各段階の眼は、その直前の眼をほんのわずかに改善したものになっている。カサガイは表皮にあるアイパッチの眼によって上下の別を知り、スカシガイはくぼんだカップ眼によって光が射してくる方向を知る。光受容細胞に開いたピンホール状の穴を眼として用いるオウムガイは、豊かな光のもとでは物のおおよその形がわかる。アクキガイは単純な水晶体を持つ眼によって、暗い状態でも外界の像を結ぶことができる。タコは、虹彩で光量を調節できる水晶体を持つ眼を使って、外界を細部に至るまで把握できる（水晶体の出現は簡単に証明できる。眼の中の透明な組織なら何でも部分的な屈折媒体になったはずだからだ）。ということは、貝類のあいだでもさまざまな段階の眼がいまだにあり、それぞれの持ち主にとって有用であることがわかる。ならば、タコの祖先にはそれぞれの段階の眼を備えた者が連なっていたと考えるのは、実に自然なことではないだろうか？

リチャード・ドーキンスは段階を経るこの変化の過程を山登り（不可能の山）にたとえるが、その時点でも登れないほどの急斜面には遭遇しないと主張する。山に登るには麓《ふもと》から頂上を目指さねばならない。彼はそうした山は無数にあると言う。さまざまな種類の動物は、昆虫の複眼からクモの一風変わった八つの眼まで違った種類の眼を持ち、それらの眼は互いに部分的に重なってはいても明確に異なる段階を示し、変化が段階的に起きたことを物語っている。コンピュータモデルによって、どの段階にも不利益はなかったことが確認されている。

さらに、DNA（デオキシリボ核酸）の発見後に生物学のデジタル化が進んだ結果、遺伝子内の文字列の進行性変化によってゆるやかな進化が起きていることを示す、直接的で確かな証拠が得られている。現在では、昆虫の複眼とヒトの単眼のどちらの場合にも、その発生にPAX《パックス》6遺伝子が関わっていることが知られる。この二種類の眼は共通祖先から受け継がれたものだ。もう一つ別種のPAX遺伝子によって、クラゲの単眼が発生する。眼の中にある、光感受性を有する「オプシン」というタンパク質の分子は、海綿動物を除くあらゆる動物の共通祖先までたどることができる。約七億年前にオプシン遺伝子が二度にわたって重複し、現存する三種類の光受容分子（視物質）が生まれた。光受容分子の合成から水晶体や色覚の出現まで、眼の進化における段階はいずれも遺伝子の文字情報から直接読み取ることができる。ダーウィンの眼のジレンマほど、包括的かつ決定的に解決された科学上の難問はほかに例を見ない。もう弱気になることはありませんよ、チャールズ。

## 天文学的に不可能？

DNAのデジタル情報が段階的に変化することによって、オプシン分子が自発的かつ漸進的な出現を見たことを示す証拠は強力だ。だが数学的には反論の余地がある。オプシン分子は、特定の遺伝子によって指定される配列を持つ数百個のアミノ酸から成る。試行錯誤によってオプシンに光感受性をあたえるこの遺伝子を確定するには、きわめて長い時間か、おそろしく巨大な実験室が必要になるだろう。アミノ酸は二〇種類あるので、その鎖に一〇〇個のアミノ酸を持つタンパク質の分子は、一〇の一三〇乗通りの配列を持つことが可能だ。この数字は宇宙に存在する原子の数を優に超え、ビッグバン後に経過した時間をナノ秒単位で記した数字をはるかに凌《しの》ぐ。となると、どれほど多くの生き物とどれほど長い時間が与えられたにしても、自然淘汰によってオプシン分子のデザインにゼロから到達することは到底望めない。しかも、オプシンは体内にある何万種類というタンパク質中のたった一個なのだ。

私もルクレティウス流の逸脱《スワーブ》をせんとしているのだろうか？　合成可能なタンパク質のライブラリーに含まれるアミノ酸の組み合わせの数があまりに多く、うまく機能するタンパク質が進化によって生み出されるのは不可能だと認めざるをえないのか？　とんでもない。人間がイノベーションによって何かをゼロからつくることはまずなく、どちらかと言えば、あるテクノロジーから「次に可能な」テクノロジーへ飛躍し、既存の特徴を組み合わせ直しているのは周知のとおりだ。人によるイノベーションは、漸進的に変化するものである。そして自然淘汰にしても同様だとわかっている。つまり、ここであるいう数学的議論を持ち出したのが誤りのもとなのだ。よく言われるように、廃品置き場を竜巻が通り抜けて偶然ボーイング747ができるわけではなく、私たちは既存のデザインに最後のボルトを打ちつけているにすぎない。しかも以下に紹介する、最近成されたすばらしい発見にもとづけば、自然淘汰に課される負担はさらに楽なものと考えられるのである。

数年前、チューリヒにある実験室で、アンドレアス・ワグナーが学生のジョアン・ロドリゲスに、巨大なコンピュータ・ネットワークを用いて、一度に一個ずつ化学反応を変えることによって異なってくる代謝ネットワークの地図の、どこまでをカバーできるか調べてもらった。一般的な腸内細菌（訳注　ロドリゲスは大腸菌を選んだ）のグルコース代謝に注目し、代謝経路を構成するリンクを一つずつつ変えていき、どこまで正常に代謝が行なわれるか（つまり、その細菌がそれでも一種類の糖から生存に不可欠な約六〇種類の分子を合成できるか）を調べるのが目的だった。彼はどこまでカバーできただろうか？　腸内細菌以外の種《しゅ》では、グルコースの代謝経路が数千もある。そのうち互いにたった一つだけ反応が異なる経路がいくつあるだろう？　この細菌と一個しか化学反応が違わない一〇〇〇個の代謝経路について解析すると、ロドリゲスは最初の計算で地図全体の八〇パーセントまで到達した（訳注　この時点で代謝の反応は元の細菌と八〇パーセント異なっている）。反応を二つ以上変える必要は一度も生じず、この細菌が生存できない代謝経路が生まれることも一度もなかった。「ロドリゲスがこの結果を見せてくれたとき、最初は信じられなかった」とワグナーは述べている。「実験は失敗だったかもしれないと考え、毎回、代謝を成功させ、できる限り遠くへ、しかも異なる方向に進むランダム・ウォークを、もう一度、あと一〇〇〇回試すようロドリゲスに頼んだ」。結果は同じだった。

ワグナーとロドリゲスが見出したのは、細菌――そしてヒト――の生化学には膨大な冗長性が組み込まれている、ということだった。想像を絶するほどおびただしい数の、可能な限りすべての遺伝子配列を保存する「メンデルの図書館」の隠喩を用いて、ワグナーは驚嘆すべきパターンを発見した。「代謝の図書館には、同じ物語を異なる言葉で語る本が屋根裏までぎっしり詰まっている。同じ意味を持つ代謝のテキストがたくさんあるということは、同じテキストを見つける可能性がぐんと増える。さらに好ましいことに、進化は代謝の図書館を一個の単純な閲覧者のように探検するわけではない。それはクラウドソーシングする。つまり、膨大な数の生物群を使って図書館の中の新しいテキストを探す」。これらの生物は、目的を果たすテキストを発見すべくメンデルの図書館を探す不特定多数の読者なのだ。

ワグナーは、生物にかかわるイノベーションは保守的かつ進歩的でなければならないと指摘する。生物の体をデザインし直す際に、生存不可能な生物にしてしまっては元も子もないからだ。数百万年かけて微生物を哺乳類に変えるのは、飛行機のデザインを新たに変えつつ大西洋を横断するのに少し似ている。たとえば、グロビンの分子は植物と昆虫ではほぼ同じ三次元形状と機能を有するが、両者のあいだではアミノ酸配列が九〇パーセント異なる。

## いまだにダーウィンを信じない人々

創発を支持する証拠がこれだけ圧倒的でありながら、いまだに多くの人がデザイン論のおかげでダーウィンに疑いの目を向ける。アメリカの「インテリジェント・デザイン」（ＩＤ）運動は、学校に信仰を広めようというキリスト教原理主義者の意図から直接生まれたもので、政教分離を謳うアメリカ憲法をうまくかわすための狡猾な「回避策」という側面もある。この運動がデザイン論に焦点を当てたのは、生物の複雑な機能が神の存在以外によって説明できないことを明確にするのがおもな狙いだった。二〇〇五年に有名なキッツミラー対ドーヴァー学区裁判でジョン・ジョーンズ判事が判決文で述べたように、インテリジェント・デザイン論の信奉者たちは「デザイナーは宇宙人かタイムトラベルによってやって来た細胞生物学者かもしれないとときたま示唆してはいるが、神に代わるまともなデザイナーを提案したことがない」。タミー・キッツミラーは、インテリジェント・デザイン論とダーウィンの進化論をどちらも同じように子どもに教えることに反対したドーヴァー学区の保護者の一人だった。保護者たちは裁判所に提訴し、学区の規則を覆《くつがえ》すことに成功した。
アメリカではキリスト教原理主義者たちが、学校教育で進化論を教えることに一五〇年以上にわたって反対を唱えてきている。彼らは州立学校で進化を教えることを禁じる法律を制定するよう州議会に働きかけた。この動きは、「モンキー裁判」として知られる一九二五年のスコープス裁判で大きな山場を迎えた。テネシー州の反進化論法に注目を集めるため、被告人のジョン・スコープスは法を犯してまで意図的に進化を教えたのだった。裁判ではウィリアム・ジェニングス・ブライアンが検察官を、クラレンス・ダロウが弁護人を務めた。スコープスは有罪とされて一〇〇ドルの罰金刑を科せられたとはいえ、この判決も上訴審で手続き上の事由で覆されている。検察官のブライアンは勝利したものの大きな犠牲を払ったと広く考えられた。ブライアンが滑稽に見えたばかりか、スコープスに科せられた処罰が軽微だったからだ。しかし、これは東海岸や西海岸のリベラル派が気休めに語る話にすぎない。アメリカ内陸部では、スコープスの固い信念がダーウィン反対派をおおいに奮い立たせた。沈黙させられるどころか、原理主義者たちはスコープス裁判のおかげで地歩を固め、教育現場でその影響力を数十年にわたって行使した。教科書はダーウィン主義に関してきわめて慎重な扱いに終始した。

米最高裁が学校で進化を教えることを禁じる法律をすべて廃止したのは、ようやく一九六八年になってからだった。これを受けて原理主義者は、ノアの洪水のような聖書に書かれたできごとの証明となる科学的証拠を捏造する、「創造科学」なるものをでっち上げた。一九八七年、「この理論は科学ではなく宗教だから」という理由で、米最高裁は教育現場で特殊創造説を教えることを事実上禁じた。

かくして反ダーウィニズム運動は、アクィナスやペイリーによる昔ながらのデザイン論の最も簡単な焼き直しとも言える「インテリジェント・デザイン」論を生み出した。特殊創造説論者は自分たちが以前に作った、『パンダと人間』という高校教科書をただちに改訂したものの、インテリジェント・デザインの定義に創造科学と同じものを用い、「特殊創造説（creationism）」と「特殊創造説論者（creationist）」という言葉を一五〇カ所で一括して「インテリジェント・デザイン」に差し替えただけだった。この改変によって「creationist」が「cdesign proponentsists」に置き換えられるという奇妙な綴りの誤りが一カ所生じ、これがインテリジェント・デザイン論と特殊創造説のミッシング・リンクと呼ばれるようになった。この、インテリジェント・デザイン論と特殊創造説という二つの思想の「驚嘆すべき」類似性が決定的な根拠となって、ジョン・ジョーンズ判事はインテリジェント・デザイン論を科学というより宗教であると断じ、二〇〇五年、インテリジェント・デザインと進化の授業に同じ時間を割り振ることを定めたドーヴァー学区の規則は廃止された。『パンダと人間』と題する教科書におけるインテリジェント・デザインの主張とは、種はにわかに知性ある者の力で誕生し、そのときすでに各種の特徴は存在していて、魚にはヒレや鱗《うろこ》、鳥には羽があった、といったものである。

二〇〇五年にジョーンズが書いた長文の判決理由は、一つのスカイフックを最終的な壊滅に追い込む決定的なものだったが、それがとりわけ説得力に富んでいたのは、ジョーンズがキリスト教徒で、ブッシュ大統領に任命された人物であって、科学知識を持たない、政治的に保守派の判事だったからだ。ジョーンズは、科学革命は自然現象の説明に不自然な原因を採用することを拒み、人知を超えた何者かの存在を認めず、啓示を退けて経験的な証拠を選んだ、と指摘した。また被告のインテリジェント・デザイン側のおもな科学的証人である、マイケル・ベーエ教授が提示した証拠を一つ残らず論破した。著書『ダーウィンのブラックボックス（*Darwin's Black Box*）』やその後の論文でベーエは、知性あるデザイナーの存在を支持するおもな根拠として、「単純化できない複雑さ」と「部品の意図的配置」の二点を挙げていた。ベーエの論には、きわめて複雑な分子モーターによって回転する、細菌の鞭毛《べんもう》が登場する。この系からどれか一つでも部品を取り除くと、全体がうまく働かなくなる。哺乳類の血液凝固も一連の進化の段階によって可能になるもので、そのどの段階を取っても他の段階がなくては意味をなさない。免疫系はきわめて複雑であるのみならず、自然による説明は不可能だというのだった。

ケネス・ミラーのような進化論側の証人にとって、こうした主張をドーヴァー裁判の判事が納得できるように切り崩していくのはわけもなかった。細菌の鞭毛とは違う働きを持つが、機能的には完全な前身であるⅲ型分泌装置というものが一部の生物に存在し、この装置の利用価値を損なわずに回転モーターにつくり変えることは造作もない（同様に、哺乳類の内耳の骨は現在では音を聞くためにあるが、初期魚類の顎の骨の一部が直接の祖先だ）。血液凝固の段階的な過程はクジラとイルカでは一段階、フグでは三段階抜けているとはいえ、機能に影響はない。また免疫系の神秘的な複雑さにしても徐々に自然による説明が可能になりつつあり、自然淘汰やデザイナーやタイムトラベルしてきたエンジニアを暗示するような部分は残っていない。裁判では、免疫系の進化に関わる五八本の査読済み論文と、九冊の本がベーエ教授に提示された。

「部品の意図的な配置」について評したジョーンズ判事の言葉も、容赦のないものだった。「『部品の意図的配置』という、外観にもとづいたデザインの推論は完璧に主観的な主張であり、観察者の主観と、ある系の複雑さにかかわるその観察者の見方次第で決まる」。これは、ニュートン、ペイリー、ベーエに対する訣別の言葉であり、もちろんアクィナスへのとどめの一撃でもある。

二〇〇〇年以上前、ルクレティウスのようなエピクロス派の人物は自然淘汰が持つ力に気づいていた節《ふし》があり、どうやら彼らはこの考えを紀元前四九〇年ごろにシチリアに生まれた、伊達者《だてもの》の哲学者エンペドクレス（ルクレティウスは彼の文体も範とした）から受け継いだようだ。エンペドクレスは生き延びる動物が「自然発生的に適宜《てきぎ》組織化されるのに対して、そうした適切なつくられ方をしなかった動物は消滅して二度と復活することがない」と述べた。これがエンペドクレス最大の洞察だったが、それに気づかなかった彼はこの考えをさらに追究することはなかった。ダーウィンはこの洞察を再発見したのだ。

## グールドの逸脱《スワーブ》

ダーウィンが進化論を唱えてから一五〇年近く経っていたというのに、ジョーンズ判事はなぜ同じ主張を繰り返さねばならなかったのだろうか？　進化という考えに対する抵抗が、自然神学、創造科学、そしてインテリジェント・デザインと姿を変えて驚くほど執拗に生まれる理由は十分に解明されたとは言い難い。人々が自然発生的な生物の複雑性をなぜそれほどまでに嫌悪するのかは、キリスト教の聖書直解主義によっても完全には説明できない。なんと言っても、イスラム教徒は地球が六〇〇〇年前に生まれたという考えを持ったことがないにもかかわらず、やはりデザイン論に魅力を感じる。イスラム教徒の多い国々では、ダーウィンの進化論を信じる人は二〇パーセントに満たないだろう。たとえば、トルコの特殊創造説の論客で、筆名をハルン・ヤフヤというアドナン・オクタルは、アラーが生き物をつくったことをデザイン論によって「証明する」。デザインを「共通の目的のために、種々の部品を調和の取れた秩序正しい形に組み立てること」と定義し、鳥はデザインが施された証拠を示すものだと主張する。鳥類の中空の骨、強力な筋肉、羽を見れば、それが「デザインの産物であることは明白だ」と述べるのだ。しかし、形態と機能の適合はダーウィンの進化論の核を成す考えでもある。

俗世の人々も、複雑な器官や体が計画もなく出現するというアイデアを受け入れようとしないことがままある。一九七〇年代末、古生物学者のスティーヴン・ジェイ・グールド率いる、アメリカ人を主体とする学派と、動物行動学者のリチャード・ドーキンス率いる、イギリス人を主体とする学派が、ダーウィン主義の陣営内で適応の普遍性について有名で熾烈な論戦を繰り広げた。ドーキンスが現代の生物が持つ特徴のほぼすべてが機能を果たすために選ばれたと考えるのに対して、グールドは変化の多くは偶然に起きたと考えた。最後には、ダーウィン主義は度を超し、形態と機能の適合をあまりに頻繁《ひんぱん》かつ安易に主張したため、生き物が自然淘汰によって環境に適応するという考えは論破されたか、少なくともその信憑性に傷がついたと、グールドが多くの一般人を説得した形になった。おかげでジョン・メイナード・スミスの評言を借りれば「ダーウィン説は誤っていると信じる強い意志」がメディアを席巻し、《ガーディアン》紙はとうとうダーウィン主義の死を告知する社説を掲載した。

しかし、グールドは進化生物学者のあいだでは論争に敗れている。器官がどのような機能を果たすために進化したかを問う手法は、生物学者が解剖学、生化学、行動を解釈する主要な手段であり続けた。恐竜は安定した体温を保ち、捕食者から逃れる「ために」図体が大きくなり、ナイチンゲールはメスの気を引く「ために」鳴くのかもしれないのだ。

ヴェネチアのサンマルコ聖堂のスパンドレル（訳注　二本の回廊が交差する天井際にできる、逆三角形の隙間のこと）から、鳥の糞を思わせる毛虫まで、さまざまな議論の詳細にここで立ち入るつもりはない。本書の目的はそこにはなく、適応の概念を攻撃したグールドの真意と、科学以外の場面で彼の見地がきわめて人気が高い理由を知ることにある。答えはグールドが行なった、ルクレティウス流の逸脱《スワーブ》にあった。ダーウィン派の哲学者ダニエル・デネットは、グールドが「スカイフックを探そうとしてはクレーンを発見してきた、歴史上の有名な思想家たちの流れを汲む者であり」、「ダーウィンの危険な思想」に対するグールドの反感が、基本的に「ジョン・ロックの『精神は物質に先んじる』とする、トップダウン流の考えを守るか復活させたいという願望と言えるのに気づいた」と述べている。

この解釈の是非《ぜひ》はともかく、ダーウィンとその信奉者が抱える問題は、この世には時計から政府に至るまで意図的なデザインが溢れている点にある。なかには実際にデザインされたものすらある。ダーウィンがこよなく愛したタンブラー種のハトからクジャクバトまで、ハトの異なる品種の多くはいずれも「精神は物質に先んじる」とする選択的育種によってつくられたもので、それは自然淘汰の過程に似通ってはいても、少なくともなかば意図的で作為的だ。ダーウィンが自然淘汰の説明にハトの育種を持ち出したのは危険きわまりない行為だった。彼が指摘した類比は、じつは一種のインテリジエント・デザインだったからだ。

## ウォレスの逸脱《スワーブ》

いいところまで進みながら道を逸れてしまうダーウィン信奉者の例ならば、ほかにも事欠かない。たとえば、アルフレッド・ラッセル・ウォレスは自然淘汰の同時発見者であり、多くの意味においてダーウィン自身より急進的とも言えるダーウィニズム（ウォレスの造語）の旗頭《はたがしら》だった。ごく初期から自然淘汰をためらいもなくヒトに当てはめ、自然淘汰が進化のおもなメカニズムとしてほとんど受け入れられていなかった一八八〇年代にあって、それを認めたほとんど唯一の人物だった。ところが、あるときルクレティウス流の逸脱《スワーブ》を行なった。「『野蛮人』の『脳』は生存に『必要』とされる『大きさ』を超えていることが判明［している］」と述べ、「高度な知性を持つ者が、ヒトの進化をある目的のために一定の方向に導いた」と結論づけたのだ。これに対してダーウィンは、書簡でこうたしなめている。「貴君と私が世に送り出した子の息の根を、貴君が完璧に止めようとしているのでなければいいのだが」。

その後一八八九年に出版した「ダーウィニズム」（書名になった）を強力に擁護する本の結びでウォレスは、ヒュームその他のあまりに多くの人々と同じく突然のUターンを演じる。スカイフックを次々とぶち壊しておきながら、土壇場《どたんば》で突如として三つのスカイフックを持ち出すのだ。生命の起源は神秘的な力なくしては説明できない。動物の意識が複雑さから創発したと考えるのは「あまりに不合理である」。人類の「最も特徴的で崇高な機能が、生き物全般の漸進的な発達を決定したものと同じ法則によって発達したということなどありえない」。いまや熱心な精神主義者に成り果てたウォレスは、生物、意識、ヒトの精神が生み出した成果の説明に、この三つのスカイフックが必要だと唱えた。これらの進歩の三段階は、目には見えない宇宙、「物質世界が完全に従属する精神世界」の存在を示しているというのである。

## ラマルクの誘惑

ラマルク主義的なアイデアが今日《こんにち》に至るまで何度も復活している事実も、ダーウィン主義に精神第一主義的な意図を再導入したいという願望の表れだ。ダーウィンよりはるか前に、ジャン＝バティスト・ド・ラマルクは、獲得形質は遺伝するかもしれないと述べている。鍛冶屋《かじや》の息子は父親の強い前腕を、それが遺伝ではなく運動によって獲得されたものであるにしても受け継ぐというのだった。ところが、親の切断された四肢などの損傷を子が受け継ぐことはないので、ラマルクが正しいのならば、子孫に何を受け継がせ、何を受け継がせないかを決める一種の知性が体内に備わっていなければならなくなる。ダーウィン主義の世界にデザイナーという「神」が不在になったために混乱する人々の目に、このような仕組みが魅力的に映るのは理解できよう。ダーウィン本人ですら、晩年には遺伝を理解しようと苦闘するうちにラマルク主義的な考えを弄《もてあそ》んでいる。

一九世紀末、ドイツの生物学者アウグスト・ヴァイスマンがラマルクの主張には大きな問題があると指摘した。動物の生殖細胞系列（精子や卵子になる細胞）は生後初期に他の体細胞から分離するので、その動物の一生で体に起きたことの情報をそのレシピにフィードバックするのはほぼ不可能だからだ。ヴァイスマンによれば、生殖細胞は生体器官のミニチュアではないので、獲得形質を採用するための情報は、その変化そのものとまったく異なるものでなくてはならない。焼き上がったケーキを変えても、そのレシピを変えることはできないのだ。

だがラマルク主義者は諦めなかった。一九二〇年代、ウィーンに住む両生類学者パウル・カンメラーが、環境変化によってサンバガエルの身体的な特徴を変えることに成功したと主張した。証拠はひいき目に見ても信頼性に乏しく、結論ありきの解釈に頼っていた。不正を糾《ただ》されたカンメラーは自死を選んだ。カンメラーの死後、作家のアーサー・ケストラーが彼を真理の殉教者に祭り上げようとすると、絶望感はいやが上にも募り、多くの一般人が進化のトップダウン的な解釈を救おうと血眼《ちまなこ》になった。

この傾向は、いまだに続いている。エピジェネティクスは遺伝学の正当な一分野であり、生物が生後初期の経験によって獲得したDNA塩基配列の修飾が、成人後に体に与える影響を知ろうとするものだ。しかし、このエピジェネティクスのもっと思弁的なバリエーション、というものがある。獲得した修飾の大半は精子や卵子が形成される段階で消えるが、一部は次世代に受け継がれるかもしれないというのだ。たとえば、遺伝性疾患のなかには、染色体の突然変異が母親由来か父親由来かによって影響に違いの出るものがある。このことは、遺伝子に性別に依存する「インプリント」異常があることを示唆する。スウェーデン人の寿命を調べたある研究では、祖父母が若いころに経験した空腹の度合いによって、寿命に与える影響に性別特異性が見られるという。そうした少数の事例はいずれも強力な証拠とは言えないものの、現代のラマルク主義者の中には、一八世紀フランスの貴族ラマルクを擁護しようと無理無体な主張をするようになった人々がいる。二〇〇五年、エヴァ・ヤブロンカとマリオン・ラムはこう述べた。「ダーウィンの進化論はラマルク流の過程を含意する。なぜなら自然淘汰が作用する、世代間で継承される変異は機能に対して完璧に盲目的であるわけではなく、生涯を通じてさらされた条件によって一部が誘発もしくは『獲得』されるからだ」。

しかし、この主張を裏づける証拠は弱い。データが示すのは、ＤＮＡの後成的状態は各世代でリセットされるし、仮にリセットされなかったとしても、後成的修飾によって与えられる情報は遺伝的修飾によって与えられる情報のごく一部に限られるということにとどまるからだ。しかも、マウスを使った見事な実験によって、じつは後成的修飾をリセットするのに必要な情報は実際にはすべて遺伝子配列にふくまれていることが判明している。つまり、エピジェネティクスの機構自体が、いわゆるダーウィン主義的なランダムな変異と選択によって進化したのは確実なのだ。事実上、ここに意図を汲み取る余地は残されていない。ところが、後成的ラマルク主義を信じたいという願望の陰にある動機は明白だ。ハーヴァード大学のデイヴィッド・ヘイグの言葉を借りれば、「ネオ・ダーウィニズムに対するヤブロンカとラムの不満は、継承される変異の源泉として、外から与えられたものではないランダムな現象に重きが置かれている点にある。ならば、獲得形質の遺伝そのものが、どのようにして意図の源泉になるのかについて理にかなった説明を聞きたいものだ」。言い換えれば、エピジェネティクスにラマルク的な現象が存在すると証明されたにしても、それでランダム性を排除したことにはならないのだ。

## 文化に導かれた遺伝進化

実際には、獲得形質が遺伝によって継承される場合もあるものの、それには多くの世代がかかるし、その過程は機械論的にダーウィン主義的だ。この過程はボールドウィン効果と呼ばれる。多くの世代にわたってある経験に繰り返しさらされた種では、その経験に対処する遺伝的傾向を持つ子孫がいずれ生き残る。なぜか？　その状況に対処する傾向を持つようにたまたま生まれついた子は、他の子より生き延びる確率が高いからだ。こうして遺伝子に過去の経験が組み込まれるようになる。一度学習されたものは本能になるのだ。

これに似ているが同じではない現象に、西ヨーロッパや東アフリカの人々が持つ、牛乳にふくまれる乳糖（ラクトース）の消化能力がある。成体になっても乳糖を消化できる哺乳類は少なく、それは一般的には幼体の時期を過ぎて牛乳を飲むことはないからだ。しかし、世界の二つの地域では、ラクターゼ（訳注　乳糖を分解する酵素）遺伝子のスイッチを切らずにおくことで、ヒトは大人になってからも乳糖を消化する能力を進化させた。これが起きたのは、ウシを家畜化して牛乳の生産がはじめて行なわれたその二地域だった。なんという幸運だろう！　乳糖を消化できたので、人々は畜産を始められたのだろうか？　いや、そうではない。遺伝子のスイッチを切らずにおけたのは、単に畜産の発明の結果であって原因ではない。それでも、それはランダムな変異によって起きるしかなく、ひとたび起きればランダムでない生存を可能にした。乳糖を消化できる変異をたまたま持って生まれた人は、牛乳の栄養分をあまり消化できない仲間や敵より丈夫で健康だった。そこで、これらの人々が生き残り、ラクターゼ遺伝子が急速に拡散した。よくよく考えてみれば、祖先の経験を遺伝子に取り込むことは完全にクレーンであってスカイフックではない。

生物界の複雑さはあまりに信じがたく、それが自ら糸口を見つけて自然発生するという考えがあまりに直観に反するため、最強のダーウィン主義者でも孤独な夜にはふと疑念に襲われるに違いない。無知に神性を見つけようとするのは大きな誤りだと自分に言い聞かせても、信心深い者の耳に囁きかける悪魔のスクリューテープ（訳注　C・S・ルイスの『悪魔の手紙』に出てくる）にも似て、「個人的懐疑にもとづいた論証」（リチャード・ドーキンスの言葉）にはどうしても抗《あらが》いがたいのだ。

# 第4章　遺伝子の進化

何故ならば、原子は鋭敏な智を以て、夫々が各自の順序に、意識的に自己の位置を占めるようなこともないのは明らかであるし、また夫々が如何なる運動を起こそうかと、約束し合っているわけでもないことは明らかであるからである。ただ、原子は数が多く、かつあらゆる工合に変化をうけ、無限のかなたから、打撃をうけて運動を起し、宇宙中を駆《か》りたてられて飛んでいるが故に、あらゆる種類の運動と結合の仕方を試みることによって、ついに現在、物のこのような総和が生まれ成立するに至ったこの配置に、はいるのである。

——ルクレティウス、『物の本質について』第一巻より

現在わかっていないことでとくに魅惑的なのは、生命の起源である。生物学者は自信たっぷりに、複雑な器官や生命体は単純な原始細胞から発生したのだと唱えているが、最初の原始細胞の発生はいまだ暗闇に包まれている。そして人は途方に暮れると、たいてい神秘論による説明に頼りがちだ。あ

の筋金入りの唯物論科学者で分子生物学者のフランシス・クリックが、一九七〇年代に「パンスペルミア」――生命は宇宙のどこかで始まり、微生物が地球にやって来て種《たね》をまいたのではないかという考え――を検討しはじめたとき、彼はやや神秘論に傾いていると心配する人が大勢いた。実際には、彼はただ可能性について論じていたのだ。宇宙の年齢と比較して地球が若いことを踏まえると、地球より前にどこかほかの惑星で生命が生まれ、別の太陽系に影響をおよぼした可能性は高い、というわけだ。むしろ、彼はこの問題の手強さを強調していたと言っていい。

生命は、エントロピーと無秩序への流れを、少なくとも局所的に逆転させる能力、すなわち、情報を利用して、カオスから局所的な秩序をつくり、そのためにエネルギーを消費する能力である。この三つのスキルにとって欠かせないのが、とくに三種類の分子、すなわち情報を保存するためのDNA、秩序をつくるためのタンパク質、そしてエネルギー交換の媒体としてのATPである。これらがどうして集まったのかはニワトリが先か卵が先かの問題である。DNAはタンパク質がなければできないし、タンパク質はDNAなしにはできない。エネルギーに関していえば、一個の細菌は一世代で体重の五〇倍のATP分子を消費する。初期の生命はもっと浪費家だったに違いないが、エネルギーを効果的に利用したり保存したりするための今の分子機構はなかっただろう。いったいどこで十分なATPを見つけたのか？

この三つを適所に配置する役割を果たしたクレーンは、RNAであろうと思われる。RNAは今も細胞の中でいろいろと重要な役割を果たしている分子であり、DNAのように情報を保存することも、タンパク質がするように触媒として反応を促進することもできる。さらに、RNAはATPと同じように、塩基とリン酸とリボース糖からできている。したがって、RNA遺伝子を有するRNAの体からなる生き物がRNAの成分をエネルギー通貨として使う「RNAワールド」がかつてあった、というのが有力な説である。問題は、このシステムものすごく複雑で相互依存しているため、何もないところから生まれたとは想像しがたいことだ。たとえば、どうやって散逸《さんいつ》を防いだのだろう？　どうやって細胞膜による囲いなしに、成分が離れ離れにならないようにして、エネルギーを集結させたのか？　チャールズ・ダーウィンが生命の起源として思い描いた「温かい水たまり」の中では、生命はたやすく溶解してしまっただろう。

でもあきらめてはいけない。最近まで、RNAワールドの起源はおいそれと解けそうもない問題に思われたため、神秘論者に希望を与えていた。ジョン・ホーガンは二〇一一年の《サイエンティフィック・アメリカン》誌に、「シーッ！　創造説論者には内緒だけど、科学者は生命の起源について手がかりがつかめていない」と題した記事を書いた。

しかしそれからわずか数年後の現在、答えがぼんやりと見えてきている。生命の系統樹の根元にあるのは、ほかの生物のように炭水化物を燃やすのではなく、二酸化炭素をメタンまたは有機化合物の酢酸塩に変換することによって、自分の電池を効率的に充電する単純細胞であることが、DNA配列からわかるのだ。この化学浸透性微生物が細胞内に抱えているものとそっくりの化学的環境を見つけたければ、大西洋の海底に目を向ければいい。二〇〇〇年、探検家たちが大西洋中央海嶺で、それまで知られていた海洋底の地熱スポットのものとはまったく異なる熱水噴出孔を発見した。非常に熱い酸性の液体を噴き出す「ブラック・スモーカー」噴出孔とは違って、この新しい噴出孔――ロストシティ熱水域――は、ぬるくて強いアルカリ性で、何万年も存続しているようだ。ニック・レーンとウィリアム・マーティンという二人の科学者が、ここの噴出孔と化学浸透性細胞内部の共通点をリストアップし、生命によるエネルギー保存方法との不可思議な類似性を見つけた。基本的に、細胞は帯電した粒子――たいていはナトリウムまたは水素イオン（訳注　プロトン。$H^+$は陽子《プロトン》そのものなのでこうも呼ばれる）――を細胞膜の向こうにくみ出し、うまく電位差を生み出すことによって、エネルギーを蓄える。これは生き物すべてに共通する固有の特徴だが、ロストシティにあるような噴出孔からアイデアを借用したようにも思われる。

四〇億年前の海は二酸化炭素で飽和していて、酸性の状態だった。噴出孔からのアルカリ性の液体が酸性の海水と出会うところでは、噴出孔に形成される細孔の鉄とニッケルと硫黄でできた薄い壁の内外で、プロトンの急勾配があった。その勾配は、現在の細胞内のものとよく似た規模の電位差である。このような無機物でできた細孔の内側では、化学物質がエネルギー豊富な空間にはまり込み、そのエネルギーを利用してさらに複雑な分子ができ上がった可能性がある。それらの高分子が――プロトン勾配によるエネルギーを使って偶然自己複製するようになって――しだいに適者生存パターンの影響を受けるようになる。あとは、ダニエル・デネットの言葉を借りれば、アルゴリズムである。要するに、生命の起源の創発《そうはつ》説に手が届きそうなのだ。

## すべてクレーン、スカイフックなし

先ほど述べたように、生命の特徴は秩序をつくるためにエネルギーを得ることである。これは文明の特質でもある。人が建物を建て、装置をつくり、アイデアを生み出すのにエネルギーを使うのと同じように、遺伝子はタンパク質の構造をつくり出すためにエネルギーを使う。一個の細菌がどれだけ大きく成長できるかは、各遺伝子が利用できるエネルギーの量に制限される。なぜなら、エネルギーは細胞膜の向こうにプロトンをくみ出すことによって膜のところで得られるが、細胞が大きくなればなるほど、その体積の割に表面積が小さくなるからだ。裸眼で見えるくらいにまで大きく成長する細菌は、内部に巨大な空の液胞を抱えているものだけである。

ところが生命が誕生してから二〇億年ほどたったころ、複雑な内部構造を持つ巨大な細胞が現れはじめた。それは真核生物と呼ばれるもので、私たちは（動物だけでなく植物、菌類、原虫も）その仲間である。

ニック・レーンは、真核生物の（革命的）進化は融合によって可能になったと主張する。細菌の一団が古細菌（別種の微生物）の細胞内部に住みつくようになったのだ。現在、この細菌の子孫はミトコンドリアと呼ばれており、私たちが生きるのに必要なエネルギーを生み出している。あなたが生きているかぎり刻々と、あなたの体内の何千兆というミトコンドリアが細胞膜の向こうに無数のプロトンをくみ出し、タンパク質、DNA、その他の高分子をつくり出すために必要な電気エネルギーを獲得している。

ミトコンドリアにもまだ独自の遺伝子があるが、数は少なく、私たちの場合は一三個だ。このゲノムの単純化がカギを握っていた。そのおかげでミトコンドリアは、「私たちのゲノム」の仕事をサポートするための余剰エネルギーをはるかにたくさん生み出すことができるようになり、そのおかげで私たちは複雑な細胞、複雑な組織、そして複雑な体を持つことができている。その結果、私たち真核生物では、遺伝子一個当たりが利用できるエネルギーが何万倍も多く、各遺伝子の生産性がはるかに大きくなっている。そのため、私たちの細胞は大きくなっただけでなく、より複雑な構造にもなっている。私たちはミトコンドリアにたくさんの内膜を取り入れ、そのあとその内膜の土台となるゲノムを単純化することによって、細菌細胞に課せられていた大きさの制約を克服したのである。

これと驚くほどの類似点が産業革命に見られる。農耕社会では、家族は自分たちが食べる食物をぎりぎりつくることはできるが、他人を養うためのものはほとんど残らない。したがって、城や、ビロードのコートや、武具など、つくるのに余剰エネルギーが必要なものを持てる人はごくわずかだ。牛、馬、風、水を利用すれば、わずかな余剰エネルギーは生まれるが、あまり多くない。木は役に立たない――熱は生むが仕事はしない。そのため、資本――建造物と物資――という点で、社会がどれだけつくり出せるかには恒久的な限界があった。

そのあと産業革命（による進化）が起こり、石炭のかたちでほぼ尽きることなく供給されるエネルギーが利用されるようになった。炭鉱労働者は小作農と違って、自分たちが消費するよりはるかにたくさんのエネルギーを生み出す。彼らは採掘すればするほど、採掘がうまくなる。最初の蒸気機関によって熱と仕事の境界が破られたため、石炭のエネルギーが人の仕事を拡大できるようになった。真核生物の（革命的）進化が遺伝子一個当たりのエネルギー量を飛躍的に増大させたのと同じように、産業革命（による進化）は労働者一人当たりのエネルギー量をいきなり飛躍的に増大させた。その余剰エネルギーによって、私たちの生活を豊かにする住宅、機械、ソフトウェア、道具類――資本――

が構築された（いまもされている）と、エネルギー経済に詳しいジョン・コンスタブルは論じている。アメリカ人はナイジェリア人の一〇倍のエネルギーを消費しており、それはつまり一〇倍豊かであるといっているようなものだ。「石炭があれば、ほぼどんな偉業も可能である、というより容易である」とウィリアム・スタンレー・ジェヴォンズ（訳注　イギリスの経済学者・論理学者）は書いている。「石炭がなければ、以前の難儀な貧困にあと戻りだ」。真核生物による余剰エネルギー生成の進化も、産業化による余剰エネルギーの進化も、計画なしに突然生じた現象である。

だが話が脱線した。ゲノムにもどろう。ゲノムはひどく複雑なデジタルコンピュータプログラムである。ほんのささいなミスが、（人間の場合）二万個ある遺伝子の発現のパターン、量、または配列を変化させるか、あるいは遺伝子をオンオフする何十万という制御配列の相互作用に影響し、結果的に悲惨な奇形を生んだり病を引き起こしたりすることになる。たいていの人の場合、八〇年から九〇年というとてつもなく長い歳月、このコンピュータプログラムはほとんど問題を起こすことなくスムーズに作動する。

システムを動かし続けるために、あなたの体内で時々刻々と起こっているはずのことについて、考えてみよう。あなたの体には、そのかなりの部分を占めている細菌は数に入れずに、数十兆個の細胞がある。これらの細胞それぞれがつねに数千個の遺伝子を転写しているが、この手順には、数百個のタンパク質が特定のかたちで集まり、何百万とある塩基ペアそれぞれのために何十もの化学反応を触媒する必要がある。そうして転写がひとつ行なわれるたびに、何千というアミノ酸がつながったタンパク質分子が一個生成される。そのために投入されるリボソームとは、何十という動くパーツからできていて、立て続けに化学反応を触媒できるマシンだ。タンパク質そのものは次に細胞の内外に散開して、反応を速め、物質を運び、シグナルを伝達し、構造を下支えする。この非常に複雑な事象が、あなたの体内であなたを生かしておくために、一秒に何億何兆回と起こっていて、しかも間違うことはほとんどない。まるで世界経済のミニチュア版だが、もっと複雑である。

そのようなコンピュータがそのようなプログラムを実行するには、プログラマがいるはずだという空想を追い払うのは難しい。ヒトゲノム計画の初期の遺伝学者は、下位配列を指揮する「マスター遺伝子」についてうわさしていた。しかしそのようなマスター遺伝子は存在せず、もちろん賢いプログラマなどいない。すべては進化によって少しずつ出現したことであり、しかも民主的に運営されている。各遺伝子は小さな役割を果たしているだけで、全体の計画を把握している遺伝子はない。にもかかわらず、これらのさまざまな緻密な相互作用から、比類ない複雑さと秩序が自発的にデザインされる。秩序は監督者が誰もいないところに出現しうるという、啓蒙運動の理想が妥当であることを示す、またとない好例だ。配列が決定したゲノムは、管理なしでも秩序と複雑さがありうることをはっきりと証明している。

## 誰のため？

話を進めるうえで、進化は上から指図されるのではなく、ダニエル・デネットの言う物事の「浮動的原理」を生み出す自己組織化プロセスであると、あなたは納得したとしよう。これはつまり、たとえばカッコウのヒナは育ての親が持って来る餌を独占できるように宿主の卵を巣から押し出すが、この原理をカッコウもカッコウのデザイナーも考えたことはない、ということだ。今、あなたと私は考えているが、それは事後のことにすぎない。体と行動には、一見目的があるように思えても、予測も計画もされていない機能が満ちあふれている。このモデルはヒトゲノムにも当てはまることに、あなたはきっと賛成するに違いない。血液凝固の遺伝子は、傷口の血液を凝固させるのに役立つ血液凝固タンパクをつくるためにある。しかしそうした機能デザインの存在は、血液凝固のニーズを予測した賢いデザイナーがいたことを意味するわけではない。

ここまでの話は前置きで、ここからが本題だ。じつは、スカイフックというのは神に限ったものではない。強固な無神論者の科学者でさえ、ゲノムに関する事実を突きつけられると、指令統制型の思考におちいりがちだ。さっそく一例として、遺伝子は体という料理人に使われるのをひたすら待っているレシピだという考えがある。生命体全体としてのニーズのために遺伝子は存在するのであり、遺伝子は喜んであくせく働くというのだ。この想定は——私のものも含めて——遺伝学のほぼあらゆる説明の背後にあるものだが、じつは誤解を招きかねない。なぜなら、イメージを真逆《まぎやく》にしても同じように正しいからだ。体は遺伝子の目的であるのと少なくとも同じくらい、遺伝子のおもちゃであり、戦場でもある。特定の遺伝子が何のためにあるのかと人が問うときはいつも、体にとっての必要性に関する質問であることを勝手に前提としている。体のどんなニーズを満たすための遺伝子なのか、というわけだ。しかしその疑問に対する答えが「遺伝子そのもの」であることが多々ある。

このことを初めて理解した科学者はリチャード・ドーキンスである。彼は無神論者として有名になるずっと前から、著書『利己的な遺伝子』に示した考えで知られていた。「われわれは生存機械——

遺伝子という名の利己的な分子を保存するべく盲目的にプログラムされた自動操縦の乗り物なのだ」と彼は書いている。「この真実に私は今なおただ驚きつづけている」（日高・岸・羽田・垂水訳）。生命体を理解するには、DNAに書かれた不滅のデジタル配列をきちんと存続させるために利用される、必滅の一時的な乗り物《ヴィークル》と見なすしかない、とドーキンスはいう。雄ジカは別の雄ジカとの闘いに命をかけ、雌のシカは子どものための乳を生成するためにカルシウムの蓄えを使い果たすが、それは自分の体が生き延びるためではなく、遺伝子を次の世代に渡すためである。したがって、利己的遺伝子説は利己的な行動を説くどころか、私たちがしばしば利他的になる理由を説明している。個人が無私になれるのは遺伝子が利己的だからなのである。ハチが巣を脅《おびや》かす動物を自分の命と引き換えに刺すのは、遺伝子が生き残れるよう、お国（つまり巣）のために死のうとしているのだ——ただしこの場合に限り、遺伝子は刺すハチの母親である女王バチによって間接的に伝えられる。体が遺伝子のニーズを満たしているのであって、その逆ではないと考えるほうが理にかなっている。ボトムアップなのだ。

ドーキンスの著書のなかで、当時はほとんど注目されなかったが、特筆に値する段落がある。これは非常に重要な理論の基礎となった文章である。

遺伝子の利己性という観点から考えはじめたとたんに逆説が解けてくるのは、性ばかりではない。たとえば、生物体のDNA量は、その生物体をつくるのに確実に必要な量よりはるかに多いらしい。DNAのかなりの部分はタンパク質にけっして翻訳されないのである。個々の生物体の観点で考えると、これは逆説的に思われる。もしDNAの「目的」が体の構築を指揮することであれば、そのようなことをしないDNAが大量にみつかるのはふしぎなことである。生物学者たちは、この余分と思われるDNAがどんな有益な仕事をしているのか考えようと頭をつかっている。しかし、遺伝子の利己性という観点からすれば、矛盾はない。DNAの真の「目的」は生きのびることであり、それ以上でもなければそれ以下でもない。余分なDNAをもっと単純に説明するには、それを寄生者、あるいはせいぜい、他のDNAがつくった生存機械に乗せてもらっている、無害だが役にたたない旅人だと考えればよい。(日高・岸・羽田・垂水訳)

この段落を読んで、その内容について考えはじめた人々のなかに、カリフォルニアのソーク研究所の化学者、レスリー・オーゲルがいた。彼はそのことをフランシス・クリックに話し、クリックは新たな驚くべき「分断遺伝子」の発見――動物と植物の遺伝子には、転写のあとに捨てられる「イントロン」と呼ばれる長いDNA配列が含まれているという事実――に関する論文で、この段落のことに触れた。クリックとオーゲルはその後、ドーキンスの利己的なDNAの説明を、あらゆる余分なDNAまで広げて詳しく説明する論文を書いた。そして同じことを、カナダの分子生物学者のフォード・ドゥーリトルとカーメン・サピエンザも同時に行なっている。後者によると「唯一の『機能』が自己保存である配列が、必然的に生じて保持される」。二つの論文は一九八〇年に同時に公表された。

ドーキンスは正しかったことがわかっている。彼の説は何を予見したかというと、余分なDNAには自らを複製して染色体に再挿入するのがうまくなる特徴がある、ということだ。そのとおり。ヒトゲノムのなかで最も多い遺伝子は、逆転写酵素のレシピである。この酵素は人間の体にとって必要性はほとんど、あるいはまったくなくて、その主な機能は一般にレトロウイルスの広がりを助けることだ。ところが、この遺伝子の複製および半複製のほうが、人間の他の遺伝子をすべて合わせたよりも多い。なぜだろう？　逆転写酵素は、自己複製してその複製をゲノムのあちこちにまき散らせるDNA配列のキーパーツだからである。これはデジタル寄生のしるしだ。複製の大部分はいまのところ不活性だが、なかには活用されていて、本物の遺伝子の調整やタンパク質結合を助けるものもある。しかし、この遺伝子が存在するのは、存在するのが得意だからである。

この場合のスカイフックは、ロックの「精神が物質に先んじる」という考え方と似ている。私たちの体内で追求される利益は、人間のためになることだけであるという想定だ。ドーキンスが鋭く詳述しているのはそれとは違う見方であり、遺伝子そのものの視点に立っている。つまり、可能であればDNAはどう振る舞うか、である。ヒトゲノムの半分近くが、逆転写酵素を利用するためにデザインされたいわゆる転移因子《トランスポゾン》から成っている。とくによくあるものは、LINE（ゲノムの一七パーセント）、SINE（一一パーセント）そしてLTRレトロトランスポゾン（八パーセント）などと呼ばれている。それに対して実際の遺伝子はゲノムのわずか二パーセントを占めるにすぎない。これらのトランスポゾンは自己複製が得意な配列であり、もはや疑いなく（おもに不活性の）デジタル寄生者である。けっして体のニーズを満たすために存在するのではない。

## ジャンクはゴミと同じではない

コンピュータウイルスとかなり似たところがあるが、ドーキンスがデジタル寄生という概念の遺伝学版を提唱したとき、コンピュータウイルスはまだ存在していなかった。トランスポゾンの一部であるＳＩＮＥは、寄生者の中の寄生者のように見える。なにしろ自らをまき散らすために、より長く複雑な配列の仕掛けを使うのだ。その機能は多様性をもたらすことであり、それがいつの日か新たな華々しい変異につながるかもしれないという観点から理解しようと、果敢に試みられてはいるが、より直接的で頻繁《ひんぱん》な作用は、遺伝子の読み取りをたまに邪魔することだというのが真実である。

もちろん、これらの利己的なＤＮＡ配列は、ゲノムのごく一部がはるかに建設的なことをやっている——成長する体をつくり、物理的・社会的環境を十分に学習して適応し、配偶者を魅了して子どもをつくる——からこそ、繁栄できるのだ。そして利己的なＤＮＡは言う。「どうもありがとう。われわれも子どもたちのなかに配列を半分つくるよ」。

今のところ、利己的ＤＮＡ説に言及せずに、ヒトゲノムのかなりの部分がこのトランスポゾンに充《あ》てられていることを説明するのは不可能だ。ほかの説はどれも事実に少しもそぐわない。それなのに、利己的ＤＮＡ説はきまって退《しりぞ》けられ、けなされ、評論家によって遺伝学の片隅に「葬られる」。ほんとうのいらいらの種《たね》は「ジャンクＤＮＡ」という言葉だ。このテーマの論説を読んでいて、ゲノムの中に役に立たないＤＮＡがあるという「信憑性のない」考えに対する、驚くほど熱心な非難に遭遇しないことはほぼありえない。一九九二年、ユルゲン・ブロシアスとスティーヴン・ジェイ・グールドが真っ先に攻撃した。「私たちは前々から感じているのだが、ジャンクＤＮＡや偽遺伝子という最近の（専門用語として）無礼な言葉は、現在役に立っていない特性も将来的な変化の源《みなもと》として進化上きわめて重要かもしれないという、進化の核心となる考え方を覆い隠してしまう」。私がこのテーマについて書くたびに、科学者の「傲慢」がＤＮＡ配列の未知の機能を認めないのだと、モラルを糾弾する意見が殺到する。それに対して私はこう応じる。誰のための機能なのか？　体のためか、それとも当のＤＮＡ配列のためか？

「いわゆる」ジャンクＤＮＡは不当な扱いを受けていると非難するこの風潮は珍しくない。人はこの言い回しに純粋に気分を害するようだ。進化という現象を突きつけられて信仰を擁護する人たちと、とてもよく似ている――彼らが嫌いなのは、話のボトムアップ性である。だが私がこれから示すように、利己的ＤＮＡもジャンクＤＮＡもたとえとしてはこれ以上ないほど正確である。そしてジャンクはゴミと同じではない。

騒ぎのもとは何なのか？　先ほど話したように、一九六〇年代、細胞内のＤＮＡは細胞内の全タンパク質をつくるのに必要なものよりはるかに多いようだと、分子生物学者が気づきはじめた。ヒトゲノムの遺伝子数が過大評価されていた――当時は一〇万以上と考えられていたが、今では約二万とわかっている――にしても、少なくとも哺乳類では、細胞の染色体内に存在するＤＮＡの総量のうち、遺伝子とその制御配列はわずかな割合しか占めていない。ヒトでは三パーセントにも満たない。さらに、ゲノムサイズやＤＮＡ量は私たち人間が最大ではなさそうであることが明らかになりつつあった。ちっぽけな原虫や、タマネギや、サンショウウオのゲノムのほうがはるかに大きい。バッタは三倍、ハイギョは四〇倍。「Ｃ値パラドックス」などとよくわからない呼び方をされているこの不可解な現象に、当時の最も優秀な科学者たちが頭を働かせた。その一人、大野乾《すすむ》は「ジャンクＤＮＡ」という用語を考案し、ＤＮＡの多くは淘汰の対象になっていない――つまり、体の機能に合うように進化によって継続的に磨きをかけられているわけではない――ようだと主張した。

彼はそれがゴミだと言っていたわけではない。のちにシドニー・ブレナーが説明したように、どこでも人は二種類の廃物を区別する。「ゴミ」は使い道がなく、捨てなければ腐って悪臭を放つものであり、「ジャンク」は当面使い道がないが、害はなく、いつかまた使うようになるかもしれないので、屋根裏にしまっておくものである。ゴミはゴミ箱に入れ、ジャンクは屋根裏かガレージにしまう。

それでもジャンクDNAという考えに対する抵抗は強まった。一九九〇年代から二〇〇〇年代にかけて、ヒトの遺伝子の数が着実に減っていくにつれ、残ったゲノムは(生命体にとって)用途があるに違いないことを証明しようと、研究者は必死になっていく。新たにわかったヒトゲノムの単純さは、人間は地球上で最も複雑な生き物であると考えたい人たちを悩ませた。ジャンクDNAなどという考えには異論を唱えるべきだ。RNAコーディング遺伝子の発見と、遺伝子の活動を調整するための複数の制御配列の発見は、つかむべき希望のわらに思えた。ゲノムのうち、ヒトと近縁種のあいだで置き換わることはないと思われる五パーセントに加えて、さらに四パーセントは淘汰にかけられていることが確かだとわかると、一流誌の《サイエンス》が「ノー・モア・ジャンクDNA」と宣言する気になった。では、残りの九一パーセントはどうなのか?

二〇一二年、ENCODEと呼ばれる大掛かりな研究者コンソーシアムからの大量の長大な論文の発表で、ジャンク撲滅キャンペーンは最高潮に達した。これらの論文は目論見《もくろみ》どおり、メディアの誇大宣伝に迎えられ、ジャンクDNAの終焉が宣言された。普通に生きているあいだ、何かしら生化学的なことが生じたDNAはすべてジャンクでないと定義することによって、ゲノムの約八〇パーセントに機能があると主張することが可能になったのだ（しかもこれは、異常なパターンのＤＮＡ過活動が見られる癌《がん》細胞でのことだった）。それでもまだ、何も起こらない部分が二〇パーセント残る。しかも、この広義の「機能」には大きな問題がある。なぜなら、ＤＮＡに何かが起こったからといって、そのＤＮＡが体のために実際に仕事をしているということではなく、細胞の維持に必要な化学作用を受けているにすぎない場合が多いのだ。ＥＮＣＯＤＥチームの中にも、やりすぎたと気づいて、その後のインタビューではもっと小さい数字を使うようになった研究者もいる。ある人は機能があるのはわずか二〇パーセントだと認めたうえで、それでも「ジャンクＤＮＡ」という言葉は「用語集から完全に消し去る」べきだと主張している。二〇パーセントは八〇パーセントより大きいとする新しい算数が考案されたわけだと、二〇一三年初めにヒューストン大学のダン・グラウアーらが意地悪く切り返した。

ここまでの話が少しわかりにくいなら、心臓に当てはめるといいかもしれない。みんな異論はないはずだが、心臓の機能は血液を送り出すことだ。そうするように、自然淘汰によって磨きをかけられてきた。心臓がやることはほかにもある。たとえば体重を増やす、音をたてる、心膜がしぼむのを防ぐ。しかし、それらを心臓の機能と呼ぶのはばかげている。それと同様、ジャンクＤＮＡがたまに転写されたり修正されたりするからというだけでは、体のための機能があるとはいえない。実際にＥＮＣＯＤＥチームは、人間よりバッタのほうが三倍、タマネギのほうが五倍、ハイギョのほうが四〇倍複雑なのだと主張していた。進化生物学者のライアン・グレゴリーが言うように、ヒトゲノムのあらゆる文字に機能を割り当てられると考える人には、なぜタマネギには人より五倍も大きいゲノムが必要なのかと問うべきだ。

ここでスカイフックに頼っているのは誰だろう？　大野でも、ドーキンスでも、グレゴリーでもない。彼らの主張は、余分なＤＮＡはとにかく発生するものであって、生命体には自分のゲノムの屋根裏を片づけるために淘汰しようという十分な動機がない、ということだ（正直なところ、放っておくと屋根裏のジャンクが自己複製するというのは、考えてみればちょっと不気味である）。個体数が多くて、ライバルより早く成長しようと活発に競いあっている細菌は、だいたいゲノムからジャンクを片づけておく。大型の生命体は片づけない。それでも、余分なＤＮＡにもＤＮＡ自身のためではなく私たちのための目的があるのだとする説明のほうを、どうしても選びたいという願望が大勢の人にある。ガウアーが言うように、ジャンクを批判する人たちは「ゲノムに関して、ランダムなデータに有意なパターンを見る人間の癖」に取りつかれているのだ。

近年、私がジャンクＤＮＡの話題を出すたびに、私の意見は間違っていて、その存在はすでに否定されたと科学者や評論家が主張する、その論調の激しさには驚かされる。遺伝子から転写されたＲＮＡの九六パーセントはその転写からタンパク質がつくられる前に捨てられる（捨てられたものが「イントロン」）ことはいうまでもなく、ゲノムにはトランスポゾンのほかにも「偽遺伝子」――死んだ遺伝子のさびついた残骸――があふれていると指摘しても無駄だった。イントロンと偽遺伝子の一部は制御配列で使われるにしても、大部分はスペースを取っているだけで、その配列が変わっても体に影響はおよばない。ニック・レーンの主張では、イントロンもデジタル寄生者の子孫であって、元をたどると、古細菌細胞が細菌をのみ込んで最初のミトコンドリアに変えたあと、のみ込んだ細菌の利己的なＤＮＡ配列に自分のＤＮＡが侵入されてしまった時代にまでさかのぼる。イントロンがスプライシングで切りだされる様子に、その祖先が細菌の自己スプライシングを行なうイントロンであることが表れている。

ジャンクＤＮＡのことを考えると、ゲノムはＤＮＡ配列によってＤＮＡ配列のためにつくられたのであって、体によって体のためにつくられたのではないことを再認識させられる。体はＤＮＡ配列の生存競争の結果として生じる創発的現象であり、ゲノムが自らを永続させるための手段なのだ。そして、進化的変化をもたらす自然淘汰はけっしてランダムではないが、突然変異そのものはランダムである。無計画な試行錯誤のプロセスなのだ。

## 赤の女王のレース

突然変異は純粋にランダムであり、なんの意図もなく起こるという考えに対しては、遺伝学の研究所の中心部にさえ、長きにわたる抵抗の伝統がある。さまざまな定向突然変異説が現れては消え、はっきり実証されているわけではないのに、大勢の一流科学者がその説を受け入れている。分子生物学者のガビー・ドーヴァーは著書『拝啓ダーウィン様』（渡辺政隆訳、光文社）の中で、一七三もの体節を持つムカデ類がいるという信じがたい事実を、自然淘汰だけに頼ることなく説明しようとしている。彼の主張は基本的に、たまたま生まれた三四六本足のムカデが、足がほんの数本少ないムカデを踏み台にして生き残り繁殖した可能性は低い、ということだ。どうしてムカデがそれだけの体節を獲得したのかについて、ほかの説明が必要ではないか。そしてその説明として、彼は「分子駆動」を考えた。

この考えはドーヴァーの著書の中ではひどくあいまいだが、トップダウンの意味合いが強い。ドーヴァーがこの意見を提唱してから数年のうちに、分子駆動説はほとんど跡形なく沈んでいき、続いてほかのたくさんの定向突然変異説も忘れられていった。それも不思議ではない。もし突然変異に方向性があるのなら、その方向を決める指導者がいるはずで、その指導者はどうして生まれたかという問題にもどることになる。指導者を指導するのは誰なのか？　目的にふさわしい突然変異を計画する能力を遺伝子に与えるような、将来についての知識はどこから来たのか？

医学において、ゲノムレベルの進化を理解することは課題であり解決策でもある。細菌の抗生剤に対する抵抗も、腫瘍内で起こる化学療法薬に対する抵抗も、純粋にダーウィンのいう進化プロセスであり、淘汰による生き残りメカニズムの現れである。抗生剤を使用すると、細菌中の遺伝子ではその薬に抵抗できるまれな突然変異が選択される。抗生剤への抵抗性出現は進化のプロセスであり、それには進化のプロセスでしか対抗できない。誰かが完璧な抗生剤を発明し、抵抗性を引き起こさない使い方を見つけてくれると期待しても無駄である。好むと好まざるとにかかわらず、私たちは病原菌と軍拡競争をしているのだ。スローガンはつねに（ルイス・キャロルの『鏡の国のアリス』〔邦訳は矢川澄子訳、新潮社など〕に出てくる）赤の女王の言葉になるはずだ。「ここでは同じ場所にとどまっているためには、全速力で走らなければいけない。どこかほかの場所へいこうと思ったら、すくなくともその二倍の速さで走らなければならない」。前の抗生剤が効かなくなるずっと前に、次の抗生剤を探しはじめなくてはならないのだ。

これはじつは免疫系の働き方である。免疫系はできるかぎり最高の抗生物質をつくり出すだけでなく、リアルタイムで実験と進化を試みている。人間の世代時間は長すぎるため、感染しやすい人が死亡して淘汰されることで寄生者への抵抗性が進化するのを待ってはいられない。自分の体内で数日または数時間で進化させなくてはならない。そしてこのためにこそ、免疫系はデザインされている。免疫系には、多様性を高めるためにさまざまな形のタンパク質を再結合し、活動している抗体に気づいたらそれを猛スピードで増やすためのシステムが組み込まれている。さらにゲノムには、種類の多様性を維持することだけが目的と思われる一連の遺伝子、主要組織適合遺伝子複合体（ＭＨＣ）も入っている。二四〇〇個ほどあるこのＭＨＣ遺伝子の仕事は、免疫反応を起こすために、侵入している病原体からの抗原を免疫系に提示することである。これは知られている中で最も変わりやすい遺伝子であり、そのうちのＨＬＡ‐Ｂはヒトの個体群では約一六〇〇種類ある。多くの動物は、たとえば異なるＭＨＣ遺伝子を持つ配偶者を（においでかぎつけて）探すことによって、さらにこの変異性を維持・拡大しようとすることが明らかになっている。

微生物との闘いが果てしない進化の軍拡競争であるなら、癌との闘いも同じだ。癌化した細胞は、腫瘍へと成長しはじめ、さらに体の他の部位に広がっていくあいだに、遺伝子選択によって進化しなくてはならない。成長と分裂を促す突然変異、成長を止めて自殺しろという指示を無視する突然変異、腫瘍に栄養を供給するために血管を腫瘍内部まで延ばす突然変異、細胞が自由に移動できるようになる突然変異を起こさなくてはならない。最初の癌細胞ではこのような突然変異はほとんど起こらないが、腫瘍はたいてい別の突然変異を獲得する。それはゲノムを大幅に配列し直し、そうしていろいろと試してみる突然変異だ。まるで必要な突然変異を獲得する方法を試行錯誤で探しているかのようである。

このプロセス全体はおそろしいほど意図的で悪意があるように見える。腫瘍が成長「しよう」、血液を供給「しよう」、拡大「しよう」としているかのように。しかしもちろん、真相は創発である。腫瘍内にあるたくさんの細胞どうしが資源とスペースをめぐって競争していて、最も有益な突然変異を獲得する細胞が勝利する。これは生物の個体群に見られる進化とよく似ている。最近では、癌細胞は繁殖するために別の突然変異を必要とすることが多い。癌に施される化学療法や放射線療法を出しぬく突然変異だ。体内のどこかで、癌細胞の一つがたまたま薬に勝つ突然変異を獲得する。他の癌細胞が死んでいくあいだ、この変異細胞の子孫がだんだんに増えはじめ、癌が再発する。悲しいことに、こういうことが癌治療ではよく起こる。つまり最初は成功するが最終的に失敗するのだ。進化の軍拡競争である。

ゲノムと遺伝子を理解すればするほど、進化が裏づけられる。

# 第５章　文化の進化

であるから、当時或る一人の者が物に名前を分け与えたのだとか、此の一人の者から人々が始めて言葉を教えて貰ったのだなどと考えるのは愚かなことである。何故ならば、一体どうしてその者一人が万物に名前をつけ、種々変化に富んだ舌の音を発することができようか？　と同時に、一体どうして他の人間達にはそれができなかったのだと考えられようか？

——ルクレティウス、『物の本質について』第五巻より

あらゆる自然発生的な秩序のなかで、最も美しいのは胚の発生だろう。この過程について明らかになっていることも、主導役のようなものなどない、という傾向が強くなる一方である。リチャード・ドーキンスは、著書『進化の存在証明』（垂水雄二訳、早川書房）でこう述べる。「重要なのは、振付師もリーダーもいないという点にある。秩序、組織、構造——これらはいずれも局所的に繰り返して遵守される規則の産物として出現する」。全体的な計画はなく、細胞が局所的な効果に反応している

だけなのだ。人々が局所的なインセンティブに反応して家を建てたり会社を立ち上げたりすることで、カオスから都市全体が生まれるようなものだ（いや待てよ。都市も同じで、局所的なプロセスから生まれたのかもしれない）。

鳥の巣について考えてみよう。鳥の巣は幼鳥を外敵の目から隠して守るよう巧みにできていて、各種でそのデザインは一貫している（しかも固有だ）。しかし、巣作りは最も単純な本能によって導かれていて、全体の計画があるわけではなく、内からの衝動に突き動かされている。ある年、ヤドリギツグミが私のオフィスの外にある金属製の火災避難梯子《ばしご》に巣をつくろうとしたとき、このことがよくわかった。結果は惨憺《さんたん》たるものだったが、それは梯子段がどれもそっくりなので、哀れなツグミはどの梯子段に巣をつくっているか混乱しっぱなしだったのだ。五個の梯子段に不完全な巣ができ、真ん中の二段のものはほぼ完成に近かったが、どちらも完成しなかった。ツグミは未完成の巣の一個に卵を二個、別の未完成の巣の一個に卵を一個産み落とした。梯子段が与える局所的な手がかりに混乱していたのは明らかだ。ツグミの巣づくりプログラムは、「金属製の梯子段の隅により多くの材料を置く」といった簡単な規則に依存していた。ツグミの快適な巣は、最も基本的な本能から導き出されるのだ。

では、樹木を見てみよう。木の幹は枝の重みに耐えるのにちょうどいい速度で太さと強度が増していき、枝も強度と柔軟性の絶妙な妥協によって形づくられる。葉は太陽光をとらえ、二酸化炭素を吸収し、なるべく水分を失わないという問題に対する驚異的な解決法になっている。とても薄く、羽根のように軽く、太陽光を最大限にとらえる形を持ち、日の当たらない裏面に小さな孔がたくさん開いている。木全体は何百年、ときには何千年も倒れることなく立ち続け、そのあいだずっと成長しつづける。人間のエンジニアの能力をはるかに凌《しの》ぐ夢のような構造だ。このすべてが、計画する者はおろか計画すらないままに達成される。木には脳さえない。その設計と製作は無数の細胞の決定によって実現する。動物と違って、植物は脳の指令によって行動するわけではない。植物は草を食《は》む動物や昆虫から逃げられないので、脳があったらそれが食われた時点で死んでしまう。そこで植物は食われても失うものはほとんど何もなく、簡単に再生するようにできている。完璧に分散化しているのだ。あたかも一国全体の経済が、局所的なインセンティブとそれに対する人々の反応だけから生まれ出るかのように（いや待てよ……）。

今度は、オーストラリア内陸部で見かけるシロアリ塚を考えてみよう。高くそびえ、控え壁さえ備えて、換気機構が整い、太陽に対して一定の方向を向いた塚は、小さなシロアリのコロニーを快適で適度に暖かく保つための完璧な構造を持ち、どの大聖堂にも負けぬほど周到につくられている。だが、ここにエンジニアはいない。この場合の単位は細胞というよりシロアリの個体だが、群れ全体は木や胚と同じく分散化している。塚を構成する砂や泥の一粒一粒は、誰の指図も受けないし、計画を心（もともと心はないが）に思い描いてもいないシロアリによって運ばれてくる。シロアリは局所的な信号に反応しているのだ。さしずめ、誰も規則を定めなくても、統語法と文法を持つ人間の言語が、個々の話し手の行動から自然発生的に生まれるようなものだ（いや待てよ……）。

DNA言語が――進化によって――発達したのとまさに同じように、私たちが話す言語もまた生まれたのだ。進化はDNAによって支配される系に限られていない。この数十年で起きた飛躍的な知的進歩に、ロバート・ボイドとピーター・リチャーソンという二人の進化理論家による主張がある。二人によれば、自然淘汰のもたらす生存が複雑さの累積につながるダーウィン的メカニズムは、人間の文化のあらゆる側面に当てはまる。私たちの習慣や制度は、言語から都市に至るまでたえず変化しており、その変化のメカニズムは驚くほどダーウィン主義的だ。緩やかで、自発的で、変異を伴い、否《いや》応《おう》がなく、組み合わせ的で、ふるい分けを伴い、ある意味、前進的なのだ。

かつて科学者は文化に進化は起こりえないと反論したものだったが、それは文化は独立した粒子ではないし、DNAのように忠実に複製したり、ランダムに変異したりしない、という理由からだった。しかし、この反論は正しくない。伝達される情報に一定の凝集性、伝達時の再現忠実性、そしてイノベーションにかかわるランダム性や試行錯誤がある限り、ダーウィン主義的な変化はいかなる情報伝達系においても避けられない。文化が「進化する」という記述は隠喩ではないのだ。

## 言語の進化

DNA塩基配列の進化は、書き言葉や話し言葉のそれと酷似している。どちらも一次元のデジタルコードから成る。いずれも、少なくとも部分的にはランダムな変異によって生まれた配列が、淘汰を経て生き残ることによって進化する。双方とも、有限の独立した要素から、実質的に無限の多様性を生み出すことのできる組み合わせシステムだ。DNA塩基配列と同じく、言語は変異し、多様化し、「変化を伴う由来」によって進化し、思いもかけぬ美しさを見せて融合する。ところが最終的に得られるのは構造、あるいは文法や統語法という、厳格で形式的な規則だ。チャールズ・ダーウィンは著書『人間の進化と性淘汰』（長谷川眞理子訳、文一総合出版）でこう述べる。「異なる言語の形成と異なる種《しゅ》の形成とに見られる類似、そして両者とも緩慢な過程によって発達したという証拠があるなど、ここに見られる共通性は不思議なほどだ」。

つまり、言語はデザインされ、規則によって運用されるものと考えることも可能だ。過去には外国語はこうした考えにもとづいて教えられた。私はクリケットやチェスを学ぶように、ラテン語とギリシャ語を学校で学んだ。動詞や名詞、複数形はこう扱うもので、そう扱ってはいけない、といった具合に。ビショップは斜めに動けるし、バッツマン（クリケットの打者）はレッグバイで得点することも可能で、動詞は命令形を取ることができる。このような規則でがんじがらめの言語を、私は他のどの教科より週当たり長い時間かけて、イギリスでも一流の教師に八年間学んだがさっぱり上達しなかった。ラテン語とギリシャ語を学ばなくてよくなったとたんに、覚えたわずかばかりの知識もすぐに忘れてしまったほどだ。トップダウン方式の言語学習はとにかくうまくいかない。それは、一度も自転車に触りもせずに乗ろうとするようなものだろう。とはいえ、二歳児ですら、ラテン語と同じか、ことによるとそれ以上に多くの規則や決まりごとのある英語を教えられなくても身につけられる。大人は外国語や慣習などをそれに浸り切ることで学ぶ。新しい言語を学ぶときには、文法はまったくゼロとは言わないまでも、あまり役に立たない（私にはそうとしか思えない）。あまりにわかり切ったことなのだが、言語を学ぶ唯一の方法はボトムアップだ。

言語は、自然発生的に組織化される現象の最たるものだ。言語学者の嘆きをよそに、自ら進化して単語の持つ意味が見る間に変わるだけでなく、教えるというより学ぶものでもある。私たちはともすると規則にこだわりがちなので、言葉が俗化し、句読法がいい加減になり、語彙が下卑《げび》ていくと嘆くが、そんなことを憂えても益はない。言語は最新のスラングでさえ規則にもとづいているし、古代ローマが栄えていたころと同じくらい複雑だ。しかし当時も今も、規則は上からではなく下から書き換えられる。

言語の進化には完全に理にかなった規則があるとはいえ、そうした規則が委員会で認められたり、専門家に推奨されたりした例はない。たとえば、頻繁《ひんぱん》に用いられる言葉は短くなる傾向にあり、頻繁に使われれば使われるほど短くなる。何度も使う言葉は端折《はしょ》られる。これはいいことだ。労力と時間と紙の節約になる。そしてこれは私たちが往々にしてそうと気づかない、完全に自発的で自然発生的な現象なのだ。同様に、一般的な単語はきわめてゆっくりと変化する一方で、稀にしか使われない単語の意味や綴りは急速に変わる。これもまた理にかなっている。英単語「the」の意味を変えたら英語圏の人々にとって大問題だろうが、「prevaricate」（かつては「嘘をつく」という意味だったが、いまではたいてい「先延ばしする」という意味で用いられる）の意味を変えるのはたいした問題ではなく、実際にけっこう短期間で変わった。だが、誰もこうした規則を考え出したわけではなく、それは進化の産物だった。

言語には、進化系が持つ他の側面もある。たとえば、マーク・パーゲルが指摘するように、動植物などの種は、赤道地方では多様で、極地に近づくにつれてその多様性が失われる。事実、極付近の種が南極や北極の生態系全体を占める広大な棲息範囲を持つのに対して、熱帯雨林に棲む種の分布域がただ一つの狭い地域――谷、山脈、島――に集中することすらある。ニューギニアの熱帯雨林は狭い棲息範囲を持つ何百万という種で溢れているが、アラスカ州のツンドラ地帯には広い棲息範囲を持つ数種類の種がいるのみだ。このことは植物、昆虫、鳥類、哺乳類、菌類に当てはまる。赤道近くに棲息範囲の狭い種が多数分布し、極地方に棲息範囲の広い種が少数分布するのは生態学の鉄則と言える。

そして、ここに興味深い類似性が見られる。いま述べたばかりのことは言語にも当てはまるのだ。アラスカ州の先住民の話し言葉は片手ほどしかない。ところがニューギニアでは、文字通り数千もの話し言葉があり、いくつかの谷でしか話されず、隣の谷の言葉とは英語とフランス語くらい違う場合もある。これほど高い言語密度も、バヌアツのガウア島と呼ばれる火山島にはかなわない。この島は直径二〇キロメートルほどしかなく、人口は二〇〇〇人をわずかに超える程度だが、母語が五種類ある。熱帯の山岳樹林帯では、ヒトが話す言葉の多様性はきわめて高い。

パーゲルが示すあるグラフでは、緯度の増加とともに言語の多様性が減少する様子は種の場合とほぼ重なる。現在のところ、どちらの傾向もその理由はうまく説明できていない。熱帯雨林で種の多様性が大きいのは、熱帯の生態系が暖かく、光と水に恵まれているので、エネルギーの流れがより大きいことと関係しているようだ。また寄生種が多数あることとも関係があるかもしれない。熱帯生物はつねに寄生種の攻撃にさらされるため、個体数の多い生物はそうした攻撃のターゲットになりやすく、珍しい種であることに利点がある。さらに気候が安定した地帯では絶滅率が低いことも関係している かもしれない。言語について言えば、人々が小集団に分かれ、ほとんど移動しない熱帯と違って、季節ごとに移動する地域では、四季に応じて激変する景観を表す言葉の多様性を均一化する必要が生じる。説明がどうであれ、現象そのものがヒトの言語が自《おの》ずと進化することを物語っている。言語は明らかにヒトが生み出したものだが、ヒトが意識してデザインしたものではない。

さらに、言語史を研究することによってパーゲルは、新しい言語が祖先の言語から分岐するとき、当初は急激に変化するらしいと述べた。同じことは生物種についても言えるようだ。ある種の小集団が地理的に孤立すると当初は急激に進化し、自然淘汰による進化が一気に起きる。この現象は断続平衡と呼ばれる。言語と生物の進化にはきわめて大きな類似性がある。

## 人類革命《レヴォリューション》はじつは進化《エヴォリューション》だった

およそ二〇万年前、アフリカのどこか、ほかのどこでもないところで、人類が自分たちの文化を変えはじめた。このことは、私たちが種として「人類革命」と呼ばれる壮大な変貌を遂げたことを示す考古学的記録によって明らかになった。数種類のデザインしかない簡素な石の道具を一〇〇万年以上つくり続けたあとで、当時のアフリカ人は多数の異なる種類の道具をつくりはじめた。当初の変化は局所的で、緩やかで、短命だったから、革命という言葉は誤解を招く。しかし道具の変化はどんどん頻繁に、強力に、持続的に起きるようになった。六万五〇〇〇年前までには、新しい道具を携《たずさ》えた人々がアフリカの地を出はじめ、多くはおそらく紅海の南端にある狭い海峡を渡り、比較的速いペースでユーラシア大陸に拡散し、ヨーロッパのネアンデルタール人やアジアのデニソワ人などの、ヒト科に属する先行種に取って代わり、まれに彼らと交雑した。これらの新人類（現生人類）は特別な才を持っていた。生態学的地位に押し込められることなく、獲物がいなくなったり、何らかの好機に恵まれたりすると難なく習慣を変えられたのだ。オーストラリアに達すると、厳しい環境の大陸に急速に広がった。氷期にあったヨーロッパでは、すでにこの地にうまく適応していた、大型の獲物を狩るネアンデルタール人に取って代わった。やがて南北両アメリカ大陸に到達し、進化の時間から見れば一瞬のうちにアラスカからケープホーンまで、雨林から砂漠まであらゆる生態系に住みついた。

アフリカで人類革命が起きたきっかけは何だったのだろう？　この問いに答えるのは不可能に近いが、それはその過程の始まりがきわめて緩慢だったからだ。発端は取るに足りないものだったかもしれない。東アフリカの諸地域で異なる道具がはじめて出現したのは約三〇万年前まで遡《さかのぼ》るらしいので、現代人の目から見れば、その変化は氷河にも似てゆっくりとしたものだった。これが手がかりになる。その決定的な特徴は、多くの動物が持つ、学習によって受け継がれるという伝統的な意味合いの文化ではない。それは、累積的な文化――古い習慣を捨て去ることなく、イノベーションを積み重ねていく能力にある。この意味において、人類革命はまったく革命とは言えず、ことのほか緩やかで累積的な変化であり、着々と速度を増し、今日ではいわゆる「シンギュラリティー」目前の段階に到達している、絶え間ない種々雑多なイノベーションに向かって加速してきた。

それは文化の進化だったのだ。私はこの変化は交換と分業（専門化）という慣習によって始まったと考えているが、こうした慣習は自己増殖し――交換すればするほど専門化により高い価値が生まれ、そのまた反対も起きる――イノベーションにつながる。たいていの人は、この変化の原因が言語にあると考えがちだ。言語も自己増殖する、話せば話すほど話すべきことが生まれるというのだ。しかし、この説の問題は、ネアンデルタール人がすでに数十万年前に言語革命を経ていたことが遺伝学からうかがえる点にある。つまり、人類は言語に関わる特定の遺伝子の異なるバージョンをみな持っていたのだ。ということは、もし言語がきっかけなら、なぜ人類革命がより早期に、ネアンデルタール人にも起きなかったのかという疑問が生じる。また、人類の認知の特定の側面（たとえば、未来計画や意図的模倣）が、初期の「行動学的現生人類」（訳注　行動が現代的な現生人類）では異なっていたと考える人々もいる。だがなぜ言語は、あるいは交換や計画は、実際に起きた時代と場所で起きたのだろうか？

この問いに、おおかたの人は生物学的な見地から答える。ある遺伝子に変異が起きて脳構造が一部変わり、祖先が新たな技能を獲得し、それによって文化を累積することが可能になった、と。たとえばリチャード・クラインは、ある一つの遺伝子変化が「自然や社会状況の大幅な変化に適応する、解剖学的現生人類（訳注　解剖学的には現生人類の特徴を備えているが、行動が現代的でない人類集団）に固有の能力を強化した」と唱える。ヒトの脳の大きさ、配線、生理に変化が起きて、言語から道具の使用、科学から芸術まですべてを可能にしたと考える人々もいる。あるいは、少数の変異が起きて発達制御遺伝子の構造または発現が変わり、これが文化の爆発につながったと主張する人々もいる。進化遺伝学者のスヴァンテ・ペーボはこう語る。「もしこの文化と技術の爆発に遺伝学的な根拠があるとすれば、というのも私はそれがあると確信しているのだが……」。

私には遺伝学的な根拠があるという確信はない。いや、みんな順序を取り違え、因果関係をさかさまに捉えていると思う。複雑な認知を持つおかげで、ヒトは累積的な文化を進化させる固有の能力を有する、という考えは誤っている。じつは、その逆なのだ。文化が進化したために、私たちの遺伝子に認知の変化が組み込まれたのだ。遺伝子に見られる変化は文化が変化した結果なのだ。成人が牛乳を消化する能力を持つようになった例をご記憶かと思う。この能力は他の哺乳類には見られないが、ヒトではヨーロッパや東アフリカ系の人々に広く認められる。この遺伝子の変化は文化の変化に対する反応だった。それは約五〇〇〇～八〇〇〇年前に起きた。遺伝学者のサイモン・フィッシャーと私は、これよりはるか前に起きたヒトの文化の他の側面についても同様のことが当てはまると考えた。私たちの言語能力に関わる遺伝子の変異――過去数十万年にわたる「淘汰的一掃」（訳注　自然淘汰に関わる突然変異の結果として、あるDNA近辺のヌクレオチドのあいだの多様性が失われること）の証拠を示しており、これらの変異が種内で急速に拡散したことを物語っている――が、私たちが話すようになったきっかけであるとは思えない。むしろ、それは私たちが話すようになったことに対する遺伝子の反応だったようだ。言語をより巧みに使う能力が利点となるのは、言語を使う動物においてのみだ。二〇万年前のアフリカに人類革命の生物学的な誘因を探しても無益なのは、発見できるのは文化に対する生物学的な反応のみだからだ。ある部族が状況のなせる業《わざ》によって偶然ある習慣を持つようになったとすれば、その部族の人々がよりうまく話し、交換し、計画し、イノベーションを行なうようになる遺伝子が淘汰によって選ばれるのに十分だったかもしれない。ヒトでは、遺伝子は文化の奴隷であって主人ではなさそうだ。

音楽もまた進化する。音楽は驚くほどに自力で変化し、音楽家はその奔流に押し流される。音楽はバロック音楽、クラシック音楽、ロマン派音楽、ラグタイム、ジャズ、ブルース、ロック、ポップ音楽と変遷を重ねてきた。ある音楽様式はそれに先んじる様式なくして出現することはない。また過程の途中で交雑が起きる。アフリカ伝統音楽がブルースと出会ってジャズが生まれたように。楽器も変化するが、それはおもに他の楽器の変化を受け継いで起きるもので、新たな発明によって変化するわけではない。ピアノはハープシコードの子孫で、ハープシコードはハープと祖先を共有する。トロンボーンはトランペットの娘で、ホルンのいとこだ。ヴァイオリンとチェロはリュートの変形だ。バッハや同時代の音楽家たちが彼らの音楽を書かなかったら、モーツァルトも自身の音楽を書けなかったように、モーツァルトがいなければベートーヴェンも自身の音楽を書くことはできなかっただろう。テクノロジーは大切だが、アイデアにしてもしかりだ。ピュタゴラスによるオクターブの発見が音楽史における決定的瞬間となったし、シンコペーションもそうだ。電気で音を増幅するエレキギターの発明によって、小集団でかつてのオーケストラのように大勢の人を楽しませられるようになった。つまり、音楽が緩慢に変化したのは、どうしてもそうなる必要に迫られたからだ。各世代の音楽家が音楽を学んで実験するなかで、音楽は変化を止められなかったのだ。

## 婚姻の進化

進化の特徴に、あとから考えると納得できるが、意識的なデザインをみじんも感じさせない変化のパターンがある。ヒトの配偶システムを考えてみよう。この数千年における婚姻の出現、衰退、復活、再度の衰退は、このパターンの好例だ。ここで私が話題にしているのは配偶本能の進化ではなく、文化的な結婚習慣の歴史だ。

もちろん、そこに本能が関わっているのは間違いない。ヒトの配偶パターンは、何百万年にもわたってアフリカのサバンナで洗練され、組み込まれた遺伝学的傾向をいまだにはっきりと反映している。

男女間の体の大きさや腕力の違いが小さいことから判断して、ヒトは明らかにゴリラのような純粋な多婚種ではない。ゴリラの巨大なオスは安定したメスたちのハーレムのボスになるべく競争し、それに勝てば以前のボスの子を殺す。また、ヒトの男性の精巣がさほど大きくないことから考えて、ヒトはチンパンジーやボノボなどのように自由気ままな性行動はしないはずだ。チンパンジーやボノボのメスは乱婚で（子殺しを予防するための本能的な方策と思われる）、オスどうしがなるべく個体レベルではなく精子レベルで競争するよう仕向け、どのオスが自分の子の父親かを曖昧にする。ヒトはどちらとも違う。一九二〇年代から始まった研究により、狩猟採集民はおもに単婚であることがわかった。男女は排他的なペアとなり、どちらかが別の相手との性行為を望む場合はたいてい秘密裏に行なう。父親が子の世話に深く関わる単婚のペアボンディングは、両性がこの数百万年にわたって採用してきたヒトに固有の奇妙なパターンのようだ。このパターンは哺乳類では珍しく、鳥類によく見られる。

ところが一万年前に農耕が始まると、上層の男性は資源を貯め込んで他の男性を手なずけたり脅かしたりし、下層の女性をハーレムに組み入れるようになった。古代エジプトからインカ帝国まで、西アフリカの農耕文化から中央アジアの牧畜社会まで、本能はともかく複婚が優勢になった。これは上層の男性と下層の女性（貧しい男の正妻となって飢えるより、金持ちの男性の九番めの妻になったほうが飢えずにすむ）にとって都合がよかった。ところが、それは独身を強いられる底辺の男性と、他の女性とパートナーを共有せねばならない上層の女性にとっては、あまりありがたい話ではなかった。ヒエラルキーの底辺にいる男性を満足させるためであったにしても、広く複婚を許した社会は周囲の社会集団に対してきわめて暴力的だった。これはヒツジ、ヤギ、ウシなどに依存する牧畜社会にとりわけ当てはまった。牧畜社会では、富が移動可能であり、規模の経済が成立する。一〇〇〇頭でも五〇〇頭でも、ヒツジの面倒を見る手間はさほど変わらないのだ。したがってアジアやアラビアの牧畜社会はつねに暴力と隣り合わせだったのみならず、ヨーロッパ、インド、中国、アフリカに進出して男を殺し女を連れ去った。アッティラ、チンギス・ハーン、フビライ・ハーン、チムール、アクバルその他大勢の例がある。国を乗っ取ると、彼らは男、子ども、年増の女を殺し、若い女を愛人にした。チンギス・ハーンは数千人もの子をもうけたが、彼の後継者たちも負けていない。

私が言わんとするのは、ヒトの牧畜社会において複婚が出現したのは、振り返ってみれば経済的、生態学的に理にかなっているが、だからといってこの制度がこの目的のために賢い発明家によってデザインされた、とは必ずしも言えないということだ。この制度をつくった人々の念頭に確固とした原理があったわけではなく、それはダニエル・デネットが「浮動的原理」と呼ぶものだった。ある淘汰条件群のもとで起きた適応進化の結果だったのだ。

エジプト、西アフリカ、メキシコ、中国などの農耕社会では、複婚はこれとは異なる形態を取った。優位の男性は劣位の男性より多くの妻を娶《めと》ったが、皇帝を別にすれば牧畜社会ほど極端な数ではなかった。西アフリカのように、裕福な男性は彼らが妻と呼ぶ女性たちの労働を搾取《さくしゅ》する寄生虫のような存在であることが多かった。他の男性から保護してもらう見返りとして、生き延びた女性たちは複婚の夫の土地を耕すことになったわけである。

しかし、こうした定住文明では交易都市が形成されることがあり、これが単婚、貞節、婚姻へのまったく新しい淘汰圧を生み出した。この変化については、『イーリアス』（邦訳は呉茂一訳、平凡社など）――複婚男性のあいだの争いに満ちている――と『オデュッセイア』（邦訳は松平千秋訳、岩波書店など）――（おおむね）身持ちのよい夫オデュッセウスを待つ貞淑な妻ペネロペイアの物語――の違いを見ればわかるだろう。高貴な生まれの貞淑な女性が、愛人になる不名誉を被《こうむ》るより正式な結婚を望む伝統は、古代ローマでルクレチアが陵辱された建国神話にも見られる。この神話はローマ共和国の誕生と王政の崩壊に深く関わっているが、王が追放されたのは、他人の持ち物の女性を奪う悪癖のためで、それが他の男女の反感を買ったからだという含みがある。

単婚への転換はキリスト教の大きな柱であり、初期キリスト教では教父の不断の関心事だったが、初期の聖人すべてが単婚を推奨したわけでもなかった。それでも彼らは、男性はただ一人の妻を娶り、健やかなるときも病めるときも生涯をともにすべきだと主張する理由をキリストの教えに見出した。キリストは、結婚とは二つの魂が一つの「肉体」になる神聖な状態だと教えたとされる。古代末期に単婚が復活して喜んだのは、夫を独占できるようになった上層の女性、そしてセックスが可能になった大勢の下層の男性だっただろう。初期キリスト教が広く普及したのは、これら底辺の男性の心を動かしたことが大きい。

しかし、複婚はすっかり姿を消したわけではなかった。貴族階級の複婚（下層の女性には飢餓から逃れる道として好都合だった）と、彼らのけっして若くはない妻と自由民が好む中産階級的な貞操観念間の争いは、暗黒時代、中世、近代初期を通じて絶えることがなかった。ときには一方が優勢になり、またときには他方が盛り返した。オリヴァー・クロムウェルが清教徒革命を起こした一七世紀イギリスでは、単婚が幅を利かせた。チャールズ二世の統治下では複婚が復活した——水面下で。有名な軍人のモーリス・ド・サックス王子の短い伝記はこう始まる。「ザクセン選帝侯でポーランド王でもあったフリードリヒ・アウグスト一世が認知した三五四人の庶子のうち最年長のサックスのモーリス、通称、ド・サックス元帥は、一六九六年一〇月二八日に生まれ……」。モーリス自身も男女関係にはけっして淡白なほうではなく、トゥールネーを征服した一五歳という若さではじめての子をもうけ、妻の財産を「愛馬と愛人たち」の維持に浪費した。

こうした行為に対する恨みは察するに余りあり、封建的な義務から比較的自由だった商業都市の中産階級の子弟はこれを耐え忍んだりはしなかった。一八世紀の大衆文学によく見られるテーマ——フランスの『フィガロの結婚』（邦訳は辰野隆訳、岩波書店など）やイギリスの『パミラ、あるいは淑徳の報い』（リチャードソンの小説）（原田範行訳、研究社）——は、貴族が持つ「初夜権」に対する中産階級の男性の抵抗だった。やがて商人階級の台頭にともなって貴族階級のあいだにも単婚が浸透し、一九世紀までにはヴィクトリア女王が王族の男性の浮気性《しょう》すら封じ込めてしまい、男性はみな一人の女性に対して貞節で、思いやりを忘れず、終生変わらぬ愛を持ち続けていると少なくとも表向きには装うほどになっていた。『結婚と文明（*Marriage and Civilization*）』という優れた著書でウィリアム・タッカーは、このおかげでヨーロッパが概して平和になったのは偶然ではないと述べている。多くのイスラム社会のように複婚が認められつづけた社会、あるいは突如として複婚が再発見された末日聖徒イエス・キリスト教会（モルモン教）には、こうした平和は訪れなかった。モルモン教徒の一夫多妻制は近隣の住民からすさまじい反感を買い、聖人のあいだに緊張を強い、彼らがユタ州に落ち着くまでひどい暴力沙汰が繰り返された。一八五七年には、ついに「メドウ山の大虐殺」が起きている。あるモルモン教徒に妻をハーレムに誘い入れられたのに激怒した男が、このモルモン教徒を殺したことに対する復讐劇だった。暴力は一八九〇年に複婚が違法とされてようやく収まった（非公式な複婚は、今日でもごく少数のモルモン原理主義者の共同体に残っている）。

文化の進化に関する研究で定評のある人類学者ジョゼフ・ヘンリック、ロバート・ボイド、ピーター・リチャーソンは、『単婚の謎（The Puzzle of Monogamous Marriage）』と題する有名な論文で、近代における単婚の広がりは、それが社会に及ぼす利点によっていちばんよく説明できると論じた。つまり、平和と団結をもたらそうと有識者がテーブルを囲んで単婚の政策を決めたのではなく、それはダーウィン的な過程による文化の進化だったというのだ。「単婚の規範」を選択した社会、すなわち排他的な婚姻関係にある者どうしのセックスのみを良しとする社会は、若い男性を穏やかにし、社会の結束感を生み出し、男女比率のバランスを保ち、犯罪率を下げ、男性に喧嘩より労働を促した。これで社会はより生産的になって、攻撃的な傾向が弱まり、他の社会を尻目に繁栄した。この三人の人類学者は、このことが単婚の勝利を説明すると言う。単婚は、父親が外に働きに出かけ、母親は家で掃除、料理、子どもの世話をするというかたちを作り上げた、一九五〇年代アメリカの完璧な核家族化でその絶頂をきわめた。

ここでタッカーは、賃金交渉史における興味深い出来事に触れる。二〇世紀はじめ、妻が働かずにすむように、男性に高賃金を支払うことを雇用者に要求する運動が起きた。驚くほど成功を収めたこの運動は、「家族賃金」運動と呼ばれた。社会改革者たちは女性が労働の担い手になることはまったく期待しておらず、むしろその反対を望んでいた。女性が労働の場を離れ、子どもと家で時間を過ごし、高賃金をもらう夫に扶養されるようにしたのだ。雇用者が男性により高い賃金を支払えば、労働階級の女性も家の外で働かずにすむので、中流階級の女性に仲間入りできるというのが彼らの理論だった。

二〇世紀末における福祉国家の台頭とともに、単婚がふたたび破綻《はたん》しはじめた。食卓にパンを運ぶ男性の役割が福祉援助に取って代わられると、女性の多くが単婚とは一種の年季奉公のようなもので不要だと考えはじめる。結婚を放棄してシングルマザーになる女性が増え、これらの女性は特定の相手を求めない複婚の男性と結びつく。こうしたことが起きるのは、若い母親にとってフェミニストの仲間意識が、社会的支援のためのより永続的で前向きな選択肢になると女性が考えはじめたためだろう。あるいは男性が、自身の子の健全な成人に自分はもう必要ないと考えたからかもしれない。いや、両方の要素が少しずつ作用していることもありうる。昨今見られる結婚の破綻にどのような理由を見出そうが、結婚が私たちの眼前で進化しつつある制度であり、今世紀の終わりまでにかなり違ったものになっているであろうことは間違いない。結婚はふたたびデザインし直されるのではなく、進化するのだ。何が起きるかは、起きてみてからでなければわからない。しかし、実際に生じる変化はランダムなものでは決してない。

## 都市の進化

ひとたび人間の営為に進化を認めるようになると、それはあらゆるところで見つかるようになる。

都市を考えてみよう。一七四〇年から一八五〇年のあいだに、イギリスはまったく計画のないままに世界で最も都市化の進んだ国になった。マンチェスター、バーミンガム、リーズ、ブリストルは小さな町から大都市へと変貌した。いずれもこの時期に誕生したバースとチェルトナム、ロンドンのウェストエンドとブルームズベリー、エディンバラのニュータウン、ニューカッスル・アポン・タインのグレインジャータウンのエレガンスはどうだろう。これらの都市は国家や公的機関によって建設されたものではない。すべては社会の中で、計画に関わる法規制も、公的建築物の規則も、区割りや土地使用法も、家屋や都市サービスを提供する直接的な公的取り決めもなく起きた。

　国家による規制の動きが出はじめたのは、ようやく一九世紀後半のことだった。初期の都市建設は民間主導と投機熱に煽られ、財産権と随意契約に支配され、分散した市場要因によって形づくられた。都市化は秩序立っていたが、計画があったわけではなかった。それは進化だったのだ。

　都市が出現したのは、動物やボートで十分な量の食料を村からより大きな定住地まで運べるようになった青銅器時代だった。荷馬車や帆船で大きな市場に行けるようになった鉄器時代には、都市はその規模を拡大した。乗合馬車や蒸気機関車によって遠方から職場に通えるようになると、都市は郊外へと広がっていった。自動車やトラックでより多くの人が大都市に集まるようになり、都市はさらに急速な成長を遂げた。ここに至って、都市は生産の中心から消費の中心へと変貌した。アメリカ全体を見ると、レストランの約二倍の人が食料品店で働いている。だがマンハッタンでは、食料品店の約五倍の人がレストランで働く。年齢、学歴、婚姻状況を鑑《かんが》みて調整すると、アメリカの都市部では郊外に比べて美術館を訪れる人が四四パーセント多く、映画館に足を運ぶ人が九八パーセント多い。

都市部の高い人口密度は「トラブルどころか活気の源泉だ」(経済学者ジョン・ケイの言葉)と最初に気づいたのは、社会学者のジェイン・ジェイコブズだった。ユートピア的構想を持つニューヨークの都市計画立案者への異議申し立てを行なって評価された著作でジェイコブズは、ブラジリアやイスラマバード、キャンベラのような計画都市の活気のない空間より、人々が愛して止まない無計画で有機的な都市の性質を良しとした。ナシーム・タレブが皮肉ったように、いわゆる「仮住まい《ピエダテール》」をロンドンに買って持つ人はあっても、ブラジリアに持とうという人はあまりいない。

今日、ロンドンやニューヨーク、東京のように最も成功した都市は、上質な食べ物、エンタテインメント、男女が結びつく闘技場(失礼、クラブのことです)、成功を夢見る貧困層にとってチャンスの地だ。リオ・デ・ジャネイロのような都市は繁栄のエンジンであり、人々が貧困から充足へ、そして富にすら流れていく場所なのだ。インターネットと携帯電話は「距離の死」につながったとはいえ、人々はモンタナ州のひっそりとした田園地帯やゴビ砂漠に引っ込むどころか正反対の結果になっている。どこでも働けるようになると、私たちの多くが望むそのどこかは——少なくとも若いうちは——いちばん人口密度が高く、いちばん多くの高層ビルが立ち並び、いちばん喧噪に満ちた場所になる。しかも、私たちはその場所に住むために進んで高い金を払う。香港やヴァンクーヴァーのように中心街に居住用の高層ビルを認可する都市は繁栄し、ムンバイのように低層ビルを義務づける都市はさびれる。つまり、こうしたことは人間が意識して政策に選択した傾向ではないということになる。都市の持続的な進化は無意識で否応のない流れなのだ。

同様の過程は世界中で進行中だ。エドワード・グレイザーが指摘したように、繁栄と都市化のあいだにはほぼ完全な相関がある。都市化すればするほど、国家は繁栄するのだ。世界を都市居住者が多い国と少ない国に二分すると、前者が平均所得で後者の四倍稼ぐ。また多くの人が都市部になだれ込んで都市部がどんどん膨れ上がるにつれて、「都市は予測可能なかたちで進化する」ことに気づく科学者が現れはじめた。都市が成長し変化する様子には自然発生的な秩序があるのだ。こうした規則性のなかで最も目を引くのが、都市が見せる「スケーリング則」、つまり規模の変化に伴う特徴の変化だ。たとえば、ガソリンスタンドの数はその町の人口を一貫して下回る割合で増えていく。規模の経済が存在し、このパターンは世界のどこでも同じだ。これは電力網にも当てはまる。国家の政策や、自治体の首長が誰であるかは関係ない。都市はそれがどこにあろうと同じ成長パターンをたどるのだ。この点において、都市は生物の体に似ている。マウスは単位体重当たりの消費エネルギーがゾウより大きく、小さな都市は単位面積当たりの自動車燃料消費が大きな都市より多い。都市と同じように、生物の体は成長するにつれてエネルギー代謝率が上がる。また都市の人口が倍加するごとに、一人当たりのインフラコストは一貫して一五パーセント減る。

これと反対の傾向を見せるのが経済成長とイノベーションだ。都市が巨大化すればするほど、これらの現象は活発になる。都市の大きさが倍になると、その場所がどこであるかにかかわらず、賃金、富、特許の数、大学の数、創造的営為に携《たずさ》わる人間の数がどれも約一五パーセント増える。このレベルの増加率は、専門用語で「スーパーリニア」と呼ばれるスケールになる。この現象を発見したサンタフェ研究所のジェフリー・ウェストは、都市を「スーパークリエイティブ」と形容した。都市が生み出すイノベーションはその規模に関して収穫逓増《しゅうかくていぞう》を示す。都市が大きければ大きいほど、より多くのイノベーションが生まれるのだ。そうなる理由は基本的には明らかだ。人間はアイデアを組み合わせ、さらに組み合わせ直してイノベーションを生み出す。ネットワークが大きく高密度であればあるほど、より多くのイノベーションが生まれる。そしてこれも政策の結果ではない。実際、都市が持つスーパークリエイティブ効果に気づいた人はごく最近まで誰もいなかったのだから、政策担当がそれを目指そうにも目指せない。それは進化的な現象なのだ。

これが、都市がほとんど死なない理由だ。現代のデトロイトと古代ギリシャのシュバリスを除けば、衰退する都市の例は少なく、まして次々に倒産する企業と違って消滅することはない。

## 制度の進化

新たな形にすばやく進化する生物種もいれば、何億年も同じままの種もいる。後者は生きた化石として知られる。シーラカンスが好例だ。この深海魚は、四億年前の祖先とほとんど変わっていない。同じことが文化の進化についても言える。急速に変化する制度もあれば、何世紀にもわたって同じ形態のままの制度もある。イギリスは他の国々に負けず劣らず近代的だ。あらゆるテクノロジーをふんだんに取り入れ、たいていの国より科学的発見に寄与し、ゲイの結婚の法制化から主教への女性の登用など、社会的な意味合いにおいても時代とともに変遷してきた。ところがこの国の政治制度となると、三世紀にわたって驚くほど変化していない。社会学者のギャリー・ランシマンが著書『大きく異なるが、さして代わり映えがしない（*Very Different, But Much the Same*）』で述べるように、もし一八世紀初頭にイギリス人の暮らしぶりを観察し、それについて書いたダニエル・デフォーが今日のロンドンに戻ってきたとすれば、びっくりするほど変わっていないものがあることに気づくだろう。ひとたび航空機、トイレ、自動車、電話、写真、年金、インターネット、多様な宗教、ワクチン、女性弁護士、電気、とりわけ貧困層のなかなか高い生活水準に慣れたら、イギリスの政治を理解するのは訳もないはずだ。英国国教会の長を務める世襲制の君主、公選制の庶民院、非公選制の貴族院がいまだに存在する。政党、派閥、スキャンダル、少なくともその枠組みが明らかにハノーヴァー朝を引きずっている叙任制も健在だ。当時のイギリスは、大雑把《おおざっぱ》に言って現在の西アフリカにあるトーゴに相当する人口と一人当たりの所得しかなかった。

ランシマンは、新しい物事のやり方はグランドデザインによって強いられるのではなく、緩慢に出現し、社会に受け入れられた場合にそのまま残るという文化の進化論を熱心に説く。それにしてもなぜテクノロジー、衣服、言語、音楽、経済活動の変化がこれほどすばやいのに、政治制度の変化はこれほどゆっくりなのか？　文化の進化の流れの中では、イギリスの制度は文化的シーラカンス――周りの世界は変わっていくのに、ほとんど変化していない生きた化石――なのだ。もちろん、イギリスはこの点において例外的と言える。他のたいていの国では、近代の革命や戦争、独立を経たこの三世紀で政治制度が激変している。それでも、政治制度はどこでも社会の他の側面よりゆっくり変化する傾向にあり、実際に変化する際には苦痛と波乱に満ちた革命になる。今日の中国は二一世紀の経済大国であるとはいえ、その政体は一九五〇年代からほとんど変わっていない。

こうした政治制度の緩慢な進化は、権力の集中または分散のどちらの影響なのだろうか？　エリート層が現在の利権を失いたくなかったり、変化に大きな恐れを抱いたりするのか？　私にはその答えはわからない。たしかに、憲法改正に賛同するよう人々を説得するのは難しい。市場にある製品やサービスを選ばせると、人々は新しいアイデアに夢中になる。ところが、新しい政治形態についてレファレンダムで意見を尋ねられると、（ヒレア・ベロックの言葉を借りれば）人は「もっと悪いことが起きるのを恐れて、かならず現状にしがみつく」。

都市、婚姻、言語、音楽、芸術——こうした文化を体現するものごとはいずれも規則的で、あとから振り返ればわかりきった変化をするが、誰もその変化は予測できないし、ましてやその変化を起こさせることはできない。文化は進化するのだ。

# 第6章　経済の進化

即ち、如何なる物体も、名称を持っているものは、すべて以上の二つのもの〔物質と空虚〕の特性に属するものであることは、君にもわかるであろうが、そうでないものは、この二者から生ずる結果たる「事件《エーウェンツム》」である、ということがわかるであろう。特性とは、死滅的な破壊を以てしないかぎり、引きはなすことも、分離させることも、全く不可能なもので、例えば、石の場合における重量、火の場合における熱、水の場合における流動性、あらゆる物質の場合における接触、空虚の場合における不接触のようなものである。これに反して、奴隷たる身分、貧困、富裕、自由、戦争、和合、その他、生じて来ても、過ぎ去っても、物の本質には何ら影響をこうむることのないものは、これを、当然のことながら、われわれは通常事件と称する。

——ルクレティウス、『物の本質について』第一巻より

誰の推定値を選ぶか、インフレをどう調整するかにもよるが、平均的な現代人が一年に稼ぐ金額は、

一八〇〇年の庶民が稼いでいた額の実質一〇倍から二〇倍である。言い換えると、一〇倍から二〇倍の品物やサービスを買う余裕があるということだ。これを経済史学者のディアドラ・マクロスキーにならって「大富裕化」と呼ぼう。彼女に言わせると、それが「経済史の最も重要な事実、というか発見」である。実際のところ、鋼桁《こうけた》や板ガラス、医薬品などの改良をどう考慮するかにもよるが、たとえば香港のような地域の生活水準は、一九五〇年からでさえ一〇〇倍も上がった可能性があると、マクロスキーは言う。OECD（経済協力開発機構）によると、今の世界経済の成長率でいくと——そして減速の兆候は見られていない——平均的な人が二一〇〇年に稼ぐ額は現在の一六倍になるだろう。現在のお金に換算して、年に一七万五〇〇〇ドルだ。二〇〇八年から〇九年の大不況も、世界的な観点からするとごく短期間の急下落であって、世界経済は年に一パーセントに満たない縮小のあと、翌年には五パーセントの成長に転じている。

この生活水準向上の最大の分け前にあずかった（そして今もあずかっている）のは、一般の労働者と貧困者である。マクロスキーが言うように、富裕者はさらに富裕になったとはいえ、「ガス暖房、自動車、天然痘予防接種、屋内トイレ、安価な旅行、女性の権利、子どもの死亡率低下、適切な栄養、身長の伸び、平均余命の倍化、子どもの学校教育、新聞、選挙権、大学受験の機会を享受し、敬意を払われるようになった人が、何千万人も増えている」。富裕国の人々より貧困国の人々のほうが裕福になるスピードが速いので、世界規模の格差は現在どんどん縮まってきている。世界人口のうちインフレ調整後一日一・二五ドルで生活する人の割合は、一九六〇年の六五パーセントから現在は二一パーセントに下がっている。

意外に思えるかもしれないが、大富裕化の原因はまだわかっていない。一九世紀初めに世界の一部で所得が急速に伸びはじめ、それからその傾向が世界中に広がり、止まると何度も予測されているにもかかわらず、今日《こんにち》も伸び続けているのはなぜか、その理由については諸説ある。しかし万人の支持を集めているものはない。功ありとすべきは制度だとする説もあれば、アイデアだとする説もあり、ほかにも個人、エネルギー利用、はたまた幸運だとする説もある。しかしどの説にも一致していることが二つある。これを計画した人はいないし、予測した人もいない。繁栄は人間の政策のおかげではなく、人間の政策をよそに現れたのだ。人々の相互作用から、進化にとてもよく似たかたちの、淘汰によってもたらされる発展によって、否応《いやおう》なく生じた。何より、統治者の行動とは関係なく、何百万という個人の意思決定によって実現した分散的現象である。それどころか、ダロン・アセモグルとジェームズ・ロビンソンが主張しているように、イギリスやアメリカのような国は、権力を独占するエリートを市民が倒したからこそ、裕福になったのだといえる。政府が市民に対して説明責任を負い、敏感に反応するようになったのは、政治的権利が広く分配されたからであり、そのおかげで大勢の国民が経済的機会を利用できるようになった。

## 人間の行為だが人間の設計ではない

大富裕化は進化現象だった。イギリスがこの大富裕化の一歩手前にいた一八世紀末にもどり、一般進化理論を考えたあの偉大な思想家、アダム・スミスについておさらいしよう。一七七六年、スミスは二作めの著書『国富論』を出版した。彼はその中で、『道徳感情論』で展開したものとは異なる進化についての考えを擁護しようとした。道徳を生み出したのが神でないなら、繁栄を生み出すのは政府なのだろうか？　スミスの時代、商業は厳しく統制された事業であり、株式会社だけがあからさまに国から独占権を与えられ、特定の分野の対外輸出を促進する重商主義の通商政策が策定されており、いうまでもなく、専門的な職業には政府による厳しい許認可があった。規制と統制政策《ディリジスム》という敷石のすき間で、個人が売買することもできたが、これが繁栄のもとだと考える人はほとんどいなかった。富とは、貴重なものの蓄積を意味したのだ。

少なくともフランスの「重農主義者」は、富の源《みなもと》は生産的労働であって金《きん》の山ではないと主張するようになっていた。一七六六年、スミスは重農主義者のリーダーであるフランソワ・ケネーに会い、彼の考え方から、貿易の重商主義管理は、政府が貿易の収入をすべて横取りして破滅的な戦争や無益な贅沢に費やすことと同じように、間違いだという考えにいたった。彼らの要求は「なすに任せよ、行くに任せよ、世界は自然に回る」。しかし不思議なことに、重農主義者は生産的労働とは農耕だけだと主張している。製造とサービスは無駄の多い浪費だというのだ。しかしスミスは「社会の土地と労働による年間生産物」（山岡訳）が重要だと述べた。現在、私たちはそれをGDPと呼んでいる。

このように、繁栄するとは、より多くを生産するようになる――より多くの小麦を栽培し、より多くの道具をつくり、より多くの顧客にサービスする――のと同じ意味である。そしてスミスによると、「労働の生産性が飛躍的に向上してきたのは分業の結果」（山岡訳）と思われる。農民が道具と交換に食料を金物屋に供給すれば、両者ともに生産性が上がる。なぜなら、農民は仕事を中断して下手に道具をつくる必要はないし、金物屋は仕事を中断して下手に畑を耕す必要はないからだ。交換をともなら専門化が経済的繁栄の源である。

ここで私自身の言葉で、スミスの主張の現代版を語ろう。第一に、商品とサービスの自発的で自主的な交換は、人々が自分の得意とすることを専門とする分業につながる。第二に、それで次に取引の両当事者が交換から利益を得ることになる。なぜなら、誰もが自分にとっていちばん生産性の高いことをやっていて、自分の選んだ仕事を習得し、実践し、機械化さえするチャンスがあるからだ。かくして個人は、権威者や統治者にはできないようなかたちで、自分が持っている暗黙の局所的知識を活用し、改良することができる。第三に、取引からの利益はさらなる専門化を促し、それがさらなる取引を促すという好循環を生む。生産者の専門化が進めば進むほど、消費の多様化が進む。つまり、自給自足から離れていくうちに、個々の人々が生産するものの種類は少なくなっていき、消費する品数が多くなっていくのだ。第四に、専門化は必然的にイノベーションを促進する。イノベーションもまた、アイデアの交換と合体によって推進される共同プロセスである。実際ほとんどのイノベーションは、ものをつくったりまとめたりする方法に関する既存のアイデアを、組み合わせ直すことによって生まれる。

取引が盛んになればなるほど、そして分業が進めば進むほど、人々は互いのために働くようになる。そして人が互いのために働けば働くほど、生活水準は高くなる。分業の結果、見知らぬ人たちどうしの巨大な協力関係が生まれ、潜在的な敵が名誉友人になる。日雇い労働者が着ている毛織物の上着は、（スミスいわく）「無数の人が働いた結果である。羊飼い、羊毛の選別工、梳《す》き工、染色工、あら梳き工、紡績工、職工、仕上げ工、仕立て工……」（山岡訳）。上着を買うためにお金を手放すとき、労働者は富を減らしているわけではない。取引からは互いが利益を得る。そうでなければ、人は自発的に取引などしない。市場が開放的で自由なほど、搾取《さくしゅ》と略奪のチャンスは少ない。なぜなら、消費者が略奪者をボイコットしやすく、競合者が超過利益をそぎ落としやすいからだ。したがって、理想的な状態の自由市場は、人々が互いの生活水準を上げるための協力ネットワークを築く仕組みであり、生産を調整する仕組みであり、価格のメカニズムをとおして需要に関する情報を伝える仕組みである。さらに、イノベーションを促す仕組みでもある。多くの聖職者などは自由市場を利己的個人主義の蔓《まん》延《えん》と考えるようだが、それとは正反対なのだ。市場は大規模な協力のシステムである。たしかにあなたはライバル生産者とは競争するが、顧客や仕入れ先や同僚とは協力する。商業は信頼を必要とすると同時に生み出すのである。

## 不完全な市場でもないよりまし

市場に関するこの説明に反対する人はほとんどいないだろうが、同じように、実際に理想が実現すると認める人もほとんどいないだろう。そして聖職者は別にして、市場にまつわる論争はすべて、まさにそこから始まる。理論はけっこうだが、実際には役に立たない。まともな考えを持つ人はたいてい、市場についてそう判断を下す。

そうなると問題は、商業は完璧でなければ機能を果たさないのかどうか、ということになる。半自由市場はないよりましなのだろうか？　経済学者のウィリアム・イースタリーの確信するところでは、見えざる手は架空の理想ではない。「不可より可を、可より良を、良より優を支持して、劣るものを業界から追い出すプロセスである」。経済史を一瞥すると、商人によって商人のために動かされている国は完璧ではないが、独裁者によって動かされている国よりも繁栄し、平和で、文化的であることは明らかだ。フェニキアとエジプト、アテネとスパルタ、宋と元、イタリアの都市国家とカルロス一世のスペイン、オランダ共和国とルイ一四世のフランス、商人の国（イギリス）とナポレオン、現代のカリフォルニアと現代のイラン、香港と北朝鮮、一八八〇年代のドイツと一九三〇年代のドイツをくらべてほしい。

自由貿易のほうが指令統制政府よりも、経済的あるいは人道的に優れた記録を残していることに、もはや疑いの余地はほとんどない。新たな実例は枚挙にいとまがない。たとえばスウェーデン。世間一般の通念に反して、スウェーデンは大きな政府が社会民主主義を断行したから裕福になったのではない。一八六〇年代に国が封建経済を自由化し、スミスの唱道する自由貿易と自由市場を強い態度で受け入れた結果、それから五〇年間で急速に成長し、（以来ずっと新製品を展開してきた）ボルボやエリクソンなどの大企業が生まれたのだ。一九七〇年代に政府の規模が大幅に拡大されたとき、結果として通貨が切り下げられることになり、停滞と成長鈍化が起きて、ついには一九九二年に本格的な経済危機に襲われ、世界経済における相対的な順位が急落した。二〇〇〇年代に減税を行ない、教育を民営化し、民間医療を自由化すると、再び成長が見られるようになった。

自由貿易のほうが政府の計画よりも繁栄につながるという主張は、もちろん、すべての政府は廃止されるべきだということではない。政府には、平和を維持し、規則を施行し、助けを必要とする人を助けるのに、果たすべき重要な役割がある。しかしだからといって、政府が経済活動を計画して指導するべきだということではない。同様に、いろいろと長所があるとはいえ、商業に非の打ちどころがないわけではない。とりわけ、派手な消費を求めるマーケティングが行なわれるので、無駄の多い有害な浪費をそそのかす傾向がある。

商業の核となる特徴であり、社会主義の計画と一線を画すところは、分権的であることだ。何枚の毛織物の上着、何台のノートパソコン、何杯のコーヒーに需要があるかを経済が知るのに、中央からの指揮は必要ない。それどころか、誰かがやろうとすると、悲惨な混乱が生まれる。つまり北朝鮮だ。価格が自由に変動可能であれば、競争のもとでは需要が供給と一致するので、価格は徐々に生産コストへと引き寄せられていく。供給者はつねに最も高く評価される商品に努力を向けて、価格を下げ、最も強い需要を満たす。このシステムは大勢の個人の意思決定によって動かされている。

このように、繁栄が〝成長する〟ものであると言えるのならばだが、それは上からの指図などまったくなしに、まるで生物のように有機的に成長する。分業は社会の中で勝手に出現した。進化したのだ。交換したいという人の自然な意欲に促された。スミスの表現を借りれば、「ものを交換しあう性質」は、人間には自然に身についているが、他の動物には見られない。「二匹の犬がじっくりと考えたうえ、骨を公平に交換しあうのを見た人はいない」（山岡訳）。したがって、この性質が刺激された場合にこそ、さらなる繁栄が生まれるのだ。政府の役割はそれが起こるに任せることであって、指図することではない。

ファシズムであれ、共産主義であれ、社会主義であれ、管理統制制度が抱える基本的な問題は知識のそれである。フレデリック・バスティアからフリードリヒ・ハイエクまでの自由企業推進派が指摘しているように、人間社会を組織するために必要な知識は途方にくれるほど膨大な量である。一人の人間の頭には入りきらない。それなのに人間社会は組織されている。バスティアが一八五〇年の著書『経済調和論』（土子金四郎訳、哲学書院）で問うているように、多種多様な好みの大勢の人々を抱える都市パリに、どういうふうに食べものを供給しようと考えればいい？　そんなことは不可能だ。しかし確実に毎日供給されている（そしてパリは今なお人口が増え続けていて、食べものの好みはさらに多様化している）。ここには進化との類似点がある。パリへの食料供給と人間の眼の働きは、同じように複雑な秩序の現れである。しかしどちらの場合も、中央で指揮する知的存在はない。知識は何百万という人々あるいは遺伝子に散らばっている。分権的な体制なのだ。そして例によってスミスが最初にこのことを理解し、『国富論』にこう書いている。「主権者は、民間人の労働を監視し、社会の利害という観点からもっとも適切な用途に振り向けようと試みる義務から解放される。この義務を遂行しようとすれば、主権者はいつも無数の錯覚に陥りかねず、人間の知恵や知識ではこの義務を適切に遂行することはできないのである」（山岡訳）。

## 見えざる手

このように中央からの指示なしに秩序と複雑さが出現する現象は、アダム・スミスが一七七六年に明確にした進化論的思想の核心である。よく知られているたとえだが、スミスは見えざる手に導かれるとしている。各人は「自分が安全に利益を上げられるようにしているにすぎない。生産物の価値がもっとも高くなるように労働を振り向けるのは、自分の利益を増やすことを意図しているからにすぎない。だがそれによって、その他の多くの場合と同じように、見えざる手に導かれて、自分がまったく意図していなかった目的を達成する動きを促進することになる」（山岡訳）。しかしスミスが『国富論』を書いたとき、商品やサービスの自由な交換が全体の繁栄を生むという、彼の核となる考えを支持する証拠はほとんどなかった。一八世紀末まで、ほとんどの富はなんらかのかたちの略奪によって生み出されており、自由市場政府が政権の座につくという状況に、多少なりとも似たものは世界中どこを探しても見つからなかった。

それでも『国富論』出版後の数十年で、とくにイギリスでは（そしてその後ヨーロッパと北米の大半で）、生活水準が上昇し、格差が縮小し、暴力が減少するという、意外な物語が展開された――その主な理由は、スミスの提唱する考え方に、ためらいながらも部分的にしたがったことにある。疑い深い人たちは、帝国時代からの略奪された資本の蓄えがその富の源だったのだと主張するかもしれないが、これは明らかにナンセンスだ。スミスがはっきり認めていたように、植民地は本国にとってもっぱら財政的負担であり、軍事力を弱める要因だった。さらに、これだけ生活水準が上がったことを資本では説明できない。ディアドラ・マクロスキーが言うように、過去二〇〇年にわたる大富裕化においては、イギリスの平均収入は実質一日約三ドルから約一〇〇ドルに上昇している。これは資本の蓄積ではけっして実現できないことであり、だからこそ彼女（と私）は、誤解を招きかねないマルクス主義者のいう「資本主義」という言葉を自由市場に使わないのだ。

アダム・スミスはけっして鑑《かがみ》ではない。的はずれな労働価値説をはじめ、いろいろと間違えているし、デイヴィッド・リカードの比較優位という概念、すなわち、何をつくるのも取引相手より劣っている国（あるいは人）に対してさえ、何か――いちばんましにつくれるもの――を供給するよう求めることで双方が利益を得ることになる理由を説明する見識をとらえそこなった。しかしスミスは、社会に見られるものの大部分は（アダム・ファーガスンの言葉を借りると）人間の行為の結果ではあっても人間のデザインによるものではないことを見抜いていて、その実態は今なお真実である――そしてきちんと理解されていない。これは言語、道徳、さらには経済についても当てはまる。スミスのいう経済は、庶民のあいだの交換と専門化のプロセスである。創発《そうはつ》的現象なのだ。

## 収穫は逓減《ていげん》する？

しかし、スミスもリカードも――そしてロバート・マルサスやジョン・スチュアート・ミルなど当時のイギリスの政治経済学者全員が――見落としていたほんとうに大事なことは、彼らが産業革命の時代を生きていたことだ。一世紀後にヨーゼフ・シュンペーターが言ったように、「かつて誰も経験したことがないほど壮大な経済発展の出発点に」立っているという観念は、彼ら自身にはまったくなかった。「巨大な可能性が目の前で現実になった。それでも彼らに見えていたのは、日々の糧《かて》も手に入らなくなって悪戦苦闘する経済的窮乏だけだった」。その理由は、彼らの世界観が収穫逓減《しゅうかくていげん》の考えに支配されていたからだ。たとえば、リカードは一八一〇年代に凶作に苦しむ地元の農民たちを見ていて、最良の土地はすでに開墾され、耕作限界の土地はすべてその前に耕された土地よりもやせているので、トウモロコシの収量は伸び悩むに違いないと主張する、友人のマルサスに同意した。そのため、スミスの分業とリカードの比較優位が人々の生活を向上させられるのは、一定レベルまでだけである。限られたシステムから繁栄を絞り出す効率的な方法にすぎないのだ。一八三〇年代からイギリスで生活水準が急上昇しはじめたあとでさえ、ミルはそれを一時的な成功と見ていた。すぐに収穫逓減が起こるだろう。一九三〇年代から四〇年代にかけて、ジョン・メイナード・ケインズとアルヴィン・ハンセンは、世界大恐慌は人間の繁栄が限界に達したことの証《あかし》だと考えた。自動車と電気の需要が十分すぎるほど満たされ、投下資本当たりの利益が下がっていったため、戦争景気の興奮がおさまると、世界は慢性的失業の将来を突きつけられた。第二次世界大戦の終戦が不景気と窮乏をもたらすだろう。一九七〇年代、そして二〇一〇年代にも再び、生活水準がもっと上がると期待することよりむしろ、既存の社会の富を分配することが広く語られた。不景気が来ないと気のおさまらない人というのはいつの時代にもいるのだ。

それでも繰り返し逆のことが起こっている。収穫は逓減するどころか、機械化と安価なエネルギーの応用のおかげで増え続けている。労働者の生産性は、停滞期に入るよりむしろ、ひたすら上がり続けている。生産される鋼鉄が増えれば増えるほど、価格は下がった。携帯電話が安くなればなるほど、それを使う人が増えた。イギリスの、続いて世界の人口が増えて、食料を供給するべき人数が増えれば増えるほど、飢える人は減った。世界の人口が二〇億だったときには飢饉が定期的に襲ってきていたが、人口七〇億になった現代の世界ではほとんど例がない。リカードのいう一〇〇〇年前に耕されたイギリスの畑から得られる小麦の収量でさえ、化学肥料や殺虫剤や品種改良のおかげで、二〇世紀後半に急増しはじめた。二一世紀初めには、産業化が地球上のほとんど隅々まで高い生活水準を広げており、それが永久に欧米の特権のままだろうという大方の悲観的な不安とは正反対の状況になっている。中国は何世紀にもわたって貧苦にはまり、何十年ものあいだ恐怖のどん底にあった国だが、突然活気づいて、一〇億超の国民が世界最大の市場を形成することになった。

何が起こっていたのか？　この世界経済の成長という現象を引き起こそうと試みた人がいたわけではないし、それが可能だと予測した人さえいなかった。一九世紀と二〇世紀が展開するにつれて、ただ出現して広まった。進化したのだ。

経済学者は当初からずっとこれを説明しようと躍起になっていて、いまも苦労している。カール・マルクスも挑戦し、産業変革の事実を認めたが、彼は機械化によって大勢の失業した労働者が資本家に搾取《さくしゅ》されるままになるというリカードの考えをうのみにした。ところが職の数も労働者が得る報酬の分け前も、産業経済において着実に増えている。カール・メンガー、レオン・ワルラス、スタンレー・ジェヴォンズが旗振り役をして、アルフレッド・マーシャルによる統合で最高潮に達した経済学の「限界効用理論」革命は、価格設定の焦点を生産者よりむしろ消費者に移したが、利益増大の疑問はほとんど答えられないまま残された。彼らは収穫逓減の代わりに均衡の考えを生み出した。これは完全競争の安定した状態であり、情報が容易に利用できるとすれば、経済システムはこの状態に向かって動く傾向にあるというのだ。

そのあとヨーゼフ・シュンペーターが現れ、徹底してイノベーションに注目し、あるのは均衡ではなくて絶え間ない動的変化であると主張した。一九〇九年にツェルノヴィッツ大学に勤務していたときに書いた著書『経済発展の理論』（塩野谷祐一・中山伊知郎・東畑精一訳、岩波書店）の中で、シュンペーターは経済学者として初めて、企業家の役割がきわめて重要であると述べている。ほとんどの実業家は、労働者に寄生する搾取者とはほど遠く、物事をよりうまく、あるいはより安くやることによってライバルを出し抜こうとしているイノベーターであり、そうするうちに必然的に消費者の生活水準を向上させた。いわゆる泥棒男爵《ロバーバロン》の大半は、商品の価格を上げるのではなく下げることによって裕福になったのだ。イノベーションは自由企業のきわめて重要な価値であり、それにくらべれば取引で得られる利益、専門化の効率、慣行による改善など小さいものだ。一九四二年の著書『資本主義・社会主義・民主主義』（邦訳は中山伊知郎・東畑精一訳、東洋経済新報社など）に記された有名なフレーズの中で、シュンペーターは「創造的破壊」を経済発展のカギ、そして「資本主義の本質」と見ている。新しい企業とテクノロジーが出現するためには、古いものは死ななくてはならない。「創造的破壊の嵐が繰り返し吹き荒れる」。あるいは、ナシーム・タレブが言うように、経済が反脆弱《アンチ・フラジャイル》になる（リスクをおかすことによって強くなる）ためには、個々の企業は脆弱《ぜいじゃく》でなくてはならない。個々のレストランが脆弱で短命だからこそ、レストラン事業は活況で繁盛するのだ。社会は戦《いくさ》に倒れた兵士をたたえるのと同じくらい手厚く、破綻《はたん》した企業家をたたえてほしい、とタレブは考えている。

シュンペーターの論法は明らかに生物学的で、経済の変化を「産業上の突然変異」のプロセスと呼んでいる。経済は生態系に似ていて、生存競争が企業や製品の競合と変化を引き起こす、というのが彼の見方だ。さらに、リスクをとる企業家がいなければ、こうした経済の進化は起こらないとも考えている。シュンペーターの進化の観点は、最近、企業家のニック・ハナウアーと経済学者のエリック・ベインホッカーによって拡張された。彼らの主張によると、市場は生態系と同じように、効率的だから作用するのではなく、効果があるから、顧客（または生物）が直面する問題の解決策を提供するから、作用するのだという。そして商業のいいところは、うまく行っていれば、他人の問題を解決する人々に見返りを与えることだ。商業は「自然界で作用する進化と同じように、たえず問題に対する新たな解決策を生み出して試す進化のシステムととらえると、いちばん理解しやすい。『適した』解決策もあれば、そうでもないものもある。最も適したものが生き残って繁殖する。適さないものは滅びる」。

この観点から容易に引き出せる結論は、完全競争市場とか、均衡とか、最終状態などというものはない、ということだ。興味深いことに、生態学者もだんだんに経済学者と同じ結論に達しつつある。最近では、平衡説思考からもっとはるかに動的な生態系観に移りはじめているのだ。氷河期が盛衰するあいだの気候変動を正しく認識するようになっただけでなく、森林も個々の地点では樹木の種《しゅ》が別の種に代わるので、つねに変化している状態であることにも気づきはじめている。安定した状態の「極相」はなく、つねに変化し続けているのだ。しかしこの情報は政策立案者にほとんど届いていない。生態学者のダニエル・ボトキンは、生態学者は自然が変化することを認めながら、政策を考えるように依頼されると、必ずといっていいほど平衡を前提とする「自然界の均衡政策」を考え出す、と不満を述べている。経済学でも生態学でも、こうした変化を動態革命と呼びたい。

## イノベーション主義

シュンペーター以降の経済学者たちは、私たちの周囲で起こり、生活水準を押し上げてきたイノベーションなるものを説明するという難題に取り組んできた。一九五〇年代にロバート・ソローが、資本と労働の貢献度を計算し、それ以外（八七・五パーセント）の生活水準の変化は技術革新に起因しているはずだと推論することによって、イノベーションの貢献度を引き出した。技術革新こそが増大する利益の主要な源であり、世界全体の経済成長が停滞期に入る兆しがないことの原因なのだ。

そうであれば、この二〇〇年間の大富裕化を実現した制度は「資本主義」ではなく「イノベーション主義」だと、ディアドラ・マクロスキーが説明するのも不思議ではない。新しい不可欠の材料は利用できる資本ではなく、市場で実績を上げた消費者主導のイノベーションの出現だった。彼女は産業革命の原因を、新しいアイデアを生み出して試すプロセスの分権化に見出している。すなわち、普通の人々が自分の好む商品とサービスに貢献でき、それを選べたことが、継続的なイノベーションを推進したのだ。産業革命が起こるためには、試行錯誤が尊重されるようになる必要がある。彼女が二〇一四年にインドでの講演で語ったように、貧困者の富裕化は慈善事業や計画、保護、規制、あるいは労働組合など、単なるお金の再分配でしかないものからではなく、市場が引き起こすイノベーションから実現しているのである。イノベーションは貧困者にとって悪いことではない。「それどころか、貧困者のためになるものとして唯一信頼できるのは、市場で実績のある改良と供給が自由化され、尊重されることである」。

しかしイノベーションはたまたま起こるのか、それとも、もとから生み出せるものなのか？　これはポール・ローマーが一九九〇年代に、内生的成長理論によって取り組んだ疑問である。彼の主張によると、技術の進歩は単なる成長の副産物ではなく、企業が意識的に行なうことのできる投資である。きちんとした制度――人が製品を売る市場、窃盗を防ぐ法規範、人をやる気にさせるまともな金融と税金の仕組み、知的財産の保護、ただし行きすぎない程度のもの——があれば、人はイノベーションを起こして、そのイノベーションを世界と共有するにしても、そこから報酬を得ようと試みることができる。機械の製作に挑めるのと同じだ。大ざっぱにいってこれが、本稿を書いている時点で、携帯電話によるタクシー配車サービスを行なっている世界中のさまざまな企業（ウーバー、リフト、ヘイローなど）がやっていること、つまりイノベーションそのものへの投資である。しかし制度に関するあいまいなごまかしはさておき、イノベーションが起こるのは、交易によって世界各地と結ばれているおかげで、アイデアが出会ってつがうことのできる開かれた自由な社会であること以外、イノベーションを生むものについて経済学者にはいまだに語れることがほとんどない。

しかもこのような説明でさえ、出てくるのは現象そのものが起きたずっとあとだ。イノベーションのうねりによって、人々のニーズを満たすコストが下がり、そのニーズを満たすために働かなくてはならない時間が減り、それゆえ何十年にもわたって生活水準が上がっているのだが、なぜ、どうしてそうなったのかを説明することは実際にはできないし、もちろん、それを意図的に引き起こすこともできない。私が専門家や政策や戦略が好きでない理由がおわかりだろうか？　私たちは何も知らずに巨大な地球規模の進化の波にもまれるモルモットであり、その波の発生源はきわめて不可思議な人間の社会制度、すなわち市場である。

イノベーションを十分に説明できるとは思えない。ルクレティウス派に言わせれば当然である——説明には全知が必要であり、広く散り散りになっている知識を集中させなくてはならないからだ。産業革命が計画されたわけではなく、何千という個々の部分的な知識の断片から出現して、世界を驚かせたのと同じように、現代のイノベーションもすべて、大勢の人々がアイデアを交換した結果である。私たちはイノベーションを予測することはできない。私たちに言えるのは、人々が自由に交換できるときはいつでも、なぜかイノベーションが出現するということだけだ。経済学者のラリー・サマーズは学生たちに語っている。「物事は指導も管理も計画もなしに、うまく組織された努力のなかで起こる。それが経済学者間のコンセンサスだ」。

## アダム・ダーウィン

スミス説はダーウィン説と同じように、進化のメカニズムに関する理論である。行き当たりばったりではないが、指図を受けているのでもない変化が、どうして起こるのかに関する仮説である。私が二〇一二年の講演で話したように、現在、スミスとダーウィンの主張がどれだけ似ているかを正しく認識している人はほとんどいない。一般的に、アダム・スミスは政治的右派に支持され、チャールズ・ダーウィンは左派に支持されることのほうが多い。たとえば、テキサスではスミスの説く創発的・分権的な経済は大人気だが、ダーウィンは統制的創造を否定していると、しばしば非難される。それに引きかえ一般的なイギリスの大学には、ゲノムと生態系の創発的で分散的な性質を熱心に信じているのに、経済と社会に秩序をもたらすために統制的政策を要求する人がいる。しかし、もし生命に知性あるデザイナーが必要ないのなら、なぜ市場に中央のプランナーが必要なのか？　ダーウィンが神を窓から放り出したのに対し、スミスも同じように確実に絶対的権力《リヴァイアサン》を持つ国家を窓から放り投げている。スミスによれば、社会は自発的に秩序づけられた現象である。そして彼もダーウィンが直面したのと同じ、困惑するような疑問を突きつけられる――社会はどうして指図されることなしに全体の利益のために働くのか?

経済の進化は生物の進化と同じで、変異と選択のプロセスである。実際、もっと近い類似点がある。私が『繁栄』（大田直子・鍛原多惠子・柴田裕之訳、早川書房）で主張したように、生殖が生物の進化に果たしているのと同じ重要な役割を、交換が経済の進化に果たしている。生殖なしには、自然淘汰は累積的な力にならない。異なる系統に起こる突然変異が合流することはありえず、生存競争はどちらかを選ばなくてはならない。たとえば、哺乳類の祖先にあたる種の二つの異なる個体が毛皮と乳（哺乳類の偉大なイノベーション二つ）を同じくらいの時期に発明したとしよう。その種が無性で、クローン作製のようなかたちで繁殖していた場合、二つのイノベーションは別々の競合する系統の中にとどまっていただろう。自然淘汰は――事実上――二つの系統のどちらが好ましいかを選ばなくてはならない。しかし有性の種であれば、個体は乳の遺伝子を母親から、毛皮の遺伝子を父親から、受け継ぐことができる。有性生殖のおかげで、個体は種のどこかで起こるイノベーションを利用することができる。

交換は経済の進化に同じ効果をおよぼす。交易が開かれていない社会で、ある部族が弓矢を発明し、別の部族が火を発明したとしよう。二つの部族は競争するようになり、火を持っているほうが優勢になれば、弓矢を持っているほうはそのアイデアを抱えたまま死に絶える。交易を行なう社会では、火をおこせる人たちが弓矢を持つこともできるし、その逆も可能だ。交易がイノベーションを累積する現象にする。交易がなかったから、本来なら高い知能を持っていたはずのネアンデルタール人の進歩が妨げられたのかもしれない。孤立した人間の部族は交易がなかったがゆえに、いろいろなイノベーション源を利用できる部族との競争で勝てないことが多かったに違いない。あなたはイノベーションについて自分の町を当てにせず、どこかよそでアイデアを獲得できる。私は毎日、何千何万というすばらしいイノベーションを利用している。その中には、私の町はもちろん私の国で考案されたものもほとんどない。

## 強い消費者

経済学ということになると、誰もがいまだに特殊創造説にとらわれている。経済学者のドン・ブードローの考えでは、ほとんどの人が信心とは無縁の有神論者であり、「自分たちの周囲の秩序を計画的に設計し、意図し、強要し、指導する、何か高次の力」が、社会的秩序も生み出したのだと信じているという。彼らは、「私たちが経験する経済的・社会的秩序の大部分は政府の産物であり、したがって、政府が消えるか義務をきちんと果たさなくなれば、必然的に消えるか混乱に陥る」と思っている。

自由市場は当てにならないと言われるのを、あなたもよく聞くだろう。そう言っている人たちは、イスにすわり、洋服を着て、携帯メールをチェックしながら、コーヒーをすすっている――そのどれもが何百何千という生産者によって供給されたものであり、生産者たちの見事な組織的協調は計画されたものではなく、「市場の力」によって実現したものだ。商業を可能にする道路、信号、航空管制、警察、そして法律を提供する政府がなければ、何も起こりえないと言われるのも、あなたはよく聞くだろう。そのとおりであり、アダム・スミスは貿易を海賊や略奪者や独裁者から守るのは国の役目だと考えた最初の人物だった。彼は無政府主義ではなかったのだ。しかしこのことから、社会的秩序は意識的に設計され強制されるという結論に飛びつくのは間違っている。コーヒーショップは現状のかたちをとるべきだと命じたのは誰だろう？　それは顧客である。

ルートヴィヒ・フォン・ミーゼスが一九四四年に指摘しているとおり、市場経済のほんとうのボスは顧客だ。

彼らは購買することによって、そして購買を控えることによって、誰が資本を持ち、工場を経営するべきかを決める。何を、どのくらい、どんな品質でつくるべきかを決定する。彼らの態度が企業者に利益または損失をもたらす。貧困者を豊かにし、富裕者を貧しくする。彼らはけっして優しいボスではない。気まぐれと空想が大好きで、変わりやすく予測不能だ。過去のものとなった利点など少しも気にしない。前より気に入るものや安いものを提供されたとたん、古い調達人を見捨てる。

ボスである顧客が気に入らないことをやったときの、大企業のもろさを見てほしい。コカ・コーラ社のニューコークは即座に最悪の事態を招き、会社は屈辱的な撤退を余儀なくされた。大企業は顧客の気まぐれに弱く、そのことをわかっている。自由市場商業は、これまで考案された人間組織の制度としては、唯一、普通の人々が仕切っているものだ――封建制度とも、共産主義体制とも、ファシズムとも、奴隷制とも、社会主義体制とも違う。

市場が提供できないので国が提供しなくてはならないものがたくさんあることは、まともな考えを持つ人々のあいだでは自明である。この概念に内在する摩訶不思議《まかふしぎ》なあいまいな考えは、めったに分析されない。市場が何かをできないからといって、なぜ、国がそのやり方をもっとよく知っているということになるのか？ これはたいていの場合、ドン・ブードローの言葉を借りれば、「奇跡を想定する」ことである。この二〜三世紀の政府の歴史を見ると、国民自身が十分に提供できないものを国が介入して提供するとき、状況は改善するとはかぎらない。悪化することのほうが多い。それでも「市場の失敗」という言葉はよく使われるが、「政府の失敗」はあまり聞かれない。

人間の六つの基本的ニーズを例に取ろう。衣、食、住、医療、教育、そして移動手段だ。大ざっぱにいって、ほとんどの国では市場が衣と食を、国が医療と教育を提供するが、住と移動手段は両者が一緒に提供している——政府に半独占権を与えられた民間企業、ひと言でいうと縁故《えんこ》資本主義である。

食と衣の価格はこの五〇年で着実に下がっているのに、医療と教育の費用は着実に上がっているとは、驚きではないだろうか？ 一九六九年、平均的なアメリカの世帯は消費支出の二二パーセントを食に、八パーセントを衣に使っていた。現在は食に一三パーセント、衣に四パーセントだ。しかも食と衣は両方とも、品質も種類も一九六九年以降、信じられないほど豊かになっている。それに引きかえ、医療費は世帯支出の九パーセントから二二パーセントへと倍以上になり、教育費は一パーセントから三パーセントへと三倍になっている。その質は両方とも、しばしば失望と不満の対象になっている。コストは上がり続け、質はそれほど上がらず、イノベーションはなかなか進まない。移動手段と住については、大まかにいって、市場が供給する部分——格安航空、住宅建設——は安く良くなっているが、国が供給する部分――インフラと国土計画――は費用が上がり、スピードは遅くなっている。したがって一見すると、市場のほうが人々の必要とするものを供給する仕事をうまくやっている（エンタテインメントのような、人々の望むものを供給するのも非常にうまい）。しかし比較が不公平かもしれない。医療は新たな治療法や長くなった寿命のせいで、コストが上がらざるをえない。教育にも同様の言いわけがあるかもしれないが、いまのところはっきり指摘することはできない。

それに、医療と教育は国が供給しなくてはならないのは厳然たる事実だ。なぜなら――えっと、なぜだろう？　市場は名乗り出る準備ができていないから？　とんでもない。市場は無知な消費者をだますから？　衣食の場合はそんなことをしていない、少なくともそれほどしていない。市場は富裕層にのみ供給するから？　これも衣食はそうでないことを示唆しているし、医学界の歴史もしかりだ。昔、医者はしばしば貧しい患者より裕福な患者に多くを請求し、前者の治療を援助するために後者を利用していた。メディケイドやメディケアのような医療補助あるいは医療保険の制度ができる前、アメリカの政治家で元医師のロン・ポールはこう書いている。「どの医者も自分は恵まれない人たちに責任を負っていると理解していて、貧困者には無料で治療するのが通り相場だった」。

## リヴァイアサンに代わるもの

事実とは逆に医療の提供を消費者が市場を通じて仕切ったら、政府関係者が国の名のもとに仕切るより低料金で高品質になり、食料の供給を消費者ではなく国が仕切ったら、高価格で低品質になるという説を吟味しようとするなら、一般的事実とは逆の状況が現実に手近にある。「いつ種まきをして、いつ刈り取りをするか、もしワシントンから指図されたら、すぐにパンが不足するはずだ」と、トマス・ジェファーソンは予知して書いている。ソ連では、国家が畑から食卓までの食料供給を独占していた——北朝鮮は今もしている。その結果が、悲惨な生産性、頻繁《ひんぱん》な食料不足、あきれるほどの品質低下、そして行列による——あるいは特権による——分配だった（北朝鮮ではいまもそうだ）。これはまさに、ここ数年にわたってイギリスの医療論争で目立っているテーマである。食料供給においては、消費者が実務改善とコスト低減を強要する規制者だが、医療の提供においては、説明責任が政府経由なので間接的で果たされるのに時間がかかり、規制者はしばしばサービス生産者のいいなりになる。

しかし一般的事実とは逆の状況で最も注目すべきは、友愛組合の歴史である。社会学者のデイヴィッド・グリーンが示しているように、イギリスでは友愛組合が一九世紀末から二〇世紀初頭にかけて雑草のように伸びた。一九一〇年までに、イギリスの手工業労働者の四分の三が組合員になっていた。友愛組合は小規模な地域の労働者組合で、組合員のために健康保険に入り、医者や病院による治療を取り決める。いい仕事をしない医者は外されるので、医者が委員会や理事の指揮下にある現在とは違って、患者に直接責任を負っていた。医者どうしの競争のおかげで給料は適度に抑えられたが、それでも高給取りだ。つまりこれは国民医療サービスであり、急速に成長して、万民にとは行かないまでも広く普及していた。労働者にとっては、直接では手が出ないような高価な治療も利用できるので心強い。自発的かつ組織的に出現し、会員数は一五年で倍増した。これは国家抜きの社会主義制度である。広がって進化し続けたであろうことは疑う余地がない。

しかし友愛組合には敵がいた。コンバインと呼ばれる民間の保険会社で組織されたカルテルは、このライバル組合に脅威を感じ、対策キャンペーンを講じた。医者の組合であるイギリス医師会も同じだ。ライターのドミニク・フリスビーの言葉を借りれば、「友愛組合制度のもとでは、顧客つまり患者が主導権を握っていて、医者は彼らに対して責任を負うという事実をひどく嫌った」。高慢な医者たちは、価格競争を強いられることはもちろん、労働者組合の意のままになることをいやがったのだ。このような友愛組合反対派が、財務大臣のデイヴィッド・ロイド・ジョージに働きかけ、「国民保険」制度を導入させることに成功した。この制度は友愛組合とはまったく違って、財源は万人に拠出強制されるいわゆる「人頭税」だけである。ロイド・ジョージは税収を使って医者の最低賃金を倍にし、うまいこと富を貧しい労働者から裕福な医者に移転させたのだ。診療費が高額になったため、じきに友愛組合の制度全体が弱体化しはじめる。一九四八年には医療産業が国有化され、国家がすべての医療を提供するようになった。医療は無料で受けられ、「なんでも知っている政府の人」が決定するのだ。

もちろん、国営制度にも優秀な医者はいるし、友愛組合制度にも悪い医者はいた。そしてもちろん、友愛組合制度の時代以降、科学技術のおかげで医療は劇的に変わった。しかし友愛組合の制度も進化し、イノベーションを経て、賃金の上昇に対応し、発見を促しただろう。二一世紀の友愛組合の健保制度がどんなふうになっていたかを知ることはできないが、市場主導の制度の進化についてわかっていることすべてをふまえると、貧困者をはじめ万人のニーズに応じ、急速に発展したと思われる。一九一〇年の小さな商店と現在のスーパーマーケットとの違いと同じくらい、当時から変わっていただろう。
最悪なのは、イギリス国民保健サービスがけっして完全な国営ではないことだ。治療の提供は国営化され、委員会が決定する。しかしあなたを治療する労働者、つまり医者は、恵まれた条件で民間契約する。現代生活ではよくあることだが、国は費用を社会に負担させ、報酬を私物化している。それは租税を資金に君主がやっていたことであり、十分の一税（訳注　教会の維持などのために収穫の一〇分の一を納めた制度）を資金に修道士がやったことであり、敵船の拿捕をねらう海軍指揮官がやったことであり、腐敗した植民地の権力者がやったことだ――そして現代の放送局、芸術家、科学者、公務員、そして医者が、ほぼ一人残らずやっている。彼らは賃金や予算や助成金を国家に頼っている。これが現代の知識階級《インテリゲンチャ》である。

その周囲に、収入を民間から料金のかたちで得ているが、豊かな国庫からも驚くほどたくさん直接得ている者たちが、大勢群がっている。すなわち銀行家、弁護士、建築家、環境問題専門家などである。知って（少し）驚いたが、議会の仕事を支配しているのは、規制を行なうため、動向を調べるため、裁判の判決を下すため、発電所を建造するため、名目はなんであれ、リヴァイアサンがお金を自分たちのほうに流すことを要求し、利潤を追求するプロたちなのだ。最悪なのは実業家である。彼らが進化する自由市場を必要としているというのはつくり話だ。実際には、議会の合図一つで決まる特権と独占を求めている。アダム・スミスがこう言ったのは間違いではなかった。「同業者が集まると、楽しみと気晴らしのための集まりであっても、最後にはまず確実に社会に対する陰謀、つまり価格を引き上げる策略の話になるものだ」（山岡訳）。

# 第７章　テクノロジーの進化

そこで、銅の方が重んじられ、黄金は刃が鈍くなって役に立たなくなると云う理由から、なまくらだとして省られなくなっていた。ところが現今では、銅の方が省られず、黄金が最高の名誉の位置に登っている。変転すべき時は、物の流行を此のように変えてしまうものである。かつては価値のあったものが、遂には少しも珍重されなくなり、やがて何か別のものが現われ、蔑まれている物の中から抜け出《い》で、日ましに人々に争い求められ、見つけ出されると称賛を浴びて栄え、死すべき人間の間に驚くべき名誉を得てしまうものである。

――ルクレティウス、『物の本質について』第五巻より

電球は発明の比喩であると同時に、それ自体素晴らしい発明だ。想像してみてほしい。電流を通すと白熱して光る（しかし燃え尽きはしない）フィラメントを作るにはどうすればいいか、あなたが考えなければならないとしたらどうだろう？　フィラメントはガラスの球ですっぽり包まねばならない

し、なかから空気を吸い出して、真空に近づけなければならない。けっして単純な話ではない。発明として、ほかのどんなものよりも役に立ち、害を及ぼさなかったと言えよう。何十億もの人々に、夜と冬を照らす安価な灯りをもたらした。ロウソクや灯油につきものの、煙と火事の危険を根絶した。それまでよりはるかに多くの子どもたちに教育が行き渡ることを可能にした。前著で私が述べたように電球は、平均的な賃金の人が人工的な照明を一時間使うために働かねばならない時間を一秒以下に減らした。この必要労働時間は、最盛期の石油ランプでは数分、獣脂ロウソクでは数時間だった。電球が尋問でも使われてきたのは確かだが、物事の悪い面を見るのはよして、トマス・エジソンが生まれたことを神に感謝しよう。

トマス・エジソンが、電球を思いつく前に感電死してしまったとしよう。歴史は完全に違っただろうか？　もちろんそんなことはない。誰かほかの者が電球を思いついただろう。実際、ほかの人々も電球を発明している。私が暮らしているところでは、イギリスの工業都市ニューカッスル・アポン・タインのヒーロー、ジョゼフ・スワンを白熱電球の発明者と呼ぶことが多いが、これは間違っていない。スワンは自分の電球をエジソンより少し早く実際に点灯させてみせており、この二人の発明家は共同で会社を作ることで優先権争いを解決した。ロシアでは、アレクサンドル・ロディーギンが白熱電球の発明者とされている。実際、ロバート・フリーデル、ポール・イスラエル、バーナード・フィンが書いた電球の歴史に関する本によれば、何らかのかたちの白熱電球をエジソンより早く発明した功績で称賛に値する人が二三人もいるという。すぐに納得されない方も多いだろうが、電気が広くゆきわたると、電球が歴史上実際に発明されたそのころに発明されることは、まったくの必然だったのだ。エジソンはたしかにすごい人物だったが、彼がいなくてもいっこうに困らなかったわけで、不可欠ではなかったのである。イライシャ・グレイとアレクサンダー・グラハム・ベルが電話に関する特許をまったく同じ日に出願したという事実を考えてみてほしい。もしも二人のどちらかが、特許局に行く途中で馬に踏みつけられていたとしても、歴史はほとんど変わらなかっただろう。

私はこれから、発明も進化的なプロセスだと論じていくつもりだ。世界を変えるようなアイデアを思いついた神のような天才たちによって技術は発明されたのだと私は教わった。蒸気機関、電球、ジェットエンジン、原子爆弾、トランジスター——これらは、スティーヴンソン、エジソン、ホイットル、オッペンハイマー、ショックレーのおかげで生まれたのだと。彼らが創造者だった。私たちは、世界を変えたのは発明者たちの功績だと認めるのみならず、彼らに賞や特許を惜しみなく与える。

だが、彼らはほんとうにそんな厚遇に値するだろうか？　もちろん私も、検索エンジンのグーグルについてはセルゲイ・ブリンに、私のマックブックについてはスティーヴ・ジョブズに、ゼロという数についてはブラーフマグプタ（アル＝フワーリズミーとフィボナッチを介して）に感謝している。だからと言って、仮に彼らが生まれていなかったなら、検索エンジン、使い勝手のいいラップトップ型パソコン、そしてゼロが今なお存在していなかった、とまで考えるかどうか。一八七〇年に電球発明の機が熟していたのとちょうど同じように、一九九〇年には検索エンジン発明の機が熟していたのだ。一九九六年にグーグルが出現したころまでには、すでに多数の検索エンジンが存在していた。最もよく知られているものだけでも、アーチー、ヴェロニカ、エキサイト、インフォシーク、アルタヴィスタ、ギャラクシー、ウェブクローラー、ヤフー、ライコス、ルックスマート……などがある。おそらく、当時グーグルと並ぶほどいいものはなかったのだろう。だが、他の検索エンジンだって、ひょっとしたらグーグルより優れたものになっていたかもしれない。

じつは、ほとんどすべての発見と発明は、いろいろな人が同時に行なうのであり、その結果、ライバルどうしで互いに相手を、情報を盗んだと非難しあう激しい争いが起こってしまう。電気が使われるようになった初期に『電気の時代（*The Age of Electricity*）』を書いたパーク・ベンジャミンは、「電気に関する少しでも意味のある発明で、その最初の発明者だという栄誉が二人以上の者によって主張されなかったものは、これまでにない」と述べた。

この現象は、あまりに頻繁《ひんぱん》に起こっているところを見ると、発明の必然性について何かを教えるものであるにちがいない。ケヴィン・ケリーが『テクニウム』（服部桂訳、みすず書房）という著書に記しているように、温度計には六人の異なる発明者がおり、皮下注射針には三人、予防接種には四人、小数には四人、電報には五人、写真には四人、対数には三人、蒸気船には五人、電気鉄道には六人の発明者がいることが知られている。これは人的資源における冗長性を物語っているか、さもなければ壮大な偶然の一致である。これらのものは、それらが発明または発見されたちょうどそのころに、そうなるべくして発見または発明されたのだ。歴史家のアルフレッド・クローバーは、発明の歴史は、「並行した出来事の無限の連鎖」だと述べる。

技術のみならず科学でも同じことが起こっている。英語圏でボイルの法則と呼ばれているものは、フランス語圏ではマリオットの法則と呼ばれる。ゴットフリート・ライプニッツが微積分を独自に発明したという正当な主張をしたとき、アイザック・ニュートンは、猛烈な怒りを彼にぶちまけた。チャールズ・ダーウィンがとうとう進化論を出版せざるをえなくなったのは、アルフレッド・ウォレスがダーウィンとまったく同じ本（マルサスの『人口論』）を読んで、まったく同じ考えに到達したからだった。一八四〇年代、海王星の発見者はジョン・アダムズなのかユルバン・ルヴェリエなのかを巡る議論が論壇で常ならぬ高まりを見せ、イギリスとフランスのあいだで戦争が起こる寸前の状況になった。その機能停止がほとんどの癌《がん》の悪化に重大な影響を及ぼすと考えられている腫瘍抑制遺伝子*p53*は、一九七九年にロンドン、パリ、ニュージャージー、ニューヨークの四つの異なる研究所でそれぞれ独自に発見された。

唯一の発見者という玉座から引きずり降ろされる運命は、アインシュタインでさえ免れることはできない。一九〇五年に彼が特殊相対性理論としてまとめた考え方は、ほかの人々、とりわけアンリ・ポアンカレやヘンドリク・ローレンツらによってすでに構築されつつあった。だからといってアインシュタインの能力がおとしめられるわけではない。彼がそこにほかの誰よりも早く到達し、誰よりも深い理解を得たことは明白だ。しかし、二〇世紀の前半に相対性理論が発見されぬままだったとは、とても想像できない。二〇世紀の後半に遺伝子コードがずっと発見されぬままだったとは想像できないのと同じだ。一九五三年のDNAの二重らせん構造の発見については、最初に構造を解明した二人に功績のほとんどが帰せられてしまい、この洞察につながったさまざまな努力を担った人々の貢献が認められていないという非難が今日《こんにち》なお収まっていない。フランシス・クリックは、二重らせんの解明におけるパートナー、ジェームズ・ワトソンについて次のように述べている。「もしもジムがテニスボールのぶつかったのがもとで死んだりしていたら（訳注　ワトソンは大のテニス好きだった）、私ひとりでこの構造を解明することはできなかったのは間違いないと、私は納得している。だが、誰がひとりで成し遂げられたというのか？」実際、モーリス・ウィルキンス、ロザリンド・フランクリン、レイモンド・ゴズリング、ライナス・ポーリング、スヴェン・ファーヴァーグなど、候補者は大勢いた。二重らせんと遺伝子コードは、ずっと隠れたままではありえなかったのだ。

遺伝学の父、グレゴール・メンデルは、同時発見の法則の例外として興味深い。遺伝形質を担う、分割不可能らしき遺伝粒子（今でいう遺伝子）が形質ごとに独立して組み合わされるという、彼が得たまったく新しい洞察は、一八六〇年代においては孤立したもので、類似の発見は皆無だった。とはいえ異論を唱えることは可能で、トマス・ナイトという男が数十年前、紫色の花が咲くエンドウと白い花が咲くエンドウとを交配すると、その子孫のほとんどが紫色の花をつけることに気づいたとき、メンデルと同じ洞察を垣間見《かいまみ》たかもしれない。だが興味深いことに、ナイトもメンデルも、時代に先んじすぎていた。遺伝子という考え方はまだ熟しておらず、類似のものを予見した科学者もなければ、必要とした科学者もなかったので、無視され、実際忘れられてしまった。三五年後の一九〇〇年になって、まったく突然に三人の科学者が遺伝子に関する同じ洞察をたまたま得て、遅ればせながら――そしてしきりにせっつかれてようやく――メンデルの功績を認めた。同時再発見の例である。重要なのは、遺伝学は一九〇〇年には誕生するに十分機が熟していたが、一八六五年にはまだそこまでいっていなかったということだ。発見が起こるのを阻止することができないのと同じように、発見を大幅に早めることもできないのだろう。

多数の同時発見の例を前に、やはり剽窃《ひょうせつ》が行なわれたのが疑われると思う方がいらしたら、原子核の連鎖反応について考えてみていただきたい。連鎖反応を起こすに必要な臨界質量を計算するための、四因子公式という式がある。完全な極秘裏に研究が進められていたが、アメリカの三チーム、そしてフランス、ドイツ、ソ連の各チームの、合計六つのチームがそれぞれ独自に四因子公式を発見した。日本のグループもあと一歩のところまで達し、イギリス人たちはアメリカの研究に貢献した。

## 止められない技術の進歩

同時発見、同時発明が世に遍在する、必然の現象であることを考えれば、特許もノーベル賞も本質的に不公平なものだ。そして実際、ノーベル賞が決まったあと、ひどくがっかりする十分な理由があって、ひどくがっかりする者が何人も出る。また、これは科学と技術に限られた話でもない。ケヴィン・ケリーは、同じような筋書きの映画や、同じようなテーマの本が同時にいくつも出てくる例を多数挙げている。彼は、Ｊ・Ｋ・ローリングを読んだはずのない作者による、世に埋もれた多くの本のなかに、不思議にハリー・ポッターを先取りしたようなテーマが登場している例を列挙したのにつづけて、次のように素っ気なく述べているが、まったくそのとおりだ。「ハリー・ポッターの周囲には大金が渦巻いていることからすると、奇妙に聞こえるかもしれないが、魔法学校に通い、フクロウをペットにしている魔法使いの子どもたちが、鉄道のプラットホームから異世界に入るという物語は、現時点の西洋文化において必然的なのだということがわかる」。

技術の進歩には圧倒的な必然性があることを強調する現象がほかに二つある。ひとつめは、生物学者が収斂《しゅうれん》進化と呼ぶものに相当する現象だ。つまり、ある問題に対する同じ解決策が、まったく違ういくつもの場所で登場するという、進化のひとつの特徴である。たとえば、古代エジプト人と古代オーストラリア人は示し合わせたわけでもないのに、きわめてよく似た、湾曲したブーメランを発明した。アマゾンとボルネオの狩猟採集民はどちらも、サルや鳥に毒を塗った矢を放つことのできる吹き矢を発明した。注目すべきことに、吹き矢でうまく狙いをつけるためには、両手で顔の前に持って据えるとき、完全に静止させるのではなく、ゆっくりと回しながら使うほうがいいという、直感に反するこつをちゃんと発見したという点も両者に共通している。

技術的変化の必然性を示すもうひとつの証拠は、進歩が徐々に、かつ容赦なく進み、阻止することはできないということにある。この最もわかりやすい例がムーアの法則だ。一九六五年、コンピュータの専門家ゴードン・ムーアは、一枚のシリコンチップの上の「組み込まれた機能ごとの部品数」が時間によってどう変化するかを表す小さなグラフを描いた。データ点はたった五つしかなかったが、彼はそこから、一枚のチップ上のトランジスタの数は一八カ月ごとに倍増しているようだという結論を導き出した。彼は友人であり同僚であるカーヴァー・ミードに頼んで、このようなトランジスタの縮小傾向を制約しうるものは何かを明らかにする計算をさせた。ミードは、縮小はチップの集積度を上げるのみならず、チップをより効率化していることを見出した。つまり、縮小によってスピードはあがり、電力消費は抑えられ、システムの信頼性は向上し、コストは下がる。ムーアはこう述べた。「ものを小さくすることで、すべてが同時によくなっていく。トレードオフを考慮する必要は皆無に等しい」。

それ以来、コンピュータはムーアの法則に気味が悪いほど則《のっと》って進歩しており、ずれはほとんどないと言っていい。ムーア自身は、トランジスタのサイズが直径二五〇ナノメートル（訳注　一ナノメートルは一〇のマイナス九乗メートル、すなわち一〇億分の一メートル）に達したときに限界に至るだろうと予測していた。しかし、一九九七年にそのサイズに達しながら、縮小はなおも続いている。この途方もない、予測を裏切らない規則性をどう説明すればいいだろう？　うーん、それは予測が自己達成しつつあるんだよ、科学技術者たちは改良が可能だとわかっているから、ムーアが言ったペースで改良が進むようにやっているだけさ。でも、部下たちに一足飛びをして前進しろと発破をかけた企業家は、よそより大いに優位になるんじゃない？　と、あなたは言うかもしれない。残念だが、そんなことはなさそうだ。二〇〇五年に二〇一五年のコンピュータを作ることはもちろん、想像することすら不可能だったし、一九六五年ならなおさらだ。このあいだにある多数のステップがきわめて重要だ。生物の種の進化と同じように、介在する各ステップが実際にありうる構造のものでなければならない。

それでも賢い人たちはムーアの法則を未来へのガイドとして使い続けている。アルヴィー・レイ・スミスとエド・キャットマルが、コンピュータ・アニメーション映画を作るためにピクサー・アニメーション・スタジオを設立したとき、彼らはそれまでに、類似のプロジェクトを二度延期していた。コンピュータによる映像制作にはまだ時間もコストもかかると判断したからだ。二度めの企画をあきらめたあと、スミスはムーアの法則に則って、コンピュータ・アニメーション映画がものになるとはっきりするまでにあと五年だと予測した。ムーアの法則は、「コンピュータは五年ごとに飛躍的に向上する」と言い換えることができるからだ。というわけで、五年後にディズニーがピクサーに『トイ・ストーリー』の制作を持ちかけたとき、彼らはこれを承諾し、その後の話は、みなさんもご存知のとおりだ。

アメリカの発明家で人工知能研究の第一人者レイ・カーツワイルは、驚くべき発見をした。ムーアの法則は、シリコンチップが存在する以前から成り立っていたのだ。コンピュータの能力を、今とはまったく違う技術が使われていた二〇世紀初頭にまで外挿してみたところ、対数目盛りで直線のグラフが得られたわけである。集積回路など存在するはるか以前の電気機械式リレー、真空管、トランジスタもみな、一本の直線の上にのっていた。言い換えれば、一〇〇ポンドで買える計算能力は一〇〇年にわたって、二年ごとに倍増してきたのだ。技術が切り替わってもムーアの法則が続いているなら、次の技術の切り替わりで同じことが起こらないと考える理由はない。チップの縮小化の限界に達したなら、ほかの技術においてコストの急落が続くだろう。

また、コンピュータ時代に発見された規則性はムーアの法則だけではない。クライダーの法則は、コンピュータのハードディスク記憶装置のコスト・パフォーマンスは年四〇パーセントの割合で指数関数的に向上するという。クーパーの法則は、一八九五年にマルコーニが初めて無線電信を行なって以来、同時に可能な無線通信の数は三〇カ月ごとに倍増しているとする。これらは、ムーアの法則とはほとんど関係ない。さらに不思議なことに、これらの法則は激動の二〇世紀をとおして歩調を乱すことなく、たゆまず成り立ち続けている。ウォール・ストリート・ジャーナル紙に寄稿した記事のなかで私が次のように述べたとおりだ。「いったいどうして、世界大恐慌で技術の進歩が減速しなかったのだろう？　どんなわけで、第二次世界大戦中に資金が大々的に投入されたのに、技術は加速しなかったのだろう？」

ムーアの法則とその仲間たちの示す奇妙な規則性が成り立つ理由は、技術が自らの進歩を駆動させていることにありそうだ。どの技術も、次の技術が生まれるためには欠かせない。ムーアの法則が稼働している現場で働くある人物は、自分の役割を次のように説明している。「われわれは個々のステップを実行して、それが実際にうまく行くかどうか確認してはじめて、次のステップに進むに必要な勇気、洞察、そして技術面での熟達を得る」。

そして実際、石器時代から今日に至るまで、あらゆる大陸で、技術はそのような歴史をたどっている。どこを見ても、技術はひとつのツールから次のツールへと厳《おごそ》かに進み、一足飛びをしたり、脇にそれたりすることはめったにない。ケリーが述べているように、順序はいつも同じで、異なる大陸どうしでかなりの相関がある。「火の直後にナイフが必ず現れ、ナイフの直後には人間の埋葬が必ず現れ、溶接の前に必ずアーク放電が現れる」。今日に至るまで、農業で成功し、続いて製造業で成功したあとでなければ、知識経済の国になることは非常に難しい。日本、韓国、中国、インド、モーリシャス、そしてブラジルが、近年この道を歩んできた。また、イギリスとアメリカは一八世紀、一九世紀、そして二〇世紀をとおして、もっとゆっくりしたペースでこの道を進んだ。

この経路依存性はある意味自明である。鋼鉄、セメント、電気、そしてコンピュータを発明し、原子核物理学を理解してからでなければ、ウランを採掘する意味はあまりない。技術は進化のように、「隣接可能領域《アジェイサント・ポシブル》」――進化生物学者スチュアート・カウフマンの造語――へと進む。遠い未来へと跳躍することはない。私は最近、登場すべきときをずっと過ぎてしまってから現れた発明、つまり、実際に発明された時期よりももっと早く発明されていてしかるべきだったものの例をさがそうとした。

今私たちは当たり前と思っているけれど、私たちの祖父母が手にしていたならよかったのにと思えるようなものだ。これが意外と難しく、なかなか例を思いつかない。これはよい例ではないかと思ったのが、車輪つきのスーツケースである。若かりしころ、鉄道の駅まで重たいカバンを運んだ日々を思い出したのだ。一九七〇年、バーナード・シャドウは、空港でポーターがカートに客のバッグをいくつも乗せて運んでいるのを見て、キャスター付きスーツケース——実際には四輪付きのスーツケースを犬に付けるようなリードで引っ張るものだったが——の特許を出願した。多くのスーツケース製造業者が、彼の発明を真剣にとりあおうとはしなかった。一七年ののち——一九八七年のことだ！——、ロバート・プラスという民間航空会社のパイロットが二輪付きのスーツケースを伸び縮みするキャリーハンドルで引っ張るというアイデアを思いついた。どちらももっと早く思いつかれていてもよかったのでは？　じつのところ、私にはよくわからない。一九七〇年よりも前、空港はもっと小さく、空港のすぐそばまで車で乗り付けられたし、チェックインする場所も近く、鉄道の駅ではポーターたちが車のついたカートを持っていて荷物を運ぶのを手伝ってくれた。そんなわけで、スーツケースそのものにわざわざ車輪を付ける必要などなかったし、当時そんな車輪は重たい鋼鉄で作るしかなかったのだからなおさらだ。今振り返ってみると、一九七〇年はおそらく、プラスチックとアルミニウムを使って、スーツケースを乗せて物を運搬する台車の車輪として実用的なものが初めて作られた節目だったのだろう。現実には、発明が遅れることはめったにない。発明は歴史のなかで、それが登場することが最も理に適《かな》うときに起こる。最初のラップトップは、コンピュータが十分小型化され、少なくともみなさんの膝をつぶして床に穴を開けないサイズになった一九八二年に登場した。

## 海が舟の形を決める

ケヴィン・ケリーが二〇一一年に刊行した『テクニウム』は、技術を進化論の言葉で説明しはじめた最近の本の一冊にすぎない。二〇〇九年、サンタフェ研究所のブライアン・アーサーは『テクノロジーとイノベーション』（有賀裕二監修、日暮雅通訳、みすず書房）という本を出版し、そのなかで「新しい技術は既存の技術を組み合わせることから生じ、（したがって）既存の技術はさらなる技術を生み出す。……技術は自らのなかから自らを作り出すと言うことができる」と結論づけた。彼は、技術が進歩する過程で有用なイノベーションが着実に蓄積していくことに、明らかなダーウィン的テーマを見て取ったのだ。私も、二〇一〇年の本、『繁栄』で同様の主張をしている。セックスの結果、遺伝子が組み換えられて生物学的に新しいものが生まれることと、人間どうしのやりとりの結果アイデアが組み換えられて技術的に新しいものが生まれることのあいだに類似性があるという発見に人々の関心を引いたのだ。「アイデアどうしがつがう」という考え方によって、革新は自由な交易に勤《いそ》しむ開かれた社会のなかで起こる傾向のあることが説明づけられる。同じ年、スティーヴン・バーリン・ジョンソンは『よいアイデアはどこから来るのか――イノベーションの自然史（*Where Good Ideas Come From: The Natural History of Innovation*）』を出版し、技術の歴史は生物進化と同じように、「徐々にだが弛《たゆ》まず進められる、隣接可能性《アジェイサント・ポシブル》の探索であり、新しいイノベーションのそれぞれが、探るべき新しい道を拓《ひら》く」という考え方を展開した。経済学が専門のジャーナリスト、ティム・ハーフォードは、二〇一一年の著書『アダプト思考』（遠藤真美訳、武田ランダムハウスジャパン）のなかで、

「複雑な社会においては、試行錯誤は問題解決のためのきわめて強力なプロセスだが、専門家のリーダーシップはそうではない」と指摘した。知性あるものの設計という考え方は、進化を説明するうえで無用の長物だが、社会を説明するにも使い物にならない。

私たち五人の著者がみな互いに盗用しあったか、二一世紀の最初の一〇年の終わりごろに技術の歴史は進化のプロセスと細部まで似ていることが同時多発的に発見された（エッヘン！）かのどちらかだ。技術も生物のように進化するという考え方の、機が熟していたのだ。もちろん私たちは、「機械に囲まれたダーウィン（Darwin among the machines）」――一八六三年のサミュエル・バトラーのエッセイの題である――に気づいた最初の者たちではない。バトラーの少しあと、人類学者のオーガスタス・ピット・リバースは部族民たちの武器について、まさに進化がそこに起こっている印である、「変化を伴う由来」を示す系統樹を描いている。

これらが刺激の役割を果たして、発明は天才の偶然のひらめきで起こる英雄的なものという見方に対する異論が初めて唱えられた。いやいや、技術は徐々にではあるが容赦なく進歩するのだというわけだ。一九二〇年代、アメリカの社会学者コラム・ギルフィランは、船の系統を蒸気船から丸木舟までさかのぼって辿り、発明はいきなりなされるという物語に覆い隠された、技術の進歩は徐々に進むという事実があるのだ、またどのステップも、直前のステップが実際に起こってしまったなら、不可避的に続いて起こってしまうのだと示唆した。一九二二年、ウィリアム・オグバーンは本格的な創発《そうはつ》的発明の理論を構築し、「発明に使えるものが多ければ多いほど、発明の数は増える」と主張した。経済学者ヨーゼフ・シュンペーターとフリードリヒ・ハイエクは二人とも、経済を明らかに進化論的に捉えた。さまざまなアイデアが新しいかたちで結びつき、トレンドが押し付けられるのではなく自《おの》ずと出現する、ひとつの系として経済を捉えたわけだ。一九八八年、ジョージ・バサラは『技術の進化（*The Evolution of Technology*）』という本を書き、相前後して起こる発明どうしには連続性があることを強調した。彼は、イーライ・ホイットニーの綿繰り機について、それはどこからともなく思いつかれたものではなく、すでに使われていたインドのチャーカという回転式の糸紡ぎ機を応用したものだと指摘した。バサラはさらに、プロペラがターボジェットエンジンに取って代わられたことや、真空ダイオードがトランジスタに取って代わられたことなどを不連続で大きなジャンプだとすることさえ間違っていると結論した。ターボジェットにもトランジスタにも、背後には徐々に進んだ長い歴史がある――タービンと鉱石ラジオ受信機という、別のもののなかでではあったが。こうした連続性を強調しようとしてバサラは、最初の自動車はエンジン付きの四輪自転車とそう変わらないものだったと指摘している。

技術を進化として捉えた洞察として最も美しいもののひとつが、一九〇八年に哲学者「アラン」（本名エミール・シャルティエ〔訳注　一九二五年の『幸福論』で有名なフランスの思想家〕）が述べたものだ。彼は漁師の舟について次のように記した。

どの舟も別の舟を元に、それを真似て作られる。……ダーウィンの方法に倣《なら》って、次のように考えてみよう。出来の悪い舟は一、二回海に出ただけで海底に沈んでしまい、けっして真似されないだろうことは明らかだ。……したがって、機能する舟を選び、そうでないものを破壊することによって、海そのものが舟を形作るのだと、厳然と言い切ることができる。舟の形を決めるのは海である。このように根本から捉え直すことにより、今世紀、技術の進化について新しい考え方が波のように高まって、世界をひっくり返している。

市場についてもほぼ同じことが言える。実際、ピーター・ドラッカーが名高い一九五四年の著書、『現代の経営』（邦訳は上田惇生訳、ダイヤモンド社など）で述べたように、顧客が企業を形作るのも、これとほとんど同じやり方だ。「ある事業が何であるかを決定するのは顧客だ。なぜなら、品物またはサービスに意欲的に代価を支払うことによって経済資源を富に、物体を商品に変換するのは、顧客以外の何者でもないからだ」。

技術《テクノロジー》と生物《バイオロジー》の類似性は、どちらも世代を下りつつ変化していくことや、どちらも試行錯誤によって進化することにとどまらない。生物も技術も最終的には、情報の系の集まりに要約される。人体がそのＤＮＡに書き込まれた情報の発現であり、その人体が秩序ある構造をなしているという事実が、エントロピーの対極としての「情報」のひとつの発現であるのと同様に、蒸気機関、電球、あるいはソフトウェア・パッケージはそれ自体、秩序をもって構成された一個の情報なのだ。その意味で技術は、無秩序な世界に情報に基づく秩序を強制的に与える、生物進化の延長上にある。

そのうえ技術は、これまで生物的な実体の特徴だったのと同種の自律性を示しはじめている。ブライアン・アーサーは次のように論じる。「技術は自らを維持するためのエネルギーを取り込み放出するのと並行して自己組織化し、また再生し、自らの環境に反応し、適応することもできるので、実質的にひとつの生命体と呼ぶに値する。少なくとも、サンゴ礁が生命体だというのと同じ意味で」と。技術が、それを作り維持する動物（人間）がいなければ存在しえないのは確かだが、それはサンゴ礁とて同じだ。そして、技術に関してこの状態がいつまで続くか、誰にもわからない。技術が自らを作り維持するときがいつか来るかもしれないではないか？　ケヴィン・ケリーに言わせれば、「テクニウム」――私たちの機械をすべて合わせたもの全体がなす、進化する生命体をケリーが呼ぶ名前――はすでに「しばしば自らの衝動に従う、きわめて複雑なひとつの生命体」なのだ。それは「すべての生命体がほしがるものをほしがる。すなわち、自らの永続である」。インターネットのハイパーリンクの数は、二〇一〇年までには脳のシナプスの数とほぼ同じになっており、現在インターネット内で行なわれている呟《つぶや》きのうちかなりの割合が、人間ではなくいろいろな装置から発せられている。インターネットを停止させることは、事実上不可能な状況にすでに来てしまっているのだ。

テクニウムがほんとうにそれ自体の進化を推進する力を持っているのなら、新製品を開発するには、新製品を設計《デザイン》するのではなく、技術の進化を促進しなければならない。航空機メーカーのロッキード社は、早くも一九四〇年代にこの考え方をとり、「スカンク・ワークス」と名づけた研究チームを作り、ほとんど手当たり次第に、さまざまな新しい設計《デザイン》をいじくり回させた。U－2偵察機、ブラックバード偵察機、そしてステルス攻撃機は、このスカンク・ワークスから生まれた。グーグルも同様に試行錯誤を旨《むね》とする会社に転身し、社員たちに二〇パーセントの時間を自分自身のプロジェクトに使うよう奨励した。数年前、多国籍企業のプロクター・アンド・ギャンブル社は独占的・選択的研究という考え方に見切りをつけ、「オープン・イノベーション」という方針に切り替えた。優れたアイデアを生み出した人々とパートナーを組んでそのアイデアを取り込むことにしたのだ。これが「コネクト・アンド・ディベロップ（結びついて開発する）」と呼ばれるプロジェクトで、同社によれば成果があがっているそうだ。たとえば、シンシナティ大学をはじめとするパートナーらとともに〈リブ・ウェル・コラボレーティブ（充実した人生のための協同プログラム）〉を立ち上げ、高齢者のニーズを満たす製品をいかに設計《デザイン》すればいいかというアイデアを集めようとしている。このイニシアチブからすでに二〇以上の製品が生まれている。

技術は進化する実体で、担っている人間が誰なのかにかかわらず進歩を続けると捉える新しい見方は衝撃的なメッセージをはらんでいる。人間はプロセスのなかの駒にすぎない。私たちはイノベーションの波を起こすのではなく、むしろそれに乗るのだ。技術が自らの発明者を見出すのであり、逆ではない。全人類の半数を死滅させでもしないかぎり、技術の進化を止める手立ては私たちにはほとんどないし、人類の半分が死んだって、技術は進化しつづけそうだ。実際、技術の禁止や規制の歴史を見ればこれは明らかである。明朝の中国は大型船を、江戸時代の日本は銃を、中世イタリアは絹糸紡績を、一九二〇年代のアメリカは酒を禁じた。このような規制が長期間続くこともある——中国と日本の例は三世紀続いた——が、競争があるかぎり、結局どれも終わってしまう。そのあいだ世界のほかの場所では、これらの技術が発展しつづける。

今日、ソフトウェアの開発が停止するなどという事態は想像できない。（たとえば）国連がどんなに強硬にソフトウェア開発を禁止しようとしても、世界のどこかで、どこかの国がプログラマをかくまうだろう（ばかばかしい話だが、これがばかばかしいと感じることそのものが私の主張が正しい証拠だ）。投資や国の規制が必要になる、より大規模な技術では、技術の発展を阻止するのはもっとたやすい。たとえば、欧州は二〇年間にわたり、農作物の遺伝子組み換えを予防原則の名のもとに事実上禁止することにそこそこ成功しているし、シェールガスに対しても、主に「水圧破砕」（訳注　地下の岩体に超高圧の水を注入して亀裂を生じさせて砕く手法）という言葉の響きが不穏なことにつけこんで、同様の阻止を図っているように見える。だが、ここでさえも、これらの技術を世界中で止められるという希望はない。遺伝子組み換えと水圧破砕はどこか別の場所で進歩しており、農薬の使用量と二酸化炭素の放出量をそれぞれ低下させている。

そして、技術を止めることができないのなら、おそらく技術を舵取りすることもできないだろう。ケリーの言葉を借りれば、「テクニウムは、進化が始めたそのことを、欲している」のだ。技術の変化は、私たちが気づいているよりもはるかに自然発生的である。外側だけを見れば、発明者の英雄的で革命的な物語だが、じつは内側では、容赦なく、着々とした、避けることのできないイノベーションが密かにたゆまず進んでいるのである。

## 特許懐疑論

ここまで、イノベーションは徐々に、不可避的に進む、集合的なものであると論じてきたので、私が特許や著作権法はあまり好きではないと言っても、驚く人はいないだろう。個人に対して過大な称賛や報酬を与える特許や著作権法は、技術は突然大きく向上して進化するとほのめかすものにほかならない。西洋社会において、特許と著作権が創造性を奨励するうえで大きな役割を果たしてきたとしばしば主張されるが、私はそんな主張には納得できない。シェイクスピアは著作権による保護などなくても驚異的な戯曲をいくつも書いた。上演から数週間のうちに、観客のなかの誰かが走り書きした安価なコピーがロンドン中で売り歩かれたのである。

思い出していただきたい。元々特許とは、発明者に報酬として独占的な利益を与えるためのものではなく、彼らが発明を人々と共有するよう奨励するためのものだった。これを達成するためには、ある程度の知的財産法が必要だということは明らかだ。しかし、現状ではそれが行き過ぎになってしまっている。ほとんどの特許は今、アイデアを共有するという目的と同じぐらい、独占を擁護してライバルたちを抑止する目的を重視している。そしてこのことが発明を阻止しているのだ。多くの企業が特許を新規参入への障壁として使っており、彼らの知的財産を侵害する新参の革新者を相手に――彼らが何かほかのことを目指していてたまたま抵触してしまっただけのときでさえ――訴訟を起こしている。第一次世界大戦前の数年間、航空機メーカー各社は特許訴訟でお互いをがんじがらめにしあい、イノベーションが減速し、ついにアメリカ政府が介入する事態となった。今日《こんにち》、スマートフォンとバイオテクノロジーでほぼ同じことが起こっている。新規参入者は、既存の技術を足場に新技術を作ろうとするのなら、「特許の藪」のなかをかき分けかき分け進まねばならない（私はたった今、著作権を侵害した。直前の四つの文章は、私がウォール・ストリート・ジャーナル紙に寄稿した記事から直接取ったものだ）。

特許が同時発見にどう対処するのかもはっきりしない。すでに指摘したように、並行発明は当たり前のことで、例外ではない。なのに特許裁判所は、どこかの誰かが優先権と利益に値すると主張する。

経済学者のアレックス・タバロックは、山型をした曲線のグラフを描き、知的財産はまったくないよりは少しあったほうがいいが、ありすぎるとよくないと説明した。彼は、アメリカの特許法は最適なポイントを超えてしまっていると考えている。二〇一一年の『イノベーションのルネサンスを開始する（*Launching the Innovation Renaissance*）』のなかで彼は、実際には丸写し《コピー》は新しく生み出す《イノベーション》よりも高くつくことが多いと論じた。というわけで、知的財産を保護する必要はほとんどない。なぜなら、類似のものを独自に作り出そうとする模倣者たちの学習曲線は急勾配で上昇するからだ。たとえあなたが一九九〇年代終盤にグーグルの検索エンジンを自由にコピーできたとしても、グーグルが検索エンジンを作るために克服した、隠れた障害のすべてをあなたが克服するころには、独自開発で類似のものを作り出す道を取った模倣者たちを含め、検索エンジンの先端技術はあなたの数年先を行っているだろう。

## 丸写し《コピー》は安くない

このことが浮き彫りにしているように、丸写し《コピー》が独自の発見に比べてそれほど安くない一番の理由は「暗黙知（訳注　言葉などで明瞭に表すことのむずかしい、無意識的な知識）」にある。産業界の人々が結果を達成するために使うちょっとしたこつ《トリック》や近道は、彼らの頭のなかに留まって、外に出ることはない。最も明確な論文や特許申請書でさえ、実施しうるあらゆる実験のなす迷路を著者が通り抜けた足取りを他人が辿りなおせるに十分な情報を暴露することはできないのだ。レーザーについて行なわれたある調査で、設計図や報告書は、他者がレーザーの設計《デザイン》を丸写し《コピー》するにはまったく不十分だということが明らかになった。設計した当人たちのところへ行って話を聞かなければどうしようもなかった。フリードリヒ・ハイエクが、「われわれが使わねばならない、周囲の状況に関する知識は、凝縮された形や総合的な形で存在することなどけっしてなく、個別の人間たちが所有する、不完全でしばしば相矛盾する知識の断片が分散されたものとしてしか存在しない」と述べたとき、彼が主張していたのはこのことである。あるいはカール・ポランニーはこれをもっと簡潔に、「われわれは語ることができる以上に知ることができる」と表現した。ペンシルベニア大学のエドウィン・マンスフィールドは、一九七〇年代のニューイングランドにおいて、化学、医薬品、電気、機械各分野の総計四八点の製品がいかにして開発されたかを研究し、製品を一から発明するよりも丸写《コピー》しするほうが、平均で資金が六五パーセント、時間が七〇パーセント余計にかかることを見出した。しかもこれは、技術上の専門知識のある専門家たちの場合の話だ。知識のない者がゼロから丸写《コピー》ししようとすれば、資金も時間ももっとかかるだろう。営利企業が基礎研究をするのは、そのおかげでイノベーションにつながる暗黙知を獲得できると、彼らが知っているからだ。

丸写《コピー》しは高くつくというルールの明らかな例外は医薬品で、医薬品に関しては模倣する――「ジェネリック薬品」を作る――ほうが新たなイノベーションよりも絶対に安い。これは、政府の安全規制が主因だ。新薬は大規模な臨床試験によって無害で有効だと証明されなければならないという国のもっともな要求に従えば、新薬を市場に出すには数十億ドルがかかるのだ。これだけ巨額な金を費やすよう製薬会社に要求した政府は、新薬を認可したあかつきには、企業に何らかの独占を認めないわけにはいかないだろう。だがここでもまた、巨大製薬会社は独占による利益の多くを次の発見にではなく市場開発に使うという証拠がたっぷりとある。

## 科学は技術の娘

政治家たちは、イノベーションは水道の水のように、蛇口をひねって簡単に止めたり進めたりできると思い込んでいる。みなさんご承知のとおり、イノベーションは純粋に科学的な洞察に始まり、次に応用科学に翻訳され、それが今度は便利な技術になるんですよ、というわけだ。したがって愛国心ある立法者としてしなければならないのは、象牙の塔の最上階にいる科学者たちにすぐに提供できる資金を確保することだ。そうすれば、さあご覧《ろう》じろ、塔の一番下のパイプから技術が機械的に出てきますよ。

この、科学がイノベーションと繁栄を駆動するという「線形モデル」は、ジェームズ一世時代の大法官、フランシス・ベーコンにまでさかのぼる。ベーコンは、発見と商業的利益を推進するための科学利用の点で、イギリスがポルトガルに追いつくよう奨励した。一五世紀ポルトガルのエンリケ航海王子は、ポルトガルのサグレス半島にあった自分の邸宅に特別な学校を作り、地図製作や航海術の研究に多額の投資を行ない、その結果、アフリカ探検と貿易による多大な利益がもたらされたと言われている。ベーコンはこれを丸写《コピー》ししたかったのだ。

そもそも羅針盤使用による航海術が発見されていなかったなら、西インド諸島はけっして発見されなかっただろう……。よい政府が持つ属性のうち、まっとうで有益な知識を世界にさらに与えること以上に価値のあるものなどない。

ところが、最近の学術研究で、この話は虚構、というよりむしろ、エンリケ王子のプロパガンダの一環だったことが暴露された。たいていのイノベーションと同様、ポルトガルの航海術の進歩も、船乗りたちの試行錯誤によってもたらされたのであり、天文学者や地図製作者の推論によって実現したのではない。むしろ科学者たちが探検家たちの必要によって駆り立てられたのであって、その逆ではなかったのである。

生物学者から経済学者へと転身したテレンス・キーリー教授（訳注　バッキンガム大学の副総長。科学をめぐる経済学について数冊の著書があり、科学への公的資金投入に反対している）は、この話を引き合いに出して、科学と政治の世界でひじょうに広く行き渡っている「線形性のドグマ」——科学がイノベーションを駆動し、そのイノベーションが商業を駆動するという妄信——はほとんど完全に間違っているという自説を説く。この「線形性のドグマ」は、イノベーションがどこで始まるかを誤解している。実際、総じて事実と逆の認識だ。イノベーションの歴史を詳しく調べれば、科学的な革新は技術の変化の結果であり、原因ではないことが随所でわかるはずだ。大航海時代が始まってから天文学が発展したのは偶然ではない。蒸気機関は熱力学という科学分野とはほとんど何の関係もないが、熱力学はほぼすべてを蒸気機関に負っていた。一九世紀終盤と二〇世紀初頭の化学の発展は、染料メーカーのニーズによって駆り立てられた。DNAの構造の発見は、生体分子のX線結晶学の技法に大きく依存していたが、この技法は織物を改良しようとしていた羊毛産業で発展したのだった。

同じような例には事欠かない。毛織物産業の機械化は、産業革命の中核をなしていた。ランカシャーとヨークシャーの工業化が進んでいくなかで、ジェニー紡織機、水力紡織機、ミュール紡織機、飛び杼《ひ》、そして紡織工場は節目となる画期的な到達点だったのであり、はっきりと歴史に残っている。機械化された毛織物産業がイギリスの急激な資本蓄積と国力強化をもたらしたのだ。だが、これらの変化を推進した熟練職人や起業家のなかに、科学をほのめかすものすら見出すことはできない。ほぼ同じことが、二〇世紀終盤の携帯電話産業についても言える。携帯電話革命に大学が行なった大きな貢献を探しても無駄である。どちらの例でも、技術の進歩を駆動したのは、よりよい機械ができるまで手を加えて改良を続けた実際的な人間たちだった。彼らは哲学的熟考などしようともしなかった。

ナシーム・タレブが主張するように、一三世紀に大聖堂を建てた建築家が使っていた方法から、現代のコンピュータ開発に至るまで、技術の歴史は経験則、徒弟制度による習得、偶然の発見、試行錯誤、いじくり回すこと——フランス人たちが「ブリコラージュ」（訳注　家庭での手仕事や日曜大工の意。文化人類学では器用仕事と訳され、「持ち合わせ」のもので状況を切り抜ける人間の活動を指す）と呼ぶもの——から成る物語である。

技術は、科学よりも技術から生まれることのほうが圧倒的に多い。そして科学も技術から生まれる。もちろん、科学が技術にお返しをすることもある。たとえばバイオテクノロジーは、分子生物学がなければ不可能だっただろう。しかし、科学から技術へ、哲学から実用への一方通行の流れしか認めないベーコン的モデルはナンセンスだ。はるかに強力な逆向きの流れが存在する。新しい技術が研究すべき課題を学者たちに与えるという流れが。

一例を挙げよう。近年、シェールガス革命を可能にした水圧破砕法の技術は、政府出資の研究から生まれ、資源産業に供与されたという説明が流布している。カリフォルニア州にある〈ブレークスルー研究所〉が出した一通の報告書によれば、微小地震画像観測技術がサンディア国立研究所で開発され、「採掘業者たちが移動しつつ採掘孔の位置を決めるうえで決定的に重要であることが明らかになり」、ミッチェル・エナジー社の技術者ニック・シュタインズバーガーが「スリックウォーター・フラッキング」（訳注 フラッキングとは水圧破砕法のこと）という手法を開発することを可能にしたとされている。

これがほんとうかどうか確かめるため私は、水圧破砕法の先駆者のなかでも中心的な人物のひとり、クリス・ライトに問い合わせた。彼のピナクル・テクノロジーズ社は、一九九〇年代後半にフラッキングを大幅に改良し、そのことによってテキサス州フォートワースのバーネット・シェールガス田で莫大なガス資源の採取を可能にした。以前からバーネット・シェールの権利を持っており、そこから天然ガスを採取することに長年にわたって至上命題として取り組んでいたジョージ・ミッチェルがピナクルの手法——従来の高粘性のゲルではなく低粘性の水を砂と混ぜ、多段階に適切な圧力で岩体に注入し、亀裂を生じさせる——を採用すると、これが革命的にうまくいくことが明らかになった。ミッチェル社のシュタインズバーガーがスリックウォーター・フラッキングを試そうと決意したのはライトのプレゼンを見たからだ。だが、ピナクル社はそもそもどこからそのアイデアを取ってきたのだろう？　ライトはサンディア国立研究所出身のノーム・ワピンスキーを雇っていた。だが、ワピンスキーがサンディアでこのプロジェクトに取り組む資金は誰が出していたのだろう？　ガス調査研究所という、完全に民間のみの出資によるガス事業者の合同研究機関だ。この機関の資金は、州間パイプラインに対して自主的に支払われる使用料でまかなわれていた。したがって、連邦政府の貢献といえば、働く場所を提供しただけだ。ライトはこれについてこのようにコメントしている。「私がノームをサンディアから引き抜いて採用していなければ、政府の関与はまったくなかったわけだ」。だが、これは始まりにすぎなかった。フラッキングを有効な技術として実用レベルで完成させるには、さらに長い年月と多額の資金が必要だったのだ。そのほとんどは業界が担った。政府の研究機関は、ライトが問題を解決しはじめるとこぞってライトのもとへ押しかけ、サービスと公的資金を提供し、ライトがフラッキングをなお一層改良する努力ができるように、また地表から一マイル下にある岩のなかで亀裂がいかに広がるかを研究できるようにした。彼らは優勢な動きに乗り、産業界で開発された技術の結果として、科学で取り組むべき多少の課題を見つけたのである――それは、彼らが取るべき道だった。しかし、この技術をもたらした源《みなもと》は政府ではなかったのだ。

一八世紀スコットランドの工場を見回してアダム・スミスが『国富論』でこう報告したのも、同じことを述べている。「分業が進んでいる産業で使われている機器のうちかなりの部分は、もともと普通の労働者が発明したものである」（山岡訳）のであって、「機器の製作者による改良も多」（山岡訳）かった。スミスは大学の役割については、哲学の進歩の源とすら認めなかった。学者たちの象牙の塔にいる私の友人たちにこんな話をするのは申し訳ない気がする――彼らの研究の価値は大いに認めているので――が、学者が自分の思考こそ最も実用的なイノベーションの源だと考えるなら、それははなはだしい思い違いである。

## 私的財としての科学

以上のことから、政府が科学に出資する必要はあまりないという結論が出てくる。産業界が自らそうするだろうからだ。産業界はイノベーションを行なうのにつづき、その背後にある原理を研究するために出資するだろう。微小地震画像観測法とフラッキングに関してそうしたように。蒸気機関の発明につづき、産業界は熱力学に出資する。テレンス・キーリーが達したこの結論は、あまりに異端的で、科学者のみならず、ほとんどの経済学者にも理解できないものだ。数十年にわたり、科学界でも経済界でも、政府が出資しなければ科学は資金を得られず、科学が納税者から資金を得られないかぎり経済成長は起こらないというのが信仰条項のごとき共通認識になっている。この一般に受け入れられた見識は、半世紀以上にわたって受け継がれてきた。経済学者のロバート・ソローは一九五七年に、たいていの経済成長にとっての源は、技術のイノベーションである――少なくとも、領土を広げていない国や人口が増加していない国では――と示した。続いて彼の仲間の経済学者、リチャード・ネルソンとケネス・アローがそれぞれ一九五九年と一九六二年に、独自の研究を一から始めるよりも他人の丸写し《コピー》をするほうが安上がりなので、政府による科学への出資は必要だと論じた。そうすると、科学は公共財、つまり灯台の光のようなサービスとなってしまい、公費によって提供されねばならなくなる。なぜなら、誰も無料《ただ》では提供しなくなるからだ。個人で基礎科学に取り組む人はいなくなるだろう。そこから導かれる洞察がライバルに無料《ただ》で手に入ってしまうだろうから。

キーリーは次のように書いている。「ネルソンとアローの論文の問題点は、それらが理論的なものであり、お節介な人が一人二人、経済学者の砦から外をのぞき見たときに、現実の世界では私的資金による研究が多少は実際に行なわれているようだと気づいた点にあった」。キーリーは、研究への公的資金が必要だという経験的証拠はまだまったく存在せず、歴史の記録を調べれば、その逆らしいということがわかると論ずる。一九世紀後半から二〇世紀初頭にかけて、イギリスとアメリカはごくわずかな公的資金で大きな貢献を科学に対して行なった一方で、ドイツとフランスは、莫大な公的資金をあてたのに、科学でも経済でも英米以上の結果を達成することはできなかった。「政府が科学に最小の投資しかしなかった工業国が経済的には最高の成果を挙げ、科学でもそこそこの成功を収めた」とキーリーは述べる。

ほとんどの人にとって、科学への公的資金を支持する議論は、インターネット（アメリカの防衛科学から生まれた）からヒッグス粒子（スイスのジュネーブにあるCERNで行なわれている素粒子物理学で存在が確認された）に至るまで、公的資金によって成し遂げられた発見を挙げたリストを根拠としている。だがこれはきわめて誤解を招きやすい。政府が科学に気前よく資金を与えてきたことからすると、何の発見もされていなかったとしたらそのほうが変だ。科学が公的資金主導以外の財源構成で支援されていたならどんな発見が行なわれていたかを知ることはできない。それに、政府が科学に財政支援することで、政府とは優先課題が異なる人道主義的な団体や商業的な財源からの支援の多くは必然的に排除されるだろうから、公的資金主導の科学で発見されなかったものは何かを知ることもけっしてできない。

第二次世界大戦後、イギリスとアメリカは方針を転換し、科学に対して国庫から多額の投資を行なうようになった。戦時科学の成功と、ソヴィエトの国家としての資金提供がスプートニクを生んで成功をおさめたことから明らかに、国の資金援助が効果をもたらすにちがいないと思われたのだ。真実の教訓――スプートニクはアメリカのロバート・ゴダードの研究に大きく依存しており、ゴダードの研究はグッゲンハイム家の人間によって資金援助されていた――からは、その逆のことが学べたかもしれなかったのだが。結局、国が科学へむやみに出資したイギリスとアメリカでは、なんら特別な成果はあがらなかった。両国の経済成長が、以前より早まることはなかった。

二〇〇三年、OECDは、一九七一年から一九九八年のあいだのOECD加盟国における成長の源に関する報告書を発表した。そのなかでOECDは、民間資金による研究開発は経済成長を刺激しているのに対し、公的資金による研究は少しの経済的影響も及ぼしていないことを見出して驚きを露《あらわ》にしていた。公的資金の経済効果など皆無だったのだ。この衝撃の結果は、これまでのところ反証もなく、ましてや覆《くつがえ》されてなどいない。だが、科学には公的資金が必要だという議論にははなはだ不都合なので無視されている。

二〇〇七年、米国商務省経済分析局のレオ・スヴェカウスカスは、さまざまなかたちで公的資金援助を受けた研究開発からの収益はゼロであり、「大学や政府で進められている個々の研究の多くは、きわめて低い収益しかなく、経済成長への寄与があったとしても間接的なものが圧倒的多数を占める」と結論した。アメリカン大学のウォルター・パークが断じたように、この矛盾の原因は、研究への公的資金が民間資金をほぼ確実に排除してしまうことにある。すなわち、政府が間違った種類の科学に出資するなら、人々は正しい種類の科学に取り組むのをやめてしまうのだ。だが、ほとんどの国で、政府は一国のＧＤＰの三分の一以上を手にし、それを何かに使うということからすると、その金が少しも科学に回らなかったとしたら実に残念だ。つまるところ科学は、私たちの文化の大勝利のひとつなのだから。

というわけで、イノベーションは自発的な現象だ。イノベーションを起こそうとしてさまざまな政策――特許、賞、科学への公的資金供与――が試みられてきたが、そんな政策は、たまには役立つこともあろうが、たいていはすこぶる当てにならない。適切な条件が整っているところで新しい技術が自らのリズムにしたがって出現するだろう。自らに最も都合のいい場所とタイミングで新技術は現れる。人々に自由にアイデアを交換させ、直感に従わせるのがいい。そうすればイノベーションが自《おの》ずと起こるだろう。科学の洞察もまた然り。

# 第8章　心の進化

さて、注意してくれたまえ。精神も軽い魂《アニマ》も動物の中に生じているもので、しかも死滅すべきものだ、という点を君に理解して貰えるように、私が久しい間を費してまとめ上げ、楽しい労苦を尽して考え出した詩を、君の人格に相応わしい詩を、更に続けて披瀝して行くこととしよう。君としては、〔精神と魂《アニマ》という〕この二つの名称を一つの物を指すと思ってくれたまえ。そして、例えば私が魂《アニマ》と云い、これが死すべきものであると説く場合、精神をも指して云っているのだと思っていてくれたまえ。これは結合されて一つのものとなっているのだからである。

——ルクレティウス、『物の本質について』第三巻より

コメディアンのイーモ・フィリップスは、こんなジョークを飛ばしたことがある。自分の脳は体の中でいちばん面白い器官だと思っていたが、それは、そう言っているのが誰なのかに気づくまでのことだった、というのだ。このジョークは、「自己」や心、意志、自我、魂といったものの不合理性を

思い知らせてくれる。これらはみな実在するといっても、それはあくまで肉体の現れとしてにすぎず、肉体と別個のものではない。それにもかかわらず私たちは、機械の中の幽霊のように、自己なるものがまるで本当に存在するかのような、あるいは哲学者ギャレン・ストローソンのイメージを借りるなら、私たちの肉体という殻の中に意志という真珠が入っているかのような口を利く。頭蓋骨内の灰色をしたお粥状の器官のどこか奥深くに自己というひとまとまりのものがあるという見解は明らかに、強力な幻想にすぎない。そのうえ、自己は肉体的現象であることをいったん受け入れれば、蒸気が薬缶《や　かん》を支配していないのと同様、自己も肉体を支配していないことが明確になる。自己は思考の原因ではなく結果なのだ。そう考えなければ、実体のない霊や魂のたぐいが奇跡的に肉体化すると仮定することになる。

意図を持った心という考え方から自らを解放するには、大変な努力を必要とする。この考え方は、一七世紀フランスの哲人ルネ・デカルトによって、見せかけの合理的正当性を与えられたからなおさらだ。デカルトはよく言われるほど徹底した二元論者ではない。だが、是非《ぜひ》はともかく、彼は私たちの有形の肉体の中に、物理的世界の諸法則には支配されていない非物質的な魂が存在するという二元論の考え方を象徴するようになった。彼は松果体《しょうかたい》が魂と肉体のつながる場所だと考えた。これが何世紀にもわたって、心にかんする考え方の主流を占め続け、いくつかの形態で今に至るまで根強く存続している。私たちのほとんどは、自分の頭の中では、一種の「デカルト劇場」（デカルトにちなんだ命名）の前列に小人《ホムンクルス》が腰を下ろして、私たちの目によって上演されるショーを見ているかのように、相変わらず漫然と感じている。映画『メン・イン・ブラック』には、リンダ・フィオレンティーノ演じる人物が、明らかに人間の死体の頭と思われるものの中で、制御装置の前に座っている、まさにそのようなエイリアンのホムンクルスを発見する。

とはいえデカルトは、オランダでしばらく隠棲生活を送ったときに、ポルトガルからのユダヤ人移民の子で、同時代の年下の哲学者バルーフ・スピノザの、はるかに過激で、啓蒙された、進化的な見方に接した。異端の主張をしたとして迫害され、追放されたスピノザは、現代の神経科学の結論を不気味なほど先取りしていた。彼はデカルトに異を唱え、物質と心を同一とする、見事なまでに近代的な見方を提唱し、フランシス・クリックがのちに「驚異の仮説」と呼ぶことになるものを擁護する議論を展開した。すなわち（スピノザの言葉を借りれば）、「思考を行なうもの［心］と、延長されたもの［物質］は、同一のものにほかならず、それがその瞬間ごとに、一方あるいは他方の属性で理解されているのだ」。

厳密に言えば、スピノザは物質主義者ではなかった。なぜなら、物理的現象には精神的な原因が、精神的現象には物理的原因があると考えていたからだ。とはいえ彼は、自由意志に疑問を呈し、それが少なくとも部分的には幻想であることを暴《あば》いた。私たちが持っていると称する人間の自由は、スピノザに言わせれば、「人間は自分の欲望を意識しているが、その欲望を引き起こした原因は知らないという、もっぱらその事実によって成り立っている」という。その意味では、坂を転がり落ちる石が自らの動きを決めているのではないのと同じで、私たちも自分の人生を自ら決めてはいない。

### 異端者

今日《こんにち》、スピノザを異端者として破門するのにはこれで十分だったというのが通説になっている。彼の主張は魂の存在に疑いを投げかけるものだったからだ。だがじつのところ、一六五六年、スピノザが二四歳のときにアムステルダムのシナゴーグを追われるのに値するほど異端だと考えられた理由はわかっていない。彼はまだ何も出版していなかったからだ。とはいえ、聖書の正確さを疑ったり、神は自然の一部であるという趣旨のことを述べたりした可能性のほうが、はるかに高いだろう。そうした異端の主張のせいで、ルクレティウスの場合と同様、スピノザは死後も長らく著作の出版が禁止され、中傷され、その結果、心と自由意志にかんする彼の科学的洞察は埋もれてしまった。

スピノザの著書『エチカ』（邦訳は新福敬二訳、明玄書房など）が出版されたのは、彼の死後の一六七七年になってからで、これは激しい怒りを招いた。ユダヤ人、カトリック教徒、カルヴァン主義者、君主らが口を揃えてこの作品を非難した。『エチカ』はオランダにおいてさえ禁書となり、没収された。一世紀にわたって、個人の蔵書として密かにしまい込まれていたものだけが生き延びた。スピノザの言葉を引用する唯一の方法は、前後に悪口雑言《あっこうぞうごん》を書き連ねることだった。一七四八年にモンテスキューが著書『法の精神』で、そのような言葉を省いてスピノザを引用したところ、糾弾され、自らの評判を守るために撤回せざるをえなくなった。モンテスキューの本は、ジュネーブで匿名で刊行された。ルイ一四世の死後、長い月日を経てさえ、カトリックを信奉するフランスが知性の面でどれほど不寛容だったかの証《あかし》と言える。ディドロとダランベールの『百科全書』がスピノザにジョン・ロックの五倍のスペースを割り当てたときには、この著作の異端性を隠すために、称賛の言葉は控えた。ヴォルテールまでもが、柄にもなく他者に追随し、反ユダヤ的な言葉でスピノザをあざけった。というわけでスピノザは、啓蒙運動の火つけ役として受けて当然の栄誉を、長年にわたって得られなかった。

スピノザは、心を肉体の情動と衝動の産物と見ていただけでなく、衝動に動機づけられている人でさえ、自由に行動していると考えていることを指摘した。

赤ん坊は自分が乳を自発的に欲していると考える。腹を立てた子どもは、自分が仕返しを自発的に望んでいると考える。臆病な子どもは、自分が逃げることを自発的に望んでいると考える。さらに、酩酊した男は、自分の心の自発的な決定から言葉を発していると考えるが、あとで酔いが覚めたときに、言わなければよかったと後悔する。有頂天の人や饒舌な人、そのほか同じたぐいの人も、自分の心の自発的な決定から行動していると考え、衝動で夢中になっているとは思わない。

自分があれほどきつい言葉を吐いたのはワインのせいだと酔っぱらいは言うが、それならば、しらふの人は、友人を侮辱しないことを選んだのはワインを飲んでいなかったせい（そして、親や社会、理性的な計算の影響のおかげ）だ、と言えるではないか。アントニオ・ダマシオの言葉を借りれば、「心は体のために存在し、体の多種多様な出来事について物語を語ることに従事し、その物語を使ってその生物の生命を最適化する」となる。

## ホムンクルスを探す

どれほど懸命に探しても、人間の脳の中に（さらに言えば、心臓にも）心は見つからない。見つかるのは葉《よう》や小結節、細胞、シナプスばかりで、それぞれみな異なり、同時に働き、互いに語りあっている。それでは、意識の統合性はどこから現れ出てくるのか？

今この瞬間、私は一つのことを考え、一つのことをし、一つの光景を目にしているが、ほかの種々雑多な可能性のうち、その一つを私がすべきだと決めたのは誰なのか？　なんらかのコンテストがあったのか？　私は自分が、何十億という細胞がたどり着いた民主的コンセンサスだという気はしない。単一の自分であるように感じる。そして、まるで「私」が決定権を握っており、たった今、異なることを考えたり異なることをしたりできるような気がする。私には自由意志がある。自由意志があるとは、実際にしたことと以外のことをしえたという意味だ（この定義はジョン・サールに由来する）。そのうえ、ほかに私がしえたことは、先行する力の産物でも、原子の次元でのランダムな量子の揺らぎの産物でもなかった。決定論では自由意志があるという満足感が得られそうにないのとちょうど同じで、ランダムさの中にも、満足のいく自由意志はない。

神経科学者のマイケル・ガザニガが言うように、最も身も蓋もないもの言いをする決定論者でさえ、自分がチェスのポーン（訳注　将棋の「歩《ふ》」に相当するチェスの駒で、この場合は何者かに操られている存在）だと本当に信じてはいない。とはいえ、意識ある自己が構成物であり、実際には多様な経験に統一性をもたらすために、事後に語られる物語であることには、議論の余地もない。心理学者で哲学者のニコラス・ハンフリーは、意識のことを「あなたが自分の頭の中で自ら上演するマジックショー」と呼んでいる。意識が何者かによる創作物あるいは所産であることは、目の錯覚によって暴露される。脳が目にしているものを解釈するときに、現実を超えてしまうのが目の錯覚だ。ガザニガは、意識が事後の物語である理由を、わかりやすく示してくれる。指で鼻を触ったら、鼻と指の両方の触感を同時に経験する。だが、鼻と指からの信号は、脳には同時には伝わらなかったはずだ。神経インパルスが伝わる距離が違う。指は脳から約九〇センチメートル離れているのに対して、鼻から脳まではわずか七、八センチメートルにすぎない。脳は両方の信号が届くのを待って、単一の経験にまとめ、それから意識に両方の感覚を伝えるのだ。

脳の研究ではこれまで、自己や意識や意志が収まった真珠も器官も構造も見つかっていない。今後も見つからないだろう。なぜなら、こうした現象はさまざまなニューロンのあいだに分散しているからで、それはちょうど、鉛筆を製作する過程が市場経済に貢献する多くの当事者のあいだに分散しているのと同じだ。心理学者のブルース・フードは著書『自己幻想（*The Self Illusion*）』で、次のように述べている。自己は「脳のさまざまなプロセスが構成するオーケストラから、交響曲のように現れ出てくる」。目を閉じて、自己の認識がどこに由来するかを頭の前側と横側から指差すように人に言うと、たいてい、目と目のあいだと、目の上の骨の隆起部から真横に向かって三分の一ほど行ったあたりとを指し示す。デカルトがあれほど重要だと考えていた松果体から、さほど離れていないと言わざるをえない。だが、脳を開いてその場所を見ても、変わったものは何も見つからない（松果体は少しも特別な器官ではなく、いわばホルモンの中継地点のようなものだ）。それと同じで、アメリカ経済の中心のありかを突き止めようとするエイリアンがいたら、きっと人里離れた場所にある、インターネット・サーバー・ファーム（訳注　大量のサーバーが設置されている場所や施設、あるいはそれらのサーバーそのもの）に行き着くだろう。

## 驚異の仮説

というわけで、フランシス・クリックの「驚異の仮説」は正しかったと結論するほかなさそうだ。すなわち、「人の精神活動はすべて、神経細胞やグリア細胞、それらを構成し、それらに影響を与える原子とイオンと分子による」ということだ。彼がこの考え方を「驚異の」と呼んだのは、一九八〇年代になってさえ、怠惰《たいだ》なデカルト主義の二元論を退《しりぞ》けることがどれほど不人気かに注意を惹くためだった。とはいえ、ジェームズ・ワトソンとともにDNAの自己複写コードを発見して生命の秘密を偶然見つけた二人の人物の一人であるクリックの野心的な目標は、意識の座を見つけることだった。彼は、無意識の知覚ではなく意識ある知覚という現象をはっきり示す脳内の構造を特定したがっていた。たとえば、ネッカーキューブのように、二つの見方ができて、その一方ともう一方のあいだを行ったり来たりする目の錯覚を経験しているときには、見方が変わるたびに、何か神経的な変化が起こっているに違いない。その神経的な変化はどこで起こるのか？

クリックはついに答えを見つけられなかった。二〇〇四年、彼は死の床に就《つ》いてからも、前障《ぜんしょう》という脳内の構造についての論文を手直ししていた（前障は非常に多くの結合を持つ薄片状の脳組織で、きわめて重要であるために、実験するのが難しかった）。だが彼でさえ、依然として過度にトップダウンの立場で考えていたのかもしれない。意識はニューロンのあいだにあまりに広く行き渡っているので、けっして見つからないのかもしれない。クリックは以前、前部帯状溝《ぜんぶたいじょうこう》に近い、ブロードマンの脳地図の24野を損傷した患者の症例に注意を促したことがあった。意思を疎通しようという動機をなくしたその患者は、無口になってしまった。片手が独自の命を帯びたかのように見える、「エイリアンハンド症候群」という別の問題も、脳の同じ部位に結びつけられているので、ことによると、ある種の意志の座が見つかったのかもしれないように思えた。たしかに、「無為」（動機の欠如）は脳のこの部位の損傷と関連づけられている。だが、仮にここが動機の在《あ》り処《か》で、それなしでは自発的なイニシアチブを発揮できないとしても、哲学的な難問は解決できない。手を動かすという「決定」は、手の動きの原因ではあるが、それ自体が、脳への影響の結果だ。言い換えれば、24野は多くの脳活動の下流にあたる。何かが24野に刺激を与え、活動を起こさせるのだ。

　神経科学の領域で、最も不穏なことで有名なのが、ベンジャミン・リベットとその共同研究者たちが二五年前に参加者の頭皮に電極を装着して行なった実験だ。参加者たちにボタンを押させ、加えてボタンを押すことを決めた瞬間のオシロスコープ画面上の点の位置を記録するよう求めた。その位置から、彼らは行動を起こす二〇〇ミリ秒前に、行動することを決めたと認識していることが判明したが、電極は五〇〇ミリ秒前に脳内の活動を検知していた。つまりリベットは、参加者よりも三〇〇ミリ秒前に、自発行動が起こることを予測できたのだ。その後の数々の実験も、この現象を裏づけている。人がコンピュータのキーボードのボタンを押すのを待っているときに、その人の脳内の活動を見られれば、その人が何をしようとしているか、本人よりも早く知ることができるわけだ。ジョン・ディラン・ヘインズは、ライプツィヒのマックス・プランク研究所の共同研究者たちと、機能的磁気共鳴画像法を使って脳活動を調べ、前頭極皮質と楔前部《けつぜんぶ》という二つの領域から、参加者自身が決定を下したと考えるよりもまる一〇秒も前に、ボタンを押すのを高い精度で予想できることを発見した。

懐疑的な人はこれに対して、人は決定を下したことを報告するのに時間がかかるからにすぎないと応じるかもしれないが、ある意味で、それこそが肝心なのだ。意識的な自覚は、頭の中で起こっていることの事後報告なのが明らかになるのだから。「あなた」は「意識あるあなた」とは別物かもしれない。サム・ハリスの言うように、「私は自由に心を変えられるのだろうか？　もちろん、変えられない。心が私を変えられるだけだ」。

## 自由意志という幻想

それではいったい、自由意志はどうなってしまうのか？　昨今、ガザニガら多くの科学者は、自由意志は幻想であると平然と言ってのける。ただしその幻想は、強力で、有用でさえあるが。ボタンを押すという決定は、実験者の指示から、参加者が子どものときに身につけた習慣まで、決定につながる多種多様な力の結果だった。それ以外の何の結果であってほしいと思うだろうか？　ランダム性の結果でいいのか？　その場合には、自由は見込めない。「～に対して自由」を「～から自由」というふうに言い換え、ガザニガは次のように問う。

私たちは何から自由でありたいと願っているのか？　自分の人生経験から自由でありたいとは思わない。決定には人生経験が必要だからだ。自分の気質から自由でありたいとも思わない。気質も決定を導いてくれるからだ。じつは私たちは、因果関係から自由でありたいとも思わない。因果関係は、予想に使うからだ。

著述家のサム・ハリスも同じ結論に至り、自由意志は幻想だという。なぜなら、「思考と意図は、自分で自覚してもいなければ意識的に制御もできない、背景に潜む原因から現れ出てくるからだ」。それに、と彼は指摘する。仮に意識と無意識のあいだに時間的なずれがなかったら、何かを考えるまで、何を考えるかを決定できないのだから、それのどこに自由があるというのか？　もし、何を最初に行なうべきかを決めるにあたって、複数の衝動のあいだで民主的なコンテストがあるのなら、それのどこに自由があるというのか？

生物学者のアンソニー・キャッシュモアも同じ結論にたどり着いた。どれほど自由に見えるものであれ、どんな行動も「そのほんの数分の一マイクロ秒前までの、生物の遺伝的特徴と環境の歴史を反映しているにすぎない」。あなたに対する外部と内部のあらゆる影響以外に、何があなたの行動を決められるというのか？　自由意志の存在を信じるのは、宗教を信じるのと似通っている、あるいは生気論（生き物を作り上げている物質には、それ以外の物質とは何か物理的に異なるところがあるとする、信憑性を疑われて久しい説）の誤謬《ごびゅう》と等しいとキャッシュモアは主張する。とはいえ彼も認めているとおり、科学者のあいだでは、自由意志が神や生気論ほど懐疑の目にさらされてこなかったのも事実だ。少なくとも、自由意志は便利なフィクションであり続けている。さまざまなもの、とりわけ刑事司法制度にまつわる必要不可欠な実際的な事柄を吊るしておくためのスカイフックの役割を果たしているのだ。私たちは自由意志を信奉するという性向を代々受け継いでいるのかもしれない、とキャッシュモアは言う。

これらの思想家たちは、少なくともスピノザまでさかのぼる決定論の伝統に連なっている。だが彼らは運命論者という、決定論者にごく頻繁《ひんぱん》に向けられる批判を免れている。カオス理論の教訓を思い出してほしい。初期条件のわずかな差異が、大きく異なる結果につながりうるのだ。どんなサッカーの試合も、同じ人数の選手で、ほぼ同じ広さのピッチで、同じ種類のボールとルールで始まるのに、どの試合も唯一無二の展開になるのは驚くべきことではないか？　人の一生は偶然の出会いや逸機《いっき》に満ちあふれているのだから、サッカーの試合よりもどれほど予想し難いことだろう。一卵性双生児でさえ、同じ家庭で育ち、同じ学校で教育を受けても、やはりどこか違ってくる。過去のありとあらゆる影響の産物であるからといって、私たちは将来、特定の運命をたどると決まっているわけではないのだ。

ハリスやガザニガ、クリック、フード、キャッシュモアが私たちにするよう促しているのは、偏見を捨てること、そして、私たちが、自分に対する多種多様な影響によって多種多様なかたちで引き起こされた、脳の神経信号にほかならないという事実を受け入れることだ。自我に影響を及ぼしうるというのは、なんとすばらしいことだろう。それができなかったら、見知らぬ町でホテルまで乗せていってくれるようにタクシーの運転手に言っても無駄だ。その運転手の行動と経験は、部分的にあなたによって決定されうるのだ。決定論者が受け入れてくれるように求めているのは、原因のない結果というものはありえないということにすぎない。

だが、これらの思想家たちは、決定論とは両立しない、人気のある二元論版の自由意志を追い払ったことに疑いの余地はないとはいえ、ほとんどの哲学者は自由意志などというものはないことを認めるのを拒んでいる。これらの「両立主義者」たちは、肉体に端を発する無意識の自由は、それ自体が意志の源泉であり、決定論はある形態の自由意志と両立しうると指摘する。自由意志と言うとき、人々が意味するのは、そうしたものではなく、私たちに対するどんな影響とも無関係な、意識的な意志であるとハリスは主張する。自分の経歴の外に身を置いたら、どこに自由があるというのか？　ハリスにとっては、両立主義は、私たちに対する影響のうちには、より望ましいものがあるという主張にすぎない。「操り人形は、自分を操る糸を好んでいるかぎり、自由である」というわけだ。両立論は実質的にはスカイフックなのだ――少なくとも、ハリスに言わせればそうなる。「純理論的な哲学のほかのどの部門においてよりも、その行き着くところは神学に似てくる」。著名な両立主義者の一人が、ハリスの友人で、いわゆる「無神論黙示録の四騎士」の同輩であるダニエル・デネットなので、デネットはこれは卑劣なやり口《ロープロー》だと言う。ハリスは事実上、スカイフックの辛辣な批判者であるデネット（そもそも、スカイフックの比喩を導入したのが彼だった）も批判に徹しきれていない例を、自分は見つけたと言っているのだ。

　驚くまでもないが、デネットはそれに異議を唱える。彼は、二元論の自由意志に反対する議論を見事な手腕で明白にしたとしてハリスを称える一方で、次のように述べている。「自由意志とは本当は何なのか（そして、道徳的責任の感覚を維持するためには、どのようなものでなくてはならないのか）がいったん理解できれば、自由意志が決定論と無理なく両立できることが見て取れる。もし決定論が、科学が最終的に落ち着くものであるならば」。ハリスは自分という書物の書き手なのだから、彼が生み出す主人公の書き手になれないはずがないではないか、とデネットは言う。「私たちはいつになったら、ハリスの批判を彼自身の主張に対して使わせてもらえるのだろう?」デネットは追及の手を休めず、ハリスは「自分」を大きさを持たない点にまで縮め、デカルト流の二元論の立場を取ったと非難してさえいる。「私は自分自身の経験の意識的目撃者だから、前頭前皮質における事象を起こすことはない。自分の心臓を拍動させたりしないのと同じことだ」とハリスが述べているからだ。だが自分の脳は前頭前皮質における事象を起こさないというハリスの言い分は、明らかに間違っている。ようするにデネットは、ハリスが自由意志を脳の創発的属性として受け入れる程度がまだ少な過ぎると言っているわけだ。

一つ明快そのものなのは、デネットもハリスも心が先だと主張しようとしてはおらず、まして、自由意志を無形の霊的存在という意味で復権させようなどとは断じてしていない点だ。二人とも、創発《そうはつ》的属性としての自由を擁護しているのだ。だが、それは責任にかんしてどのような意味合いを持つのだろう?

## 決定論の世界における責任

多くの人にとって、自由意志というスカイフックの民間版に固執するおもな理由は、神というスカイフックや政府というスカイフックに固執する理由と同じで、社会秩序の維持だ。自由意志という前提がなければ、成績が上がるようにもっと一生懸命勉強しなさいと子どもに言えないし、殺人者は自らの犯罪の張本人ではなく、自らが被《こうむ》る影響の犠牲者のように見えてしまう。無秩序な言い逃れが蔓延し、誰も責任を負わされず、社会は崩壊してしまうというわけだ。

実際、これはある程度まで正しい。西洋世界の歴史を見ればわかるように、私たちはしだいにボトムアップの説明を受け入れ、本人のせいではない事柄で人を責めることをやめた。かつては、病気になったのは本人の不品行のせいだとして病人を責めた。事故に遭った人は罪を犯したから神に罰せられたのだとして責めた。一九六〇年代になってさえ、性的指向を理由に同性愛者を非難し、罰した（そして、一部の国では今日《こんにち》もなおそうしている）。彼らは遺伝的なものであれ、発達上のものであれ、内的な影響の産物であると考えることを、私たちは拒んだのだ。今日では、同性愛は実際上、生来の、意図しないものであるという事実が、寛容を支持するうえで最も有力な論拠になっている。一世代前までは、失読症の人はこの障害のせいで責められ、自閉症の人は奇行を見せるからといって親が責められた。だが、もうそういうことはない。精神に異常を来《きた》して暴力的な罪を犯す人も、しだいに無罪とされ、罰ではなく治療を与えられるようになってきた。自由意志にかんする私たちの政策は、責めを負わせる方向から離れるように進化してきている。

私たちが科学に促されてこの方針をさらに推し進めるだろうことには、疑問の余地がない。神経科学者のデイヴィッド・イーグルマンが言うように、解剖学的、あるいは神経化学的、遺伝学的、生理学的レベルで脳の働きを理解すればするほど、犯罪行為の原因が多く見つかるだろう。そして、そうなれば、私たちは多くの場合、意志による行為という考え方を捨てるだろう。生物学者のロバート・サポルスキーは、脳にかんする知識が増すにつれ、「意志作用と有責性の概念や、最終的には刑事司法制度の前提そのものまでが、非常に怪しくなる」と主張している。アンソニー・キャッシュモアは、病気を理由に犯罪者を許す一方で、貧困を理由に犯罪者を許さない道徳的根拠はないと指摘する。神経科学の知識が向上すれば、刑法の適用範囲は狭まる一方だろう。

だが、この方向で進むにしても、自《おの》ずと限度があるに違いない。過去に懲罰が多過ぎたからというだけで、あらゆる罰がつじつまの合わないものになったりはしないと、ダニエル・デネットは主張する。「罪や犯罪の古い汚点を私たちの文化から拭い去り、私たちが熱心に有罪者に与える残虐であまりにありふれた刑罰を廃止する」という、ハリスのあっぱれな動機をデネットは称賛する。そうした刑罰は、報復したいという人間の切なる思いの体裁を取り繕《つくろ》ったものにすぎないのだ。だがデネットはそのあとハリスとは考えを異《こと》にし、あらゆる罰は正当化できず、廃止されるべきであるという論理的帰結を導くのを拒む。「罰は公正たりうる。正当化しうる。そして実際、私たちの社会は、罰なしではやっていかれないだろう」。

二〇〇〇年代初期に、それまでは品行方正だったヴァージニア州の四〇歳の教師が、児童ポルノを収集したり、八歳の継娘《ままむすめ》に淫らな行為を働いたりしようとしはじめた。彼は治療を受けさせられたが、行動が悪化するばかりだったので、刑務所行きを宣告された。ところが刑が始まる前夜、彼は頭痛とめまいを訴えだした。脳をスキャンすると、キーウィフルーツ大の良性腫瘍が、前頭葉の左側を圧迫しているのが見つかった。それを摘出すると、小児性愛の傾向が消えてなくなった。数ヵ月後、彼は再び幼い少女に興味を見せはじめた。除去しそこなった腫瘍の一部が拡大していたので、今度はそれも摘出した。すると彼の行動は正常に戻った。

たとえば、脳腫瘍の助けも借りずに幼い少女たちに淫らな行為を働いた有名なテレビ司会者と比べて、この小児性愛者は自分の行動にかんしてどんなかたちで自由が限られていたのか？　二人はともに、脳内あるいはそのほかのところに端を発する、意識されない作用に促されて行動した。二人はともに、自分の行為が悪いことを自覚していた。たしかに私たちは、一方がもう一方よりも「非難に値する」度合いが低いと見なすが、その人のほうが、自由の度合いが小さかったのだろうか？　サム・ハリスは次のように主張する。この上なく恐ろしい犯罪者さえも、不運のせいでその境遇にあることが理解できれば、「彼らを（恐れるのではなく）憎む道理は崩れはじめる」。

もちろん、さまざまな原因にかんする議論はあるだろう。保守主義者は各自の経験を強調するだろうし、自由主義者は階級に起因する状況を重視するだろう。犯罪を罰する代わりに「理解する」度合いを強めている私たちの傾向が濫用されることも当然あるだろう。厳しい判決を免れるために偽りの主張をして責任能力を軽減する輩《やから》も出てくるはずだ。だが、一般大衆が守られているのなら、それはたいした問題ではないのではないか？　今日私たちはおそらく、正気の殺人者でさえ、処罰そのもののためよりも、一般大衆を守ったり、ほかの人が犯罪に走るのを抑止したりするために投獄していると言えるだろう。けっこうなことだ。

同様に、恵まれない生い立ちをものともせずに偉業を成し遂げた人（たとえば、食料品店の二階のアパートで育ち、性別や、資産の乏しさ、田舎出身といったハンディキャップがあったにもかかわらず、英国近代史上最長の在任期間を誇る首相になった人）を称賛するときにはいつも、私たちは不利な点を克服できない人を暗にけなしていることになる。あるいは、癌《がん》を生き延びた人の勇気を褒め称えるたびに、私たちは生き延びられなかった人には勇気がなかったと暗に言っているわけだ。つまり、決定を下す能力を持った個人あるいは非物質的自我という幻想は、各自はその人に働く作用の合計であるという、逆の仮定よりも、必ずしも公正ではないのだ。

したがって、二元論の自由意志を捨て、進化した脳の創発的属性として行動を捉える考え方を受け入れれば、善悪で判断を下す態度が弱まるのは確かだが、それが悪いことだなどとはとうてい明言できない。実際には、それによって私たちの社会政策は無秩序の度合いを強めはせず、より人道的なものになった。それならば、徹底的にやろうではないか。自由意志は、犯罪者にどんな判決を下すかにはいっさい無関係であることを認めようではないか。私たちは、誤って親を殺した子どもを、計画的に子どもを殺害したサディストよりも寛大に待遇するが、それは一方がもう一方よりも強い自由意志を持っているからではない。殺人者の行為は、さまざまな出来事や状況や遺伝子の所産だ。子どもの行為は、おもに偶発的な出来事の結果だ。それによって私たちの罰し方が変わるのだが、だからといって、一方のほうが強い自由意志を持っていることにはならない。

いったんホムンクルスを取り除いてしまえば、自由自体を理解しやすくなる。デネットが著書『自由は進化する』（山形浩生訳、NTT出版）で主張しているように、「好きな所へ飛んでいく鳥の自由は、間違いなく一種の自由であり、好きな所に浮かぶクラゲの自由よりもはっきり進歩しているが、私たち人間の自由には及びもつかない」。自由意志とは、持っているか持っていないかのどちらかであるような、すべてかゼロかの二者択一ではないというのが、デネットのきわめて重大な洞察だ。自分の運命に影響を与える自由は、生物学的作用の所産で、ほとんど無限の多様性を持っている。動く能力は自由に向かう一歩だ。もっと遠くに、あるいは速く動く能力は、もっと遠くへの一歩、あるいは速い一歩だ。見たり、聞いたり、匂いを嗅いだり、考えたりする能力は、自分の運命を変える、さらなる自由を与えてくれる。テクノロジーや科学、知識、人権、天気予報はみな、自分の運命を変える自由を増してくれる。政治的自由と哲学的自由は、じつは同じものに根差しているわけだ。そして、両者の真価を理解し、それに耽《ふけ》り、それらを重んじるには、物質的宇宙の外に存在する自由意志の単純なバージョンを信奉する必要はない。それは、自然の美しさを褒め称えるのに、その美が長い白鬚《しらひげ》を生やした男性の手になるものだと信じる必要がないのや、世界貿易の奇跡的な恩恵に浴するのに、世界政府の存在を信じる必要がないのと同じことだ。ルクレティウスよ、逸脱する必要はないのだ。

意識と自由意志を、生命のない物質から現れ出て進化したものと見ることには、本来、矛盾が含まれている。すなわち、超越や、魂が存在するという信念が説明しやすくなるし、真実味を増すのだ。意識の哲学者ニコラス・ハンフリーが主張するように、還元主義の強みの一つは、「意識を持つという経験が、どんな還元主義的理論も誤りに違いないと人間に思い込ませることで人生にプラスになるのを説明できる」点だ。人間は意識の権威であり、ここに存在することの形而上《けいじじょう》の関連問題に強い興味を覚え、それが意識に正真正銘の機能を与えると、ハンフリーは考える。意識は「奇跡を起こし、主体の人生をより良いものに」する、「ありえないものの虚構」なのだ。意志と不滅の魂が存在するという信念自体、脳の変化の進化的な結果として現れ出てきた。これは、魂と意志は、歴史も、由来の形跡も持たない現実の存在であるという概念よりも、はるかに納得のいく考え方だ。

# 第９章　人格の進化

如何に外的な力が我々を強制し、嫌がるのに時には無理にも前進させ、若しくは、まっしぐらに駈けさせたとしても、我々の胸中には依然としてこれに反抗し、抵抗する或る力のあることは、君にもすぐ判ることであろう。

素材〔原子〕の集合体が時によって四肢に働き、五体に働くよう強制され、前進せしめられては抑止されたり、引き込んで落着いたりするのは、この意志の裁決にまつのである。

——ルクレティウス、『物の本質について』第二巻より

進化論に基づく人間の人格の説明を思いつく方向にジュディス・リッチ・ハリスを進ませたのは、ちょっとした運命のいたずら——たとえに言う、一羽の蝶の羽ばたき——だった。彼女は一九七七年五月、離婚することになっていた友人に、珍しい血統の犬のもらい手を見つけるために、地元紙用に案内広告を書いてほしいと頼まれた。数カ月後、マリリン・ショーというその友人（当時、心理学の

助教授だった）は、ハリスが文章を書くのがうまいのを思い出し、心理学の専門誌に掲載を断られた論文の書き直しの手伝いを依頼した。ハリスは何年か前、「独創性と自主性」を欠いているとして、ハーヴァード大学の心理学の博士課程への受け入れを拒まれ、ベル研究所で研究助手をしていたが、体調を崩して辞めたばかりだったので、喜んで引き受けた。そして、ショーの論文を編集しているうちに、自分の文才に気づいた。二年後、ショーの推薦で出版社に雇われ、心理学の入門レベルの教科書の二章を代作した。それがもとで、今度は教科書の共同執筆を任され、その本が版を重ね、一九九一年には発達心理学について、単独で本を執筆する契約を結んだ。

ところが、しばらくして、彼女は自分の書いている内容に賛成できなくなった。

心理学は当時、親が子どもの人格を形成し、子どもどうしの違いは親が引き起こすという考え方に完全に囚われており、唯一の疑問は、どのように？　だった。ハリスが列挙した実験はどれも、子どもは良きにつけ悪《あ》しきにつけ親に似ていることを圧倒的な精度で実証し、人は他者、とくに親にどう扱われたかの結果であると主張していた。たとえば、ある典型的な研究では子どもの情動表現が取り上げられ、表現力豊かな親を持つ子はやはり表現力豊かなのに対して、控えめな親を持つ子はやはり控えめであることが判明した。この論文の執筆陣は、ここからは「情動の社会化」が見て取れると結論していた。遺伝的な影響を受けて、親と子の両方が生まれつき控えめな傾向を持つ可能性については、論じさえしていなかった。

これは、何も書《タ》かれて《ブ》いない《ラ》石板《ラ》、《サ》すなわち、言語や宗教、記憶ばかりか、性格そのものや、知能、性的指向、愛する能力まで、人の頭の中にあることの事実上すべては外部に由来するという、二〇世紀の強力なドグマの表れだった。このドグマは二〇世紀の後半に、心理学はもとより、人類学、生物学、政治学ほか、人文科学のありとあらゆる分野でほぼすべての思想を支配下に置いた。ジグムント・フロイトの精神分析学の信奉者であろうと、B・F・スキナーの行動主義の信奉者であろうと、文化を強調する人だろうと、食生活を強調する人だろうと、人間は他者の影響の産物であるという、同じ「教会」に属していた。人間の人格と能力は、影響力のある他者によって心のタブラサに書き込まれるというわけだ。これは当時、知的に正しいばかりか、道徳的にも正しいと考えられていた。人間は、遺伝の不公平によって運命が決まってはいないことを意味したからだ。さまざまな方針がしだいに、人間の性質はタブラサであるという見方に基づくようになった。

これはある程度まで、一九世紀と二〇世紀初期の遺伝決定論に対する反作用だった。そのころには何もかも、とくに人種間の文化的差異を、遺伝のせいにする人がいた。だが問題は、この新しいドグマは遺伝決定論を環境決定論に置き換えただけで、それによって以前と変わらぬほどの人権侵害を許した点にある。共産主義者は人間の性質の新たな形態を作り上げると熱を込めて語り、科学を頼みにして再教育の不埒《ふらち》なプログラムを正当化した。小麦の生物学的作用まで再教育できると豪語し、反対者は彼を疑ったとして逮捕させた人（トロフィム・ルイセンコ）さえいた。そのうえ環境決定論者たちは、自らの論理で自縄自縛《じじょうじばく》に陥った。彼らは、人間の本性などというものはないので、性差別や人種差別は間違っているとしたうえで、人間の本性があると主張する人は誰であれ、性差別主義者で人種差別主義者に違いないという、論理的推論を行なった。じつは、性差別や人種差別、さらに言うなら殺人に反対する議論は、状況によっては人間は性差別や人種差別、殺人を自然に行なうかどうかを拠りどころとしてはいない。これらの行為は間違っているが、それはこれらが不自然だからではないのだ。

一九六〇年代には、すべてを親や幼少期の影響のせいにする傾向は、滑稽なほど極端になった。映画や小説は、子ども時代のトラウマを人格の唯一の原因として頻繁《ひんぱん》に描き出した。同性愛は敵対的な父親のせい、自閉症は冷淡な母親のせい、失読症は劣悪な教師のせいにされた。突然変異を起こして解剖学的構造ではなく行動が変わったハエを発見した科学者たちは、そんなことはありえないと言われた。なぜなら行動は遺伝子の中にはないからだ。まるでDNAなどまったく関係ないかのような、『私たちの遺伝子の中にはない（*Not in Our Genes*）』といった独断的な題の本が出版された。科学者は、知能のどの部分であれ遺伝性だとか、男性と女性は体だけではなく心も一貫して異なるとか主張したら中傷された。遺伝子がほんのわずかでも行動に影響を与えると主張したら、ナチズムの復活への道を開く冷酷な宿命論者というレッテルを貼られた。一九六〇年代末までに、タブラサのドグマは人文科学のほぼ全領域を征服し、学究の世界の片隅で反抗の火の手が上がるたびにそれを鎮圧した。

だが、火の手はやまなかった。まず、動物行動の研究者たちが、本能から驚くほど複雑な行動が生まれることを示す圧倒的な証拠を、どうしても無視できなくなった。カッコウの子どもは親に会ったこともないのに、托卵された巣から仮親の卵を取り除き、アフリカに渡り、そこから戻り、歌い、犠牲にする種《しゅ》を選び、新たなサイクルを一から始める。動物学者の一部は、こう問い始めた。ほかの動物たちが自然淘汰で細部まで磨きをかけた本能をたっぷり与えられているのに、人間が、それぞれ特異なる性質を抱えた一握りの教え手に空っぽの心を満たしてもらうという、くじ引きのような状況に甘んじているとは、いったいどうしたことか？　別々の場所で育てられた一卵性双生児が、非常に似通った知能や人格を示すことが多く、それとは対照的に、養子はいっしょに育てられても、互いに大きく異なることが多いのに、遺伝学者は気づきはじめた。

私が学生だった一九七〇年代には、そのように人間の行動には生来のものがあることを仮にも示唆すると、タブララサの聖火の擁護者たちの嘲笑と激怒を招いた。生まれか育ちかは、当時、大きな火種で、今日《こんにち》の気候科学によく似ており、異論を唱える人は過激論者としてたちまち切り捨てられた。すべて遺伝子の中にあるなどと、よくも言えたものだ！　おまえはナチのシンパのたぐいに違いない！　と。

## 無力な親たち

一九九三年、発達心理学の分野における万能セオリーであるタブララサ説を従順になぞりながら教科書の草稿を書いていたジュディス・リッチ・ハリスは、賞罰を行なう親の行動が子どもの人格の源泉であるという考え方に疑問を抱きはじめた。一卵性双生児の研究から得られた証拠は、人格を決めるうえで遺伝子が大きな役割を果たしていることを示しているように見えた。進化心理学の研究から得られた証拠を見ると、人間の心が普遍的な特徴を持つことが進化の道理に適《かな》っているように思えた。人類学の研究から得られた証拠は、「伝統的な社会における子育て慣行は、現在の助言者が推奨しているものとはまったく異なるが、それでも子どもたちはりっぱに育つ」ことを示していた。ハリスはすでに、親が人格を決めるという前提に従う教科書の三つの版を共同執筆していたが、証拠がこの説をまったく裏づけていないことに気づきはじめた。

子どもの人格は現に親の人格に似る傾向にあったが、それは親の遺伝子を受け継いでいるからかもしれない。その可能性は、たんにありえないものとして、どの実験からも排除されてきた。そして、同じ家族の兄弟姉妹のあいだの違いは、親がそれぞれの子どもの人格を定めるという概念と、一貫して矛盾しているように見えた。のちにハリスが述べているように、家族間の遺伝的差異を考慮に入れた研究手法が用いられたときにはいつも、「家庭環境と親の子育てのやり方は、子どもの人格形成には影響しないことが判明した」。

ハリスは教科書執筆の契約の解消を求めた。そして一九九五年、次のような挑発的な文章で始まる長い論文を《サイコロジカル・レヴュー》誌に発表した。「はたして親は子どもの人格の発達に、重要な長期的影響力を持っているだろうか？　本論文は証拠を検討し、その答えがノーであると結論する」。当初、反応はごくわずかで、その多くが好奇心からのものだった。この女性はいったい何者なのか？　どこの大学にも研究機関にも所属せず、博士号も持っていない。だが、やがて、アメリカ心理学会が卓越した心理学の論文に与えるジョージ・A・ミラー賞（賞金五〇〇ドル）をハリスに授与することを決めた。ちなみに、ハリスが受賞時に明らかにしたことだが、三八年前にハーヴァードの博士課程に受け入れてくれなかったのが、ほかならぬこのジョージ・A・ミラーだった。その後間もなく、彼女は自分の主張を『子育ての大誤解』（石田理恵訳、早川書房）という題の長い本にまとめ、この作品はたちまちベストセラーになった。

ハリスは容赦なく批判した。子育ての重要性は過大評価され、親は騙《だま》されてきた、と彼女は言う。彼らは欺かれたと感じて当然である。罪悪感に駆られる状態には終止符を打つべきだ。育ちがすべてとする説は、子どもが望ましいかたちで成長しなかったときに、役に立つどころか、多くの親に罪と恥の意識を抱かせている。それ以外の親にとっても、子育てのやり方について教育者や心理学者、人生相談の回答者が与える助言のどれ一つとして、子どもが成長したときの人格に有意の違いをもたらすという証拠はまったくなかった。子どもに冷酷だったり、子どもを放任したりするのはたしかに良くないが、それは子どもに対して思いやりに欠けているからであり、子どもの人格を変えてしまうからではない。親が重要なのは間違いないが、それは親が子どもの世話をし、愛情を与えるからであり、親がさまざまな人のあいだの人格の違いを生み出すからではない。親がいなければその影響は大きいが、子育ての仕方の違いはたいしたことではない。

そのあいだにも、行動・遺伝研究の結果、しだいに蓄積されてきた証拠は、一貫して同じメッセージに収斂《しゅうれん》していた。すなわち、人格の違いは、そのおよそ半分が遺伝子の直接・間接の影響で生じ、およそ半分が何か別のものから生じるが、それには家庭環境はまったく含まれていない、というのだ。ハリスはさまざまな実験の結果を次のように要約している。「同じ家庭で育てられた二人の養子のあいだに人格の類似があったとしても、それは、別々の家庭で育てられた二人の養子のあいだの人格の類似と同じ程度でしかない。同一の家庭で育てられた一卵性双生児の人格は、別々の家庭で育てられた一卵性双生児の人格以上に似ていることはない」。児童発育にかんする文献は、親の行動と子どもの行動の相関が因果関係を意味するとし、（たとえば）虐待する父親を持った息子は虐待者になるといつも決めてかかり、遺伝的な説明を検証することを完全に怠《おこた》ってしまった。だが、虐待するという父親の傾向が、遺伝的に息子に受け継がれたかもしれないのだ。娘の優しさは、優しい母親から気質として遺伝したのであって、学習した習慣ではないかもしれない。そして、家庭を崩壊させた対立が、子どもの反社会的行動を引き起こしたのではないかもしれない。むしろ、親子が同じ内的原因を共有していた可能性のほうがはるかに高い。子どもは、親から反社会的傾向を受け継いだというわけだ。生まれか育ちかという議論で原因と結果を取り違えていることを指摘するために、ハリスはこんなジョークを紹介している。「ジョニーは崩壊した家庭の出身です」「ちっとも意外ではありませんね。ジョニーならどんな家庭でも崩壊させられるでしょうから」。そのような、「子どもから親への」影響がよく見られることを、ハリスは強調している。

児童発育の研究に携《たずさ》わる世界がハリスの本に対して見せた反応は、怒りに満ちたものだった。ある学問領域が前提を検証するのを怠ったために、その領域の研究全体の正当性が問われたわけだから、当然予想できることだ。この分野に所属する多数の人間の猛反対を振り切って、ハリスの本について話しあうために国立小児保健・人間発達研究所によって開かれた会議では、この学問領域の長老たち、とくにエレナー・マコビーとスティーヴン・スオミから、ハリスは公然と猛烈な非難を浴びた。新聞各紙に載った記事で、ハリスは自分の所見に反する有力な証拠を無視していると酷評された。だが、彼女がどの章のどの箇所かと迫ると、異論は消えてなくなった。落ち着いたサルと不安なサルの親を換えて行なった実験で、子育ての仕方がサルの人格に現に影響を与えたことが判明したという、スオミの強硬な主張は、事実に反することが明らかになった。ごく少数のサルを使った、未発表の試験のデータしかなく、複数の実験ではそれに反してそのような影響がないという結果が出たことを、彼は最後には認めた。スオミのものと同じ影響（ただし、逆方向のもの）を人間でも発見したというジェローム・ケイガンの主張は、少数の臆病な赤ん坊を使った学生の研究一つだけに基づいており、その研究での追跡期間はわずか一年九ヵ月で、一生に及ぶ影響とはおよそ言い難いこともわかった。ようするにハリスの主張は、心理学界の体制派が彼女に浴びせたもののいっさいによって、傷つけられるどころか、見事に名誉を回復した。批判者たちはやむをえず、行動遺伝学の方法論的批判（大半がいわれのないものであることが判明した）と、親が子どもに影響を与えることについての、はるかに薄弱な主張（とくに、親は異なる遺伝子を持つ子どもを異なるかたちで扱うという主張）に転じた。それにもかかわらず、やはり彼女は勝利できず、心理学の専門家と実践者は依然として親の影響力を信じ続けているが、この考え方はたえず後退を余儀なくされている。子どもたちは人格を、おもに自分の中から獲得するのだ。

## 地位指数

この本のあとを受けて二〇〇六年に出版した本の中で、ハリスは行動・遺伝研究が明らかにしたじつに興味深い謎を取り上げることができた。すなわち、遺伝子が直接・間接に引き起こすことのできない、人格の差異の残り半分は、何が原因なのか、だ。この違いが本当に奇怪なのは、一卵性双生児のあいだでも、兄弟姉妹や養子どうしと同じぐらい大きいようである点だ。言い換えると、一卵性双生児は普通の兄弟姉妹どうしよりも似ており、兄弟姉妹は同じ家庭で育った養子どうしよりも似ているが、それはたんに、共有している遺伝子の数に起因する。そのような遺伝的要因を割り引くと、一卵性双生児の人格のあいだに現れる違いは、兄弟姉妹どうしや養子どうしのあいだに現れる違いと同じぐらい大きい。兄弟姉妹のあいだで非遺伝的差異を生み出しているものが何であれ、それは一卵性双生児のあいだでも、まったく同じように作用する。結合双生児でさえ、たとえば一方がもう一方よりもたいてい外向的で多弁であるというように、違っている。一卵性双生児の一方が統合失調症の場合、もう一方も統合失調症になる確率は四八パーセントにすぎない。

非遺伝的差異がこのように大きいことの原因は、親でないとすれば何なのか？　ハリスはもっともらしい説を五つ紹介してから、それを次々に退ける。この人格の差異の謎は、家庭環境では説明できない。遺伝的類似性を除外すると、家庭の影響はゼロまで縮むからだ。差異は遺伝子と環境の相互作用（親は子どもを、その遺伝的素質に基づいて異なるかたちで扱う）でも説明できない。偶然もうまく当てはまらないようだ。家庭内の環境の違い、とくに生まれた順番も関係なさそうだ。出産順位による一貫した影響を発見したとする唯一の大規模な研究も、その主張を支えるために使われた、未発表のデータを巡る議論の渦にほどなくして呑み込まれた。五つめは遺伝子と環境の相関関係で、聡明な子どもはより多くの本を読み、魅力的な子どもはより多くの注意を惹く、といった具合だ。もちろん、そういうことは起こるが、それは直接あるいは間接に遺伝子に帰せられる人格の違いの半分に含まれる、遺伝子の間接的な効果であり、説明が必要な残り半分には入っていない。

ハリスの説明は独創的で説得力に富む。人間は成熟するにつれ、社会化し、関係を進展させたり、地位を獲得したり認めたりするために、特定の社会的システムを発達させることを彼女は指摘する。

社会化とは、自分と同年代の人々に溶け込む方法を学ぶことを意味する。子どもは習慣や言葉遣い、お気に入りの言葉、文化の大半を同輩たちから習得する。彼らは多くの時間をかけて、同輩と同じようになることを学ぶ。だが、関係を結ぶ過程で異なる人々を区別し、異なる人には異なる行動を採用することを習得する。

そして一〇代になると、同輩グループの中での自分の相対的地位を見極めようとしはじめる。これは男性の場合にはおもに、自分がどれだけ背が高く、強靭で、押しが強いかを把握し、それに即して自分の野心や人格を調節する、ということになる。経済学では、背の高い男性のほうが職業人生を通じて稼ぎが多いが、収入を最も正しく予想できるのは三〇歳ではなく一六歳のときの身長だという、興味深い研究結果がある。その理由は、ほかの研究が示しているように、男性はその年齢で自分の地位を判断し、それに合わせて人格を形成するからだ。つまり、雇用主が報いているのは、本人の今の身長ではなく、高校時代に背の高い、強力なフットボール選手だったことが一因である、自信と野心という属性なのだ。女性はおもに相対的な魅力に基づいて自分の地位を決める傾向があり、自分の魅力は他者が自分をどう評価しているように見えるかに基づく。したがって、男性も女性も、同輩のあいだで自分が相対的にどれだけの地位を占めると思うかに基づいて、一〇代なかばに自分の人格の一部を定める傾向があるとハリスは言う。それこそが、直接にも間接にも遺伝とは関係ない、人格の差異の原因として有力だと、彼女は考えている。

この説明の長所は、一卵性双生児によく当てはまる点だ。一卵性双生児は身長や身体的魅力の点でほとんど変わらないが、互いの人格をはっきり区別する傾向があり、第三者がそれにたちまち気づき、その差を強化する。「二人をどうやって区別しているかって？　口数の多いほうがXだよ」という具合だ。結合双生児さえもが、ろくに根拠もないまま、自己主張の強さを違える。一方がいつももう一方よりも少し自信があると、その違いが原因でさらに差が広がり、他者からのフィードバックによっても違いが際立ってくる。ハリスの言うように、地位のシステムは、「遺伝子の違いとは無関係の、人格の違いを生み出しうる」。あなたはハリスが地位を強調するのが気に食わないかもしれないが、この説明は各自の内面に由来しており、社会的環境を本人がどう読むかに基づいているので、根本的に説得力がある。そして、あなたの人格はあなたのものであり、あなたはほかの人々の操り人形ではない。自然淘汰のおかげで、人は簡単に洗脳できないようになったのだ。だから、もういいかげん、物事の結果を子育ての手柄にしたり、責任にしたりするのはやめるべきだろう。

　親が子どもの人格を形成するという考え方は、私たちの頭にしっかりと植えつけられており、それで食べている精神分析の専門家も相変わらず多いので、それに異議を唱えれば必ず激しい抵抗に遭う。それでも、証拠は明白になる一方だ。人格の差異は、親ではなく遺伝子とランダムな影響の組み合わせで決まるのだ。子ども時代の出来事が大人になってから心理的問題を引き起こすという、フロイト派の精神分析の核を成す前提は、十分な証拠に立脚していないことが判明している。「子ども時代の経験について話すことには治療効果があるという見方を、証拠は支持していない」とハリスは述べる。思い出してほしい。二〇世紀初期には親への助言はすべて、しつけに重点を置いていた。一方、世紀の後半には、あらゆる助言が放縦《ほうじゅう》の容認を強調していた。とはいえ、これが西洋世界で人間の人格に変化を起こしたという証拠は皆無だ。人々は、自分の行動や傾向にかんしてできることがあると思いたかったので、人格上の問題は誰かのせいであるに違いないと主張した。育ちによって人格が決まるという仮定は、ナチスの優生学の復活への懸念やルソー風の理想主義、マルクスとフロイトとデュルケームの学説といった、多くの要因によって勢いづいていたが、それが好ましく思えたそもそもの原因は、私たちは誰かが管理していると考えずにはいられないことにあった。だが実際には、人格は環境に反応して内面から展開してくるのであり、したがって、本来の意味で進化するのだ。

## 内から現れる知能

人格の差異についてはこれぐらいにしておこう。それでは知能はどうなのか？　三〇年前にはIQ（知能指数）に遺伝が少しでも役割を果たしていると示唆することは、学究の世界では依然としてタブーだった。ただし、世間の人々には何のためらいもなかったが。今日、双生児と養子の研究から得られた、あくまで一貫した結果を誰もが受け入れている。知能の差異は、遺伝子の差異に負うところが非常に大きいのだ。現在、議論が闘わされているのは、それが三〇パーセントなのか六〇パーセントなのか、あるいは、おもに直接的（遺伝子が学習する才能を生み出すと言ってもいいかもしれない）なのか間接的（遺伝子が、学習に対する好みや読書に時間を費やす傾向を生み出す）なのか、といった点だ。知能の遺伝学の分野ではおそらく世界的権威であるロバート・プロミン教授は、次のように述べている。かつては、「知能を計測することなどできない」「知能が遺伝するはずがない！」といった反応が判で押したように返ってきたが、今では、「もちろん、知能には遺伝的な影響もあるだろう。だが……」という調子のものが多い。

大勢の人が、長年この瞬間を恐れてきた。子どもの将来性にかんする宿命論につながる、とか、鈍い子どもたちを切り捨て、優秀な子どもたちの教育に力を注いで、自己成就的予言を生み出すことになるというのが、その根拠だ。とはいえ、知能を遺伝の観点から眺める方向へ大勢《たいせい》が傾いたからといって、それが即、宿命論につながるという証拠はまったくない。むしろ、その逆が起こっており、才能に恵まれた子どもの知力を引き出すことよりも、それほど才能に恵まれていない子どもを指導して知能を高めることのほうに、かつてない関心が向けられているのだ。学習を妨げるものを、失読症や注意欠如障害などと呼んで医療の対象とする傾向は、事実上、それらが生来の遺伝的で器質性のものである(ただし、不可逆的ではない)と認めているのに等しい。

一方、もし知能があまり遺伝的なものではないのなら、大学への入学枠を広げて、経済的に豊かではない家庭に育っている才能豊かな人間を探し出そうとする意味がなくなる。もし、育ちがすべてならば、質の低い学校に通った子どもたちは頭の質も悪いとして切り捨てられうることになる。だが、そんなふうに考える人はいない。そもそも社会的流動性という発想は、恵まれない人々のあいだから才能ある人を見つけること、「生まれ」はありながら「育ち」そこなっている人を見出すことがカギなのだ。二〇一四年、イギリスのある新聞は、遺伝が知能に影響を与えると考えているとして、ロンドン市長のボリス・ジョンソンを非難したが、見出しには「才能ある子どもたちを見捨てる制度」とあった。それ自体が、(遺伝的に)才能に恵まれた子どもたちの存在を前提としているではないか。

行動遺伝学から判明した意外な事柄の一つに、知能の遺伝率(訳注 遺伝率とは、生物集団に見られる表現形のすべての差異のうち、遺伝を要因とする差異が占める割合のこと)は年齢とともに上がるというものがある。一卵性双生児のＩＱの相関は、養子の兄弟姉妹どうしのＩＱの相関と比べて、年齢が上がるにつれて著《いちじる》しく強まる。これは、おもに家庭や境遇が幼い子どもの環境を決定するのに対して、年長の子どもや大人は、自分の生来の好みに合った環境を探し求めたり生み出したりして、自分の本性を強化するからだ。人は長く生きるほど、本性を多く発現させる。

多くの人にとってさらに意外なのは、経済的な平等性が高まると、ＩＱの受け継がれる率が下がるのではなく上がることだ。食べ物が豊かで、平等に行き渡っている世界では、肥満が遺伝する率は上がるのであって、下がりはしない。それは、多くの人が飢えている場所では、誰が太るかはおもに運命で決まるからで、誰もが食べ物を十分得られるようになると、太るのはそのような遺伝的傾向を持っている人で、肥満は同じ家族で多く現れるように見えてくる。つまり、遺伝率が高いように見えるのだ。知能についても同じことが言える。誰もが同じように良い教育を受けると、成績優秀者は最も資力がある人の子どもではなく、成績が優秀な人の子どもに多く見つかるようになる。したがって、親と子の学力の相関が示しているのは、親が子どもに不公平な環境的利点を与えている、といったことではさらさらなくて、むしろ機会が徐々に均等になっていることなのだ。プロミン教授は、「遺伝率は、能力主義の社会的流動性の指標と見なせる」と言っているが、この考えは直感に反すると感じる人が多い。私たちの現状は機会の平等という状態からはかけ離れているが、仮にその状態が実現したとしても、結果の平等はもたらされないだろう。

私が言いたいのは、こういうことだ。「遺伝は重要であり、知能は社会が押しつけたものではなく、子どもの創発《そうはつ》的特徴で、育《はぐく》んでやるべきものである」という新たな見識は、少しも恐れることではない。それは能力主義に適《かな》う結果であり、人々が自分自身の運命を自ら管理できるので、洗脳に抵抗できる世界を提供してくれる。二〇世紀には、生まれか育ちかという激しい論争があったが、それは苦々しいまでに皮肉な話だ。生まれのおかげで人々が自分の才能を通して不利を免れうる世界よりも、育ちがすべての世界のほうが恐ろしく残酷になるだろうから。スラム街に生まれた、あるいは冷淡な親に養育されたという理由で人を切り捨てるとは、なんともおぞましいことではないか。オルダス・ハクスリーの『すばらしい新世界』（邦訳は黒原敏行訳、光文社など）で描かれた社会は近年、宿命的な遺伝子決定論の社会のことだと、たいてい誤解される。だが、じつはその正反対で、それは幼いころからエリートたちの才能を助長して不公平なかたちで優位に立たせる世界だ。幸い私たちは経済学者のグレゴリー・クラークの研究から、エリートも時間がたつうちに平均的な水準にいやおうなく退行することを知っている。ニューヨークのような都会の最富裕層は、子どもをエリート幼稚園へ送り込んでも、遺伝的な凡庸《ぼんよう》さの埋め合わせにはほとんどならない。逆に、ずば抜けた才能を持つ子どもは、スラム街出身であっても大成功を収めうる。生まれは社会的流動性の友なのだ。

## 性的特性の生得性

人々が少しずつこの真実に気づきはじめた結果引き起こされた混乱は、眺めていて楽しかった。一九九〇年代ほど既成勢力の狼狽ぶりがはなはだしかったことはない。そのころ、同性愛はそれまで思われていたよりもはるかに生得的で変え難く、幼少期の経験や青年期の教化のせいである度合いが大幅に低いことが明らかになったのだ。なんと不快な結論だろう！　宿命論者や偏見を持った者の思うつぼにはまり、誰もが自分の遺伝子の囚人であると宣告するとは。いや、じつはそういうことではまったくなかった。驚きを引き起こしたのは、この知らせを最も熱烈に歓迎したのが同性愛者たち自身であるという事実だった。彼らは言った。ほら、自分の本性に反してまで、保守派を私たちの同性愛でいらだたせることに意地悪くこだわっているわけではないですよ、私たちは根っからの同性愛者なのです、それは内からくるものです、と。この新しい見方は優生学的な迫害につながりかねないと考えた左派の一部から多少の異議は出たが、同性愛者たちが生まれつき同性愛であると考えてほしいと、どれほど強く願っているかが明らかになると、その異議も間もなく収まった。一方、右派の反対者たちは、若い人々が年長の同性愛者によって同性愛者に「仕立てられ」るようなことがあってほしくはないという理由で、ずっと自分たちの偏見を正当化してきた。ところが、性的特性はもともと人が持って生まれたものであることが判明したため、その偏見の根拠は今や崩れ去った。青年期に教化されることで同性愛が起こりはしないという事実が受け入れられると、同性愛者の権利に対する保守派の反対を消し去る動きが大きく進展した。

私の見るところ、生まれと育ちにまつわる争いを終わらせるうえで、単独でこれほど重要な役割を果たしたエピソードはほかにない（私は二〇〇三年に、数十年にわたって激烈な論争のテーマだった生まれか育ちかという問題について、本を一冊上梓した。好意的な書評は出たが、ほとんど関心を持たれず、それ以来この論争は盛り上がりを欠いたままである）。親は子どもの性的特性について、自分や他人を「責める」のをやめ、あるがままに受け入れることができた。同性愛の人々や、賢い人々、不機嫌な人々や陽気な人々も、それまでに彼らになされたことのせいでそういうふうになったのだと言われずに済むようになり、自分の内から現れ出てきたもののせいであると知って、楽な気分になれた。政治的左派は生得性をとうの昔から受け入れているべきだったことが、突然明らかになった。人間はおもに内から、下から造られるのであって、外から、上から造られるのではないのを受け入れるのが人道的なことなのだ。

人間の行動における性差の起源は、生得性と文化についての誤解の豊かな鉱脈だ。幼い男の子はトラックで遊ぶのを好み、幼い女の子は人形で遊ぶのを好むという固定観念を、私たちの文化は容赦なく強化する。玩具店は、男の子と女の子を従来どおりの異なるかたちで眺めることにすっかり満足している大人たちにおもねるように、ピンク色をした女の子用の売り場と、青色をした男の子用の売り場に分かれている。それに激怒するフェミニストは多い。彼女たちは、こうした性差のそもそもの原因は、支配的な文化によって子どもたちにそれが押しつけられている点にあると言い張る。だが、彼女たちは原因と結果を取り違えている。親が男の子にはトラックを、女の子には人形を買うのは、彼らが支配的な文化の奴隷だからではなく、それが子どもたちの望むものであるのを経験的に知っているからだ。もし選択肢を与えられたら、それまでの経験とは関係なく、女の子は人形で遊び、男の子はトラックで遊ぶ。何度実験してもそうなる。ほとんどの親は喜んで性差を強化するだけで、一から性差を作り上げることになど関心はない。

二〇〇〇年代初期に、行動科学者のメリッサ・ハインズは、それとまったく同じ好みがオスとメスのサルにも見られることを示して、激しい物議を醸《かも》した。選択肢を与えられたら、メスのサルは人形で遊び、オスのサルはトラックで遊ぶ。この実験はほかの心理学者の怒りと批判を招いた。彼らはなんとしても粗《あら》を見つけようとした。だがその後、別の種のサルで実験がなされたものの、結果は同じだった。メスのサルは、文化的固定観念の奴隷にされていることなど知る由《よし》もないまま、顔のあるものを好む。オスのサルは、人間の性差別主義者の言いなりになっていることなど知る由もないまま、動く部品のついたものを好む。ジュディス・リッチ・ハリスの主張は物の見事に擁護された。性差別であふれ返る玩具店の売り場は人間の生来の好みに応じているのであって、その好みを生み出しているのではないことが今や決定的に示されたのだった。そうした違いは、押しつけられたのではなく、進化したのだ。

## 殺人の進化

人々の差異が内面に由来するのなら、類似性も同じだ。動物は本能に頼り、人間は学習に頼るという、戦後期の支配的な見解もまた、典型的な人間の行動について進化で多くに説明のつくことが明らかになって、崩れ去った。たとえば事実上すべての哺乳動物の種で、オスはメスより大きくなり、首と前肢が強靭で、交尾の相手や縄張りを巡って頻繁に争い、性的に積極的で、子どもに注意を払わず、繁殖の成功の度合いにばらつきが大きい（多くの子を残す個体もいれば、まったく残さない個体もいる）。人間は本能ではなく文化の産物であるはずなのに、やはりこうした特徴を示すとは、なんと奇妙なことか。生物学的理由から、哺乳類においては必ずや、オスが精子を生み出すのに費やすよりもはるかに多くの時間とエネルギーをメスが懐胎したり授乳したりするのに費やすので、メスの繁殖能力は稀少な資源であり、それを巡ってオスが争うという事実に、これらの特徴の源泉を見て取るのはわけもない。オスがメスのそばに残って助ければより多くの子どもが生き延びる種では、そうする習慣が広まる。そして、私たち人間もそのような種の一つだ。そのため私たちは、ゴリラやシカよりも、両性のあいだの類似性が大きい。だが、両性の習性のあいだの非対称が完全に失われることは稀《まれ》だ。

ある調査によれば、一三世紀のイングランドから現代のカナダまで、あるいはケニアからメキシコまで、世界のどこでも歴史を通して、男性が男性を殺すほうが女性が女性を殺すよりもはるかに多く、その割合は平均でおよそ九七倍にのぼるという。これまで社会科学者はこの現象を、特定の文化的要因を引き合いに出して説明してきた。女性のほうが優しくなるようにしつけられた、女性は従属させられていた、女性は男性とは異なる役割を果たすことが見込まれていた、一時期、女性のほうが殺人に対して厳しく罰せられた（仮にそれが以前は本当だったとしても、今はもうそうではない）、というように。このドグマによれば、女性と男性の違いは、社会による扱われ方の違いの程度に限られるという。一九七〇年代に、ある一流の犯罪学者はこの分野で支配的な見識を要約するかたちで、次のように書いた。生物学も心理学も、「女性より男性が圧倒的に多く犯罪にかかわることを説明する助けに」ならない。

一九八〇年代末にマーティン・デイリーとマーゴ・ウィルソンは殺人についての本を書き、それに異を唱えた。文化決定論による説明は事実に反しており、ほかの哺乳動物のオスがメスよりも暴力的であるのと同様の理由から男性は女性よりも暴力的である可能性のほうがはるかに高い、なぜなら、過去に繁殖の機会を巡って争うように生物学的作用に強制されたからだ、と二人は主張した。そして、殺人の犠牲者と加害者になる確率は、女性よりも男性のほうが大幅に高く、すべての文化において同じ年齢（青年期）で頂点を極め、これは殺人の発生率が低い平和な文化にも、殺人の発生率が高い暴力的な社会にと同じように当てはまることを指摘した。一九九九年に《エコノミスト》誌が掲載した、男性の殺人と年齢を表す目を見張るようなグラフからわかるように、殺人の発生率は一〇代後期から急速に上がり、二〇〜二五歳でピークを迎えたあと、今度は急落し、その後は徐々に減っていくのだが、その形状は一九六五〜九〇年のシカゴの記録でも、一九七四〜九〇年のイギリス全土の記録でも、まったく同じだった。ただし、シカゴの場合のピークは一〇〇万人あたり九〇〇人であるのに対して、イングランドとウェールズでは一〇〇万人あたり三〇人だった。

地元の文化がこれほど重要な種において、こうした傾向が普遍的であるとは、なんとも奇妙ではないか。また、この暴力の傾向が、ほかの哺乳動物と同じで、オス（男性）が繁殖の機会を巡って最も激しく争うまさにその時期にピークを迎えるとは、なんとも奇妙ではないか。殺人にかんする統計的データの大多数を占めるのは、自分の地位を向上させたり、性的なライバルを打ち破ったりしようとする、若くて独身で失業中の男性である。世界中の狩猟採集社会や小規模な社会にもそれが当てはまる。女性と地位とを巡って、若い男性が若い男性を殺すのだ。（デイリーとウィルソンの言葉を借りれば）「完全に繁殖に失敗しそうなことが明らかな生き物はみな、現時点での将来性を向上させる試みのために、多くの場合、命の危険を冒すことになっても、いっそう奮闘しなければならない」のであり、その種の本能を自然淘汰が人間に与えたと考えれば、たしかにほとんどの殺人は説明できる。文化決定論の魔法を払いのけなくてはいけない。行動の原因は、進化に求めるべきなのだ。

## 性的魅力の進化

あるいは、生殖能力の盛りにあって、健康で、わが子にぜひ受け継がせたいと思うような種類の明るい人格を持った女性に男性が最も惹かれるという、驚くまでもない事実を取り上げてもいい。男性と女性に、短期間の関係あるいは長期間の関係を結ぶ相手として、どの年齢の異性が最も魅力的に思えるかを調べる研究が最近行なわれた。すると、両性のあいだではっきりした違いが見られた。人生のどの段階でも、女性は短期と長期の関係の両方で、自分とほぼ同じ年齢のパートナーを好むと答えた。女性は三〇歳ぐらいまでは少しだけ年上の男性を、そのあとは少しばかり年下の男性を好んだが、五〇歳になっても、最も好ましい男性の年齢は四三歳ぐらいだと回答した。それとは対照的に、あらゆる年齢の男性が（白状しなさい。この先は言わなくても察しがついているはずだ！）、短期間の関係や性的空想の対象としては二〇歳の女性が最も魅力的だと感じた。四〇代の男性のうちには、好みの年齢を二三歳か二四歳まで上げる人もいたが、ほかの人はあくまで二〇歳にこだわった。長期的な関係の相手としては、年長の男性は短期的な関係のときより少し年長の女性を好んだが、自分と比べれば、相手の年齢は相変わらずずっと低かった。つまり、どの年齢の男性も、生殖能力が最大である年齢の女性を最も魅力的に感じるのだ。この現象の説明を求めるべきは、文化的規範の世界ではなく進化の世界である。生殖能力の盛りの年齢で健康な女性に惹かれる男性は、高齢の女性、未熟な女性、病気の女性、気難しい女性を性的パートナーとして好む男性よりも、平均すると多くの子孫を残す傾向があった。強くて自信に満ちていて成熟した野心的な男性を魅力的に感じる女性は、弱い男性、臆病な男性、若い男性、内気な男性に心を奪われる女性よりも、多くの子孫を残す傾向があった。私が若かったころ、人間の普遍的な特徴についてのそのような説明が禁じられていたのは、じつに奇妙なことだ。

ハーヴァード大学の心理学者スティーヴン・ピンカーは、タブラサのドグマには完全に反して、私たちの情動や能力は、自然淘汰のおかげで論理的思考や意思の疎通に適応し、どの文化にも共通のロジックを持ち、消し去ったり一からデザインし直したりするのが難しいと主張する。私たちの情動や能力は、外ではなく内に由来する。私たちが学習できるのは、学習のための生来の仕組みが私たちに備わっているからだ。学習は本能の反対ではなく、それ自体が一つあるいはかなり多数の本能の表れなのだ。人間の脳には（必ずしも最初からではないが）もともと、言語を学習したり、顔と情動を認識することを学習したり、数や、ものの一体性、他者に意識があることを理解したりする傾向がある。

社会決定論と文化決定論と親決定論が崩れ、人間の人格と特徴にかんする、よりバランスの取れた進化理論がそれに取って代わったのは、圧制的で誤った形態の文化的特殊創造説からの、大いなる解放なのだ。

# 第10章　教育の進化

であるから、われわれは一方に、天空の現象に就いて、また太陽や月の運行は如何にして起るか、また地上に生ずるあらゆる現象は如何なる力に由来して起るのか、の点に関して正しい理論をたてる必要があるが、他面特に、明敏なる理性を用いて、たましいは何から構成されているか、精神の本質は何から構成されるか、を検討してみなければならない。

——ルクレティウス、『物の本質について』第一巻より

児童をクラス分けし、教師が試験に備えて教える義務教育はあまりに当たり前で、誰も疑ってみようともしない。学習とはそういうものだと私たちは思っている。しかし、自身の経験を少しでも思い返せば、ほかにも学習方法がたくさんあるのがわかる。読書し、観察し、模倣し、行動して学べる。友人と一緒でも、一人でも。ところが、こうした学び方はどれも「教育」——つねにトップダウンの活動——とは呼ばれない。学校の教室はほんとうに若年者にとって学習に最適な場所なのか？　ある

いは、形式的な教育にこだわるあまり、他のより創発《そうはつ》的な学習法が見えづらくなっているのか？　教育が進化したとしたら、それはどんなものになるだろう？

改めて考えてみれば、自由を尊重するリベラルな人々が、五歳の子どもを一二～一六年にわたって一種の刑務所のような場所に送り出すというのも少々おかしな話だ。そこでは罰をほのめかして教室という監獄に児童を収容し、罰を匂わせて椅子にすわって指示に従うよう強いる。もちろん、現在はディケンズの時代とは違うし、多くの児童がすばらしい教育成果を上げるが、それでも学校は人を教化しようとする、いたって全体主義的な場所だ。私の場合、刑務所のたとえはまさにぴったりだった。私が八歳から一二歳のあいだを過ごした寄宿学校は規則が厳しく、苦痛を伴う体罰が頻繁《ひんぱん》に用いられ、ナチス・ドイツの戦争捕虜がトンネルを掘り、食べ物を貯め込み、鉄道の駅まで田園地帯を逃亡するルートを計画した話に、生徒は共鳴したものだった。逃亡はしょっちゅうで、厳しい罰が与えられたが、周囲からは英雄扱いされた。

## プロイセン・モデル

経済史学者のスティーヴン・デイヴィスは、現代の学校形態はナポレオンがプロイセン王国を破った一八〇六年にその起源を有すると考えている。苦汁をなめたプロイセンは、同国でも並ぶ者のない知識人のヴィルヘルム・フォン・フンボルトに意見を乞い、厳格な義務教育プログラムを策定した。おもな目的は、若者を戦争中に逃亡しない従順な兵士に育成することにあった。現在の私たちが当然と受け止めている学校教育の特徴の多くは、これらのプロイセンの学校で導入されたものだ。たとえば、習熟度を度外視した学年単位の教育法は、成熟した市民ではなく新兵を養成するのが目的と考えれば納得できる。教授法は形式的で、児童は古代ギリシャのように教師と一緒に歩き回るのではなく、立っている教師の前に机を並べてすわる。学校の一日はベルの音で区切られていた。時間割はあらかじめ決められ、自由な学習ではなかった。一教科に一日以上費やすのではなく、一日に数教科学ばせた。こうした特徴は、若者をナポレオン相手に戦う徴集兵候補に育てたいなら理にかなっている、とデイヴィスは述べる。

プロイセン・モデルの実験は、大西洋を隔てた対岸でとくに盛んだった。ノースカロライナ州に公立学校を創立したアーチボルド・マーフィーは、一八一六年にこう述べている。「豊かな愛情を持ち、幸福を希求する国家は、児童に対する責任を有して当然であり、児童の精神を啓発し、心を高潔に保つような学校教育を提供すべきである」。アメリカ公教育の父と広く考えられているホーレス・マンは、プロイセン・モデルの熱心な支持者だった。一八四三年にプロイセンを訪れ、帰国時にはかの国の公立学校を範にすると心を決めていた。一八五二年、マサチューセッツ州はプロイセン・モデルの採用を明確に掲げ、ニューヨーク州がすぐにこれに続いた。マンの考えでは、公教育のおもな目的は教育水準を上げることではなく（いずれにしても、一八四〇年までには北部諸州の識字率はすでに九七パーセントに達していた）、粗野な児童を規律正しい市民に育成することにあった。教育は子どもたちのためではなく、国家のためにあると彼は明言している。マンに関するウィキペディアのページにはこうある。「権威に対する服従、時間厳守、ベルの音に合わせて毎日を過ごすという価値観を教え込めば、生徒たちは将来の雇用に対する準備が整う」。当時、カトリック教徒の移民が入り込むことでアメリカの価値観が揺らぐと考えられていたのは偶然ではなく、国家が教育権をその手に握った動機にはこのことが大きく影響している。『教育の再生（*The Rebirth of Education*）』という著書でラント・プリチェットは、一九世紀日本の文部大臣の次のようなあからさまな発言を引用している。「あらゆる学校の管理において、なすべきことは生徒のためではなく、国家のためであることを忘れてはならない」（訳注　初代文部大臣、森有礼の言葉。原文は「学政上に於ては生徒其人の為にするに非ずして国家の為にすることを始終記憶せざるべからず」）。

## 私立学校の締め出し

数年後、イギリスも同じ道をたどったが、その目的はおもに国を運営する事務官の養成だった。スガタ・ミトラが二〇一三年の優れたTEDトークで述べたように、イギリスは遠隔地にある属国を取り仕切る巨大なコンピュータをつくることにした。それは入れ替え可能な部品から構成される管理運営装置なのだが、部品とはほかならぬ人間なのである。これらの部品をつくるために、文書に目をとおすのが速く、まともな文章を書き、四則演算を暗算でやってのける人間を高い信頼性で育てる教育装置が必要になった。ミトラはこう語る。「これらの部品は寸分違わぬものでなくてはなりません。部品をニュージーランドからカナダに送ったら、瞬時に仕事を始められねばならないのです」。

イギリスでは、国家主導型の義務教育が貧しい人に教育を受けさせる唯一の方法だと多くの人が信じているが、じつはアメリカと同じく事実はそうではなかった。イギリスが一八八〇年に義務教育を導入したとき、イギリス国民はすでにほぼ全員が読み書きできた。識字率は一七〇〇年のイギリス男性の五〇パーセントとイギリス女性の一〇パーセントから、一八七〇年には男女ともに約九〇パーセントまで着実に上昇していた。一八八〇年に義務教育が法制化されたとき、一五歳の子弟の九五パーセント以上がすでに読み書きできた。これはそれまでの半世紀に家庭、教会、共同体で自主的に行なわれた教育の成果であって、国は一八七〇年以前には教育政策はほぼ何も持ち合わせていなかった。その後、自主的な教育がさらに広がらなかったと考える理由はない。政府からの指図がなくとも、教育制度そのものがすでに自《おの》ずと進化していたのだ。

一九六五年、イギリスのニューカッスル大学の経済学者で、のちにカナダに移住したエドウィン・ウェストは、いまでは有名になった私教育に関する著書『教育と国家（*Education and the State*）』で、イギリスで一八七〇年から国による教育制度が始まり、一八八〇年には義務化されたことで、成長途上にあった健全な私教育が事実上その芽を摘《つ》み取られてしまい、さらなる発展が阻まれたと論じた。ウェストの印象深い言葉を借りれば、政府は「すでに並足で走っている馬の鞍に飛び乗った」だけなのだ。

インドでも状況はほぼ同じだった。一八二〇年代の調査で、イギリスがこの亜大陸に公教育を導入するはるか前に、インドではヨーロッパの一部の国より多くの男児が私教育を享受していたことがわかった。のちにマハトマ・ガンディーは、イギリスが在来の私立学校を、中央集権的で、説明責任を果たさない、排他的なカースト制に染まった公立学校と入れ替えて悲惨な失敗を犯し、それによって「美しかった木を引っこ抜き」、インドを以前より識字率の低い国にしてしまったと嘆いた。もちろん、イギリスは強硬に反論したが、証拠を見るかぎりイギリスに理はない。

一八一八年から一八五八年にかけて、イギリスでは私立学校の入学者数が四倍に増えた。一八七〇年には、イギリスでは教育はほぼ万人に行き渡ったものの、在学期間は短く、現在の水準から見れば貧弱な制度だった。しかし、そこが問題だ。現在の水準で過去を判断してはならないのだ。教育制度が急速に成長したのは、労働者階級がどんどん安価で多様になった新聞や雑誌を読んだり、自分でも文章を書いたりすることの利点に気づいたからだった。ウェストが述べたように、「近代における大衆紙の出現が一八七〇年のフォースターの教育法に負うというのは神話だ……一八六〇年代末には、たいていの人は読み書きができたし、大半の児童は何らかの学校教育を受け、大半の保護者がそのための代価を支払っていた」。

W・E・フォースターが正確には何を目指していたのかを見てみよう。フォースターはけっして国家による万人のための無償の義務教育を望んでいたわけではなく、私教育に深刻な問題があると思われる場合にのみ国が介入し、保護者は教育にしかるべき代価を支払い、どの学校に子弟を入学させるかについて選択権を持つべきだと考えていた。だが、これらの期待はどれもすぐに裏切られた。わずかでも機会があると見て取ると、国はすみやかにほぼすべての教育を国家事業となし、誰が何を教えるかのみならず、どの児童がどの学校に通うべきかまで決めるようになった。だが教育が一八七〇年以降も民間にとどまり、教育費を払えない人々のために国が奨学金を与えたとすれば、教育制度は拡張し進化したはずだし、イノベーションと競争によって実際と同じくらい、ことによるとより早期にカリキュラムと教育水準が改善していたはずだった。ところが、ろくに教育が行なわれていなかったところにイギリスが国として介入し、それ以降の世代が教育を享受したという神話が生まれた。

仮にこの神話が事実なら、国家主導の教育の水準が低下し、公立学校の生徒を優秀な大学に受け入れる積極的優遇措置《アファーマティブ・アクション》を求める切実な声が上がっている昨今の状況は避けられたはずだ。私立学校はオックスフォード大学やケンブリッジ大学に優秀な若者を不釣り合いなほど多数送り込んでいるが、このことが意味するのは、富裕層が生まれつき優れた頭脳を持つか、私教育が公教育より優れているかのどちらかだ。前者はあまりありそうにないし、後者は公教育の質が劣っているという衝撃的な結論になる。ちなみに、私教育の学費が公教育よりそれほど高いわけではない。両者の違いは、私教育の場合には保護者が、公教育の場合には納税者が学費を支払う点にある。より安くつく唯一の選択肢――自宅学習――では、さらに目ざましい成果が得られる。要するに、教育提供の国営化によって貧困層は収入を他のものに回せる（税金を支払うのではなく）ようになるとはいえ、これらの人々の社会移動は少しも促されておらず、それどころか正反対の結果を生み出しているかもしれない。

## 教育のイノベーション

これはイギリスに限られた話ではない。ケイトー研究所のアンドリュー・クルーソンが「教育の市場と独占」に関して長期にわたって行なった国際的な研究調査では、各国内で比べても各国間で比べても「大多数の計量経済学的研究は、私教育に比べて公教育は見劣りすることを示している」と判明した。インドその他の地域の公教育に関するラント・プリチェットの調査によると、公立学校の多くでは教育水準がいたって低く、ほとんどすべての場合にこれに中央集権的な手法が関わっているという衝撃的な結果が出た。生徒は学校で長い時間を過ごし、教育により多くの資金が充《あ》てられているという自慢話も、その教育によって子どもたちが学んでいないなら無意味だ。プリチェットはクモとヒトデの比喩を持ち出す。クモは自分の巣で起きることすべてを、脳内のただ一つのノードをとおして制御する。つまり、クモはきわめて中央集権的だ。一方でヒトデは脳を持たず、それぞれの腕を局所的に神経制御する、いたって分散的な生き物だ。一九世紀にクモ型の教育制度がデザインされたのは、国家を正統な政権に仕立て上げようとする試みの一環だった。この中央集権的な体制は、今日《こんにち》教育が直面する問題やイノベーションにまるで役に立たないばかりか、有害ですらある。プリチェットが提案する解決法は、多様性と実験精神を重んじる教育体制を各地で進化させること、つまり、教育をもっとヒトデのようにすることだ。

国営教育がもたらした真の悲劇は、イノベーションがまったくと言っていいほど見られない点にある。世界最高峰と言われる学校で学んだ私だが、先に触れたラテン語という教科に限らず、自分が置かれていた教育環境がどれほど中世的だったかは驚くほどだ。教育は暮らしの他の側面ほどテクノロジーの恩恵を受けていないと感じずにはいられない。科学は答えを待っている魅力的な謎というより、ただ覚えるだけの事実の集まりであるかのように——私だけでなく、私の子どもたちにも——教えられた。子どもにボイルの法則を教えることはない。銀河とブラックホールを与えればいいのだ！　アルバート・アインシュタインはこう言った。「近代の教育法が神聖な好奇心をまだ殺していない」のは奇跡と言うほかない、「この繊細な生き物が欲しているのは、刺激を除けば、おもに自由なのだから」。

国営化がイノベーションの不在と深く関わっているのは間違いない。アメリカ教員連合会会長を長く務めてきたアルバート・シャンカーはこう述べる。「公教育が計画経済のように運営されているということを、そろそろ認めるべきだ。どの人の役割もあらかじめ定められていて、イノベーションや生産性に対する報奨がほとんどない官僚制度なのだから、わが国の教育制度が改善しないのも無理はない。わが国の教育制度は、市場経済というより共産主義経済に似通っている」。

進化による教育改革の動きは出てきている。ニューカッスル大学教育学教授のジェームズ・トゥーリーが調べあげた――いや、むしろ「発見した」と言うべきだろう――のは、インド、ナイジェリア、ガーナ、ケニア、さらに中国までふくめた国々の極貧のスラム街や僻地の村落に、いかに低額私立学校が多いか、ということだった。まず二〇〇〇年に世界銀行のためにインドのハイデラバードでこの現象を調査しはじめ、以降はアフリカで同様の調査を行なっている。下水が溢れ、狭苦しく、古い町並みのハイデラバードでは、貧民のための私立学校を五〇〇校見つけた。そのうちの一校のピース高校では、扉がなく窓にガラスが入っていない、壁が汚れ放題の教室で、人力車を引く車夫や日雇い労働者の子弟が、年齢に応じて月六〇～一〇〇ルピー（訳注　約一〇〇～一七〇円）払って教育を受けていた。だが、教育の質はすばらしかった。もう一校の聖マーズ高校は、数学の才とカリスマ性を持つ校長が二〇年かけて築き上げた学校で、一〇〇〇人近くの生徒数を誇り、大半は免許を持たない（しかし教育は受けていることが多かった）教員たちが、三カ所の賃貸施設で授業を行なってなかなかの利益を上げていた。国家が認定する教員免状を持つ教員のいる公立学校はあったが、ハイデラバードの保護者の多くが彼らの授業の質に憤慨する一方で、私立学校の教員は国のおざなりな教員養成プログラムに憤慨していた。ある教員はトゥーリーにこう語った。「政府の教員訓練は、プールのそばに一度も寄りすらしないで泳ぐことを学ぶようなものだ」。

トゥーリーが世界銀行の同僚にこの話をすると、私教育は貧しい人から金を巻き上げようとするビジネスだとか、私立学校はたいていその地域の最も裕福な人々の子弟を受け入れていて、これはその地域の他の人々にとって望ましくないとか反論された。しかし、こうした見方は明らかに間違っている。ハイデラバードのピース高校は、極貧や無学の人の子弟については学費を割り引いたり、無償にしたりしていた。たとえば、ある保護者はモスクの清掃係で、月に一〇ポンド（訳注　約一六五〇円）も稼いでいなかった。そのような人がなぜ学費がかかからず、制服、教科書、果ては無償の食べ物まで与えてくれる公立学校ではなく、私立学校に自分の子を入れるのか？　トゥーリーが保護者たちに聞いた話によると、それは公立学校では教員が欠勤したり、出勤しても教え方が悪かったりするからだという。彼は公立学校をいくつか訪れ、こうした指摘が正しいことを確認した。

やがてトゥーリーは、貧民街にあるこれらの低額私立学校の存在は知られていないのではなく、どちらかと言えば当局に無視されていることに気づいた。当局は、公教育の拡大こそ貧しい人々の救済になるという立場を変えていない。低所得者の多い国々の公教育が不十分であることはよく知られているにもかかわらず、誰もが認める解決策は現在と異なるアプローチではなく、さらなる資金だ。たとえばアマルティア・センはある論文で政府はもっと金を出すべきだと主張し、私教育をエリートの特権と片づける一方で、同じ論文の別の箇所では、貧しい人々がどんどん子弟を私立学校に入れるようになっており、「その傾向はとりわけ公立学校の質が劣悪な地域において見られる」と指摘する。この劣悪な状況に至ったのは、教師が保護者を無視して官僚におもねっているためというより、私立学校の存在によって発言力のある中流階級が公教育から離れていったためだとセンは考えている。とはいえ、貧困層も少なくとも中流階級と同程度に公教育から離れつつある。学校教育を下から生み出すべくはたらきかけることができるという教訓は忘れ去られ、それは上から押しつけねば始まらないという考えが支持された。

トゥーリーにとってインドはほんの手始めだった。諸国を調査して回り、どこでも低額の私立学校はないと告げられるが、いつでも事実はその反対であることを発見した。ガーナではある教師が、四カ所に分校を持ち三四〇〇人という生徒数を誇る学校を創設し、一学期につき一人五〇ドルの学費を集めていたが、それを払えない人には奨学金を出していた。ソマリランドのある町は、上水も、舗装された道路も、街灯もなかったが、私立学校は公立学校の倍を数えた。ナイジェリアのラゴス州では、政府職員も欧米諸国の支援組織職員も、口を揃えて低額私立学校の存在を否定したが、この州の貧民街に住む学童全体の七五パーセントが私立学校に通っていて、こうした学校の多くが国に届け出をしていないことがわかった。インドとアフリカでは、都市部あるいは地方の別なく訪れた場所すべてで、低額私立学校に公立学校より多くの生徒が入学し、人々が収入の五〜一〇パーセントを子弟の教育に充てるとトゥーリーは知った。ガーナでは、国の教育官僚に資金を提供する代わりに、なぜこれらの私立学校に資金を貸し付けないのかと、イギリス政府の支援組織職員に尋ねたところ、営利団体には資金を提供できないという答えが返ってきたという。

ここで、ラゴスの貧民街にあなたが住んでいて、お子さんがいると想像してほしい。お子さんが通う学校の教員は欠勤が多く、授業中に眠りこけていることもしばしばで、目覚めているあいだもまともな授業はできない。しかし、この学校は公立なので、お子さんを退学させても誰も気づきもしない。ほかにできることと言えば、その教員の上司に掛け合うしかないが、その人物はあなたがあまり足を踏み入れない地域に住む顔も知らない役人だ。あるいは、次の選挙まで待って、教員の出勤率と技量を調べる視学官を送り込んだり、状況を改善するような役人を任命したりしてくれる政治家に一票入れることもできる。まあ、うまく事が運べばだが……。トゥーリーが引用した世界銀行の報告には、次のような悲観的なくだりがある。公立学校では成果主義はうまくいかず、「ヒエラルキーの下層にいる者が、ましな仕事や良い評価を得ようと上司に賄賂《わいろ》を使うので、機能不全に陥った官僚は腐敗する」。

ところが、あなたのお子さんの教師が営利目的の私立学校の教員で、あなたがお子さんを退学させたら、学校のオーナーはその結果をすぐに自分の懐《ふところ》具合から知るので、優秀でない教員はクビになる。自由な体制では、保護者、すなわち消費者が上司なのだ。トゥーリーは、私立学校の経営者は教員をたえずチェックし、保護者の苦情に耳を貸すことを発見した。彼のチームがインドとアフリカ各地の学校を訪れると、私立学校に比べて公立学校の教員数は実際には少なく、ときには半分ほどのこともあった。公共機関からの助成金や支援金もなく、認知されていないはずの私立学校だが、トイレ、電気、黒板などの施設や備品は公立学校より整っていた。生徒たちも成績が良く、とりわけ英語と数学に秀でていた。

## 教育のテクノロジー

営利目的の教育が成果をあげるというのは、貧しい国々に限られているわけではない。スウェーデンでは、営利目的の私立学校は公立学校と競合し、教育水準を上げるとともに教師と生徒間の対話を増やしている。イギリスにある大半のエリート私立学校は非営利なものが多く、そのため投資や拡張が妨げられているのかもしれない。

テクノロジーによって、教育はさらに急速な変化を遂げようとしている。ブリッジ・インターナショナル・アカデミーズ（訳注　ビル・ゲイツやマーク・ザッカーバーグらの支援を受けて設立された、世界中の貧困層の子どもたちに教育を提供する事業）は現在、ケニアで営利目的の低額の学校を二〇〇校運営している。教員には時間割がタブレットで渡され、そのタブレットは教員がきちんと教えているか否かをチェックする目的にも用いられる。この事業が掲げる理念は、その地域にいる教員の質によって生徒が受けられる教育の質が制限されてはならず、生徒は世界のどこにいようとも地元の教員をとおして世界最高峰の教育を享受できねばならないというものだ。同様の理念にもとづき、カーン・アカデミーは短いがハイレベルの私的講座のビデオを四〇〇〇本以上提供している。これらのビデオはほぼすべての分野を網羅していて、誰でも見ることができる。大規模公開オンライン講座（ＭＯＯＣ）という試みも盛んになってきており、スタンフォード大学やマサチューセッツ工科大学（ＭＩＴ）に通える幸運に恵まれた人でなくとも、何千人もの熱心な学生が、エリート大学の超一流の講師の授業を聴講したり、実際に授業を取ったりすることができる。地元の歌手ではなくプラシド・ドミンゴの歌を聴く選択肢があるのと同じことで、現代社会では地元の教師に教わらなくてもいい。いちばん優秀な人から学べるのだ。これと対極にあるのがミネルヴァ・アカデミーだ。この大学は起業家のベンジャミン・ネルソンがサンフランシスコに創立した私立のカレッジで、最小限と言えるほど小規模だが、ヴァーチャルではないリアルな大学だ。学生は一般の大学と同じく寝起きをともにするものの、他のあらゆる点で一般の大学と異なっている。なかでも、授業は対話型セミナーとしてオンラインで行なわれる。ミネルヴァのスティーヴン・コスリンは、講義という形式は「教えるにはもってこいだが、学習に最適とは言えない」と語る。

伝統的な大学は、テクノロジーに押されて五〇年後には間違いなく姿を消しているだろう。自分で選んで組み合わせたオンライン講義を受け、その成果をオンラインで採点、評価してもらい、世界のどこにいてもその分野で最高の教師の講義を受けられるのだとしたら、たった一ヵ所のキャンパスで三年間（訳注　イギリスの大学は一般に三年で修了する）過ごすために多額の学費を払い、卒業して実社会に出ても大卒でない人とさほど変わらない給料しかもらえない権利を手に入れる必要がどこにあるだろう？　あるとき人工知能の専門家セバスチャン・スランが、スタンフォード大学の学生だけでなく、自分の講義を聞きたい人なら誰にでもオンラインコースを教えると発表すると、数万人がそのコースを取った。そのうち四〇〇人以上がスタンフォード大学でトップクラスの学生より優秀な成績を収めたという。

実際、人が関わる部分をすべて取っ払ってみてはどうか？　デリーの貧民街でオンラインアクセス可能なコンピュータを壁に開けた穴にはじめて置いたとき、スガタ・ミトラは何が起きるか想像もつかなかった。だが子どもたちはスクリーンの周りに集まってきて、インターネットで遊びはじめた。数週間すると、英語も話せなかった子どもたちが驚くほど高度なレベルのネットスキルに達していた。

この「壁の穴実験（hole-in-the-wall experiment）」は、映画『スラムドッグ$ミリオネア』が生まれるきっかけになった。三年後、ミトラの同僚たちがニューデリーのある地区に住む子どもに二〇台のコンピュータを与えると、何も教えなくても、六〇〇〇人の子どもたちがコンピュータリテラシーを身に着けた。子どもは大人の指導がなくてもコンピュータを使えるようになるのだ。重要なのは、子どもたちがそれぞれ自分で学んだのではなく、互いに教えあった点だった。それは集合的で創発的な現象だったのだ。

この発見のおかげで、現代のあらゆる物事がつながった世界では、とくに何も教えなくても他の種類の学習も可能なのではないかという考えがミトラの頭にすぐに浮かんだ。そこでポンディシェリの近くにある、タミル語を話すカリキュパンという寒村の学校で実験をすることにした。ほとんど英語を話さず、ましてや生物学の知識はないに等しい一〇〜一四歳の児童に分子生物学の基礎を教えるにあたり、生物学を知る教師のいない条件でやってみようというのだった。わずか二カ月で、子どもたちは互いに生物工学を教えあい、テストで三〇パーセントの平均点を取るようになった。実験では子どもたちは壁の穴に置いたコンピュータを用い、考え抜かれた質問を与えられ、あとは彼らの能力に任された。

この実験はすでに世界中で何度も再現され、「自己学習環境（ＳＯＬＥ）」の概念につながった。ミトラは三〜五人の子どもに共同で使うコンピュータを一台与え、質問し、自由に答えを探させる。ピュタゴラスとは誰？　ｉＰａｄは自分の位置をどのようにして知るのか？　「イギリスによる統治」とは何だったか？　木は考えるか？　なぜ人は夢を見るのか？　海賊は臭かったか？　ミトラによれば、どの質問をしても子どもたちは議論をしはじめ、かならず学習につながったという。

不思議な巡り合わせにも思えるが、ある意味においてミトラは、古くからインドに伝わっていたもののの、プロイセン・モデルの陰に隠れていた手法を再発見しているのかもしれない。一八世紀末、マドラスで働いていたアンドリュー・ベルというイギリスの教師が、インドの学校では年長の少年に年下の少年を教えさせて、見事な成功を収めていることを知った。ベルはこの手法をイギリスに持ち帰って多くの学校に導入し、『マドラスの男性救護施設で行なわれた教育実験――校長または保護者の監督の下に、学校または家庭で自己学習を行なうシステムの可能性（*An Experiment in Education, made at the Male Asylum at Madras; suggesting a System by which a School or Family may teach itself, under the Superintendence of the Master or Parent*）』という有名な本を出版した。

ミトラが次に挑んだのは、「グラニー・クラウド（おばあちゃんクラウド）」の設立だった。これは大半が退職者から成るイギリスのネットワークで、僻地の村落や貧民街の学校に通う生徒をオンラインで指導する試みだ。ミトラはこう書く。「私には新しい仮説があった。適切なデジタルインフラ、安全で自由な環境、知識はなくても仲立ちをしてくれる親切な人がいれば、子どもは自力で学校修了試験に合格できる、と」。

この自己学習最大の難点は評価システムにある、とミトラは考えている。試験が記憶と暗記能力を調べるものである限り、自分で自分を教育することにさしたる意味はなく、学校も新たな形態を生み出すことにはならないだろう。たとえば、最近イギリスで行なわれた試験に出た設問に、「牛角湖《ぎゅうかくこ》とは何か？」というのがある。これについて、少し考えてみよう。植民地の責任者が何らかの問題について判断を求められ、地元民の案内で川を下るようなことがあった時代なら、この問いの答えはあらかじめ知っていれば有益な情報かもしれない。だが現在では、牛角湖について何か知る必要があると思われる一握りの人にしても、スマートフォンで調べればすぐにわかる。しかし、試験に「自己相似性とは何か、この分野で最新の発見は何か？」のような問いが出るなら、試験会場でインターネットの使用を許可するしかない、そうなればすべてが変わる、とミトラは述べる。

## 教化は終わらない

私たちは教育現場において特殊創造説流の思考法を排し、進化を促さねばならない。適切に行なえば、教育は創発的な進化現象になる。それはこの世界に関する学習を促す過程なのだ。しかし、それはプロパガンダと教化の道具、すなわちジョン・スチュアート・ミルが「心の支配」と呼ぶものにもなりうる。教育者が児童を未来の兵士、あるいは文明化すべき蛮人と見なすのをすでに止めたのだとしても、公立学校は彼らの国が偉大でおおむね正しく、敵国は信ずるに足りず概して誤っているとか、あるいは神はキリスト教徒だったとかいう話を、二〇世紀のあいだに児童の頭にさんざん吹き込んだのは確かだ。現在、そうした類いのプロパガンダは教育カリキュラムにあまり見られないとはいえ、政策立案者にとっては、急進的なイスラム教徒が大勢を占める学校で何が起きているかが心配の種《たね》だ。また、別種のプロパガンダもある。多文化主義や地球を大切にしようという主張は「善意にもとづく」教化であるとはいえ、やはり教化には違いない。極端な陰謀論者でなくとも、現代の学校が自分の考えではなく、与えられた指示にもとづいて行動するよう生徒を訓練しているのは承知している。

世界が置かれた状況や風力エネルギーの利点に関する陳腐な表現が、児童向けの教科書には懸念を抱かせるほど頻出しているようだ。一見したところ、話題は歴史やスペイン語であるにしても。

アンドリュー・モンフォードとジョン・シェードによる最近の報告によれば、イギリスの二〇一四年度教育カリキュラムは環境活動家になるよう熱心に児童に説くもので、「学校教材は気候問題を不適切に扱い、深刻な誤り、誤解を招く主張、先入観」に満ちている。「そうした教材には、広く使われている教科書や、副教材、生徒用プロジェクトも多い」。これらの教科書や教材は、政治家に手紙を書いたり、運動に参加したり、保護者に訴えたりするよう奨励している。「地球温暖化」という言葉は、経済、化学、地理、宗教学、物理、フランス語、人文科学、生物学、公民、英語、科学の試験に出るのだ。

幸いにも、子どもはかならず大人の言うとおりに行動するとは限らない。また教化も使い古された手段にはちがいない。かつてドリス・レッシングは、子どもたちにはこう言っておくべきだと書いている。「あなた方はいままさに教化されようとしています。教化でない教育というものはまだありません。残念ですが、いまのやり方が私たちの知る最善の方法なのです」。少なくとも初等教育では、教化に対する耐性を植えつけるのに、他のたいていの方法より適していると思われる教育法が一つある。モンテッソーリ教育に取り組む学校では、生徒が互いに協力し、試験はなく、クラスの年齢はばらばらで、自己学習に重点が置かれるが、のちの起業家を育成する実績では他の追随を許さない。アマゾン、ウィキペディア、グーグル（二人のうちどちらも）の創業者はモンテッソーリ式の学校出身だ。グーグルのラリー・ペイジによれば、この方式の秘訣は、彼らが通った学校では「規則や命令に従うのではなく、自分の頭で考えて行動し、世界で起きていることを鵜呑みにせず、物事を少し変えてやってみる」という、生徒がもともと持つ性質を引き出す方針を取っていたことだという。

## 経済成長を促す教育

教育の真の目的は、トップダウンの幻想によって歪められていることがあまりに多い。公教育が奨学金を増やし、知識を拡大しようとしている例はないか、あったにしても稀だ。むしろ公教育は、従順で愛国心を持ち、経済成長に貢献し、最新のイデオロギーに洗脳された国民の育成を目指すことがほとんどだ。「公教育の目的が啓蒙であることはまずない。それはできる限り大勢の国民を画一的で安全な型にはめ込み、標準的な国民を育てて意見の相違や独自性をなくすことにある」とH・L・メンケンは述べた。これが、イノベーションや教育の進歩がひどく欠如していても、権力者が憂慮しない理由の一つだ。スティーヴン・デイヴィスによると、今日の学校教育を終えているかどうかはその若者が与えられた仕事に取り組み、言われたとおり行動するよう教化されているかどうかの指標でしかないが、これこそまさにホーレス・マンが望んだことだった。とかく左翼の政治家は予算の使途にこだわり、右翼の政治家はカリキュラムや指導法の改革にこだわる。けれども、どちらも教育は個人ではなく国家レベルの問題と考えている。教育が個人に及ぼす影響は、それが国家に及ぼす影響に比べれば二次的なのだ。国家の教育があなたに何をしてくれるかを求めず……（訳注　J・F・ケネディの言葉をもじっている）

この四半世紀、地球の現状に関する懸念を次世代に受け継いでいくことを除けば、政府が執心していたのは一にも二にも、教育を通じて経済的な競争力をつけることだった。政治信条の左右を問わず、より良い学校、より良い大学、より良い職業教育、より良い訓練が社会の繁栄につながるというのが前提となっていた。高等教育を受けた人が裕福になるのは確かだ。高等教育は高収入につながる。また教育水準の高い国が一般に繁栄しているのも間違いない。しかし、こうした事実は、教育が経済成長の絶対条件であるという考えと相容《あいい》れるだろうか？　教育が国家の繁栄につながり、この逆もまた真実だという証拠があるだろうか？　アリソン・ウルフが著書『教育は重要か？（*Does Education Matter?*）』でデータをつぶさに調べているが、その結論は意外にも「ノー」だった。ウルフは本書の中で、教育レベルと経済成長のあいだに負の関係があることを示す世界銀行の研究を引用している。この研究によると、豊富な資源を教育制度の拡充につぎ込んだ国は、そうでない国に比べて経済成長が鈍かった。エジプトは教育の向上、長期化、機会均等に大きな成果を上げたものの、経済はさほど成長しなかった。一九七〇年からの三〇年で、エジプトでは高等学校と大学の入学者数が二倍以上に増えている。ところが、この期間に世界の最貧国ランキングで四七位から四八位に改善しただけだった。フィリピンは一九六〇年には台湾よりかなり識字率が高かったが、現在、国民一人あたりの所得は台湾の一〇分の一にとどまっている。アルゼンチンは過去一〇〇年にわたって最も経済が停滞した国の一つだが、世界でも最高レベルの識字率を誇る。国家が中央計画を採用すると、教育制度は改善しても経済成長は鈍化する。とりわけエジプトのように、中央計画に携《たずさ》わるべく訓練された官僚が大量に生まれた場合には、この傾向が顕著になる。

ちなみに、職業教育はいい結果をもたらすはずだが、そうなることはまずない。受益者となるのは該当する経済部門なのだから、その需要によって職業教育が支配されると思うだろう。ところが驚くことに、アリソン・ウルフの別の報告書によれば、職業教育は中央集権的かつ統制的であるという。「職業教育は数十年にわたって中央によってマイクロマネジメントされてきた。これはけっして望ましいことではなく、その理由は効果的でないというばかりではない。政府がその成否について公的責任を直接負うため、結果を正直に公表することがほぼ不可能になるからだ」。

各国内で比べても各国間で比べても、教育のある人がそうでない人より金回りがいい傾向にある。しかし、ウルフが述べるように、ここでは因果関係に混乱が生じている。彼女は問いかける。「ことによると、教育が経済成長につながるのではなく、その反対ではなかろうか？」もちろん、教育（一般教育と職業教育のどちらも）を意図的に計画して多大な成果を上げ、しかも急速な経済成長を遂げた国の例には事欠かない。韓国が典型例だし、シンガポールもそうだ。しかし、これらの国で経済が成長したのは教育のおかげなのか、教育は成長の重要な要因だったかと問いかけたウルフは、そうではないかもしれないと結論づけた。香港とスイスも同等に短期間で成長したものの、教育における中央計画や投資はかなり少なかった。スイスは、その経済力に比して大学進学率が平均よりかなり低い。香港の「急速な経済成長は、中央が計画した教育施策とはまったく関係ない」とウルフは指摘する。というより、香港の住人は裕福になったので、子弟を優良な私立学校に入れるようになったのだ。

よりわかりやすい例は香港の太平洋対岸にある。数十年にわたって、アメリカは国際学習到達度調査でつねに低い順位にいたが、経済は好調だった。教育水準の高い国が低い国よりめざましい生産性向上を達成するわけではない。学校や大学で一年長く過ごすごとに労働者の生産性が高くなるはずだが、経済の統計にそのような傾向は見られない。ウルフが結論づけたように、「もし優良な学校教育がその国の経済成長に違いを生むというのであれば、その違いはきわめて見えづらいに相違ない。その効果は他の要因に紛《まぎ》れているか、相殺されていると思われるからだ」。教育が個人の高所得につながるのは明らかだが、それでその国全体の経済成長率が決まるわけではない。

教育の恩恵を経済に見るどころか、ウルフは高い教育水準を誇る国は教育投資をしてこなかった国に比べて経済成長が鈍いことを発見した。彼女の結論は明快そのものだ。「政治家や評論家が信じ込んでいる単純に一方通行の関係——教育に金を使えば経済が成長する——はとにかく存在しない」。もちろん、ウルフはある程度の教育が必要であることは認めている。読み書き能力や計算能力が高くなければ、高賃金の職業は成立しない。だから、それが問題ではないのだ。問題は、あるレベルを超えた時点で、さらなる教育——これは当然、さらなる教育支出を意味する——が良い結果を生み出すか否かにある。「最高の教育を受ければ最も経済的に恵まれるという考えは妄想だ」とウルフは述べる。現在ではかなり多くの職業が大卒を条件にするが、そうでない人でもその仕事を完璧にこなせるという証拠はある。

忘れないでほしいのは、高等教育が個人にとって好ましくないわけではないということだ。それはすばらしいことだが、経済成長の恩恵であって、その要因ではないのだ。教育がまったくなされないなら、現代経済が破綻《はたん》するのは言うまでもない。だからと言って、教育に金を使うのが経済を改善する早道ということにはならない。教育は経済政策がぶら下がったスカイフックではない。それは創発的な現象なのだ。

教育は特殊創造説的な思考に支配されている。カリキュラムはあまりに杓子定規《しゃくしじょうぎ》で、柔軟性に乏しい。教師は生徒や自分自身の力を伸ばすというより、試験に備えて教えるよう奨励される。教科書は自分で考えるのではなく模範的な考えを学ぶための指針に満ち、教育メソッドは学びより指導に詳しく、自己学習の可能性は無視され、政府主導型の学校教育が何の疑いもなく受け入れられ、ある教育支出が正当であるか否かは、個人ではなく国家が被《こうむ》るとされる恩恵の多寡《たか》によって測られる。だが私は、教育が学校なくして起き、教師は必要なく、小学校での児童中心の学習が答えであり、政府が教育にある程度関与することが望ましくないと主張しているわけではない。こうしたことはもちろん大事だ。しかし、まだ誰も試したことのない道がある。政治家と教師がともに手を携《たずさ》え、最高の教育が進化によって生まれ出るよう仕向け、国家は独裁者ではなく支援者となり、生徒や学生は考えを上から押しつけられるのではなく学ぶよう促され、熱心な学習者が体制の奴隷ではなく主人であるような教育だ。

教育を進化させようではないか。

# 第11章　人口の進化

君のような人でさえ、やがていつか、占卜師《せんぼく》どものすごい文句におびやかされて、私から逃げ去ろうとつとめるようにならないとも限らない。実に、彼ら占卜師たちは、幾らでも多くの夢を、たちどころに捏造《ねつぞう》する術を心得ているからだ——生活の道をくつがえしうるような、また君の運命を、恐怖で動揺させうるような夢を。

——ルクレティウス、『物の本質について』第一巻より

人口というテーマに関しては、おぞましいほど邪悪な流れが西洋の歴史を通して二〇〇〇年以上にわたり脈々と続いている——生物学を根拠とし、ほとんど想像を超えた規模の残虐行為を正当化する、邪悪な流れが。本書のための調べものを始めた当初私は、マルサスの思想、優生学、ナチスの大虐殺、そして近代の人口抑制政策は、人類の歴史に現れた個別の、互いに無関係なエピソードだと考えていた。しかし今、私はそうとは確信できなくなっている。救貧法、アイルランド大飢饉、アウシュヴィ

ッツのガス室、そして中国の一人っ子政策は、たとえ真っ直ぐな線で結ばれているのではないとしても直接結びついているという、説得力のある証拠が存在すると私は考える。これらすべての例において、間違った論理に基づいた残酷な政策が、無力な弱者たちにとって何がよいかは権力者が一番よく知っているという考え方から生まれていた。急を要する目的が、恐ろしい手段を正当化した。進化は、創発《そうはつ》的なプロセスの現れと捉えられるのではなく、介入の大義名分として掲げられた。

聖公会の牧師だったロバート・マルサス（今日《こんにち》彼はトマス・マルサスと呼ばれることが多いが、彼自身は生涯をとおしてミドルネームのロバートを使った）は、この二〇〇年にわたって長い影を落としつづけている。裕福なイギリスの数学者、教師、聖職者で、優れた文章家だった彼は、今日ではただ一冊の短い本、『人口論』だけで知られている。この本の初版は一七九八年に出たが、その後の年月で何度も改訂された。マルサスは、人口の増加には限界がある――すなわち、際限ない人口の増加は、土地、食料、燃料、あるいは水が枯渇したとき、悲惨な状態、飢餓、そして病気をもたらす――と断固主張したことで、今日もなお、環境運動ではちょっとしたヒーローとなっている。バース寺院にある彼の墓碑銘によれば、彼は「気立てのよさ、上品な振る舞い、心の優しさ、博愛と敬虔」で知られていたという。彼がいやなやつではなかったことは明らかだ。また、人口過剰に対する彼の第一の対策――晩婚化――は、残酷なものではなかった。だがそれにもかかわらず、教育によって晩婚化を進めることが不可能なら、人口増加を止めるには残酷な政策が効果的だろうと考えた。飢饉を促し、「壊滅的な病気を押さえ込むための具体的な対策を非難」しなければならないだろう、というわけだ。残念なことに、ほとんどの人がマルサスから取り入れたのは、この、親切な目的を正当化するために不親切な手段を使わねばならないという、残酷な教えのほうだった。「貧しく病んだ人々に親切にするのは間違った考え方だ」などという言い回しが、優生学や人口抑制の運動の中心にあり、今なお健在だ。現在アフリカで乳幼児死亡率が下がっているということを書いたり話したりするとき私は、マルサス的な考え方に沿った反応を受けるに違いないと、いつも身構えている。「でも、貧しい人が死なないようにするのは間違っているでしょう？　アフリカに経済成長をもたらして何がいいんです？　彼らはもっとたくさん赤ん坊を産むだけでしょう――それから車の数も増えるでしょう。残酷になって、親切をしてあげるほうがいいですよ」などなど。こういう考え方を、「マルサス的人間憎悪」と呼ぼう。じつはこの考え方は完全に間違っている。人口成長を抑制する方法は、乳幼児死亡率を低減し、すべての人に健康、繁栄、教育をもたらすことなのだ。

マルサスの存命中も死後も、マルサスの提案は残酷だと考える人は多かった。フリードリヒ・エンゲルスはマルサス主義を「卑劣で破廉恥《はれんち》な教義」と呼んだ。ピエール・ジョゼフ・プルードンはそれを「政治的殺人の理論、慈善と神への愛を動機とする殺人の理論」と呼んだ。

## アイルランドで採用されたマルサス理論

だがマルサスの教義は一九世紀をとおして直接的、間接的に政策に影響を及ぼした――晩婚化という、彼の第一の解決策はほとんど無視されたままで。一八三四年に成立したイギリスの新救貧法は、きわめて貧しい者は懲治院《ちょうじいん》（訳注　イギリスの救貧法で有能な貧民を組織的に稼働させるため設けられた施設）以外では救済せず、また懲治院の状態は外界における最悪状態より良くしないことを確実にしようとするもので、明らかにマルサス的な考え方に基づいていた――過大な慈善は貧者の子作り、とりわけ私生児の誕生を奨励するだけだ、というわけである。一八四〇年代アイルランドで起こったジャガイモ大飢饉は、権力の座にあったイギリスの政治家たちにマルサス的偏見が蔓延《まんえん》していたせいでとことん悪化してしまった。首相のジョン・ラッセル卿は、「救済の長期的な影響に対するマルサス的不安」によって動機付けられていたと、彼の伝記の著者は述べる。アイルランド総督クラレンドン卿は、「人民を生かせつづけるためだけに食料を施すのは、誰にとっても少しも益にならない」（食料を受け取った人にとってさえも、ということなのだろうか？）と考えた。財務省の次官補、チャールズ・トレベリアンは、かつて東インド会社カレッジ（訳注　イギリスの東インド会社で行政職に就く者たちの養成機関）でマルサスの生徒だったこともあり、飢饉は、「過剰な人口を減少させる効果的なメカニズム」で、「利己的で邪悪で粗野なアイルランド人に教訓を与えるために下された賢明で慈悲深い神意の直撃雷」だと考えた。マルサス的人間憎悪と、究極のスカイフック、「神意」を持ち出していることにご注意いただきたい。トレベリアンはさらに、「至高の叡智は束の間の悪から永遠の善を引き出した」と述べた。私たちは『カンディード』のパングロス博士とリスボンの大地震――すなわち、大量死はいいことだという考え方――に戻ってきたわけだ。つまり、生態系の災いによるのと少なくとも同じくらい、マルサス的政策による意図的な行動の結果として、一〇〇万人のアイルランド人が餓死したのである。

私もそうだが、イギリスの帝国主義はほかのかたちの同種の政策より概して温和だったと考えるように育てられた者には、話はさらに醜悪になっていく。ロバート・ズブリンが『絶望の商人たち

（*Merchants of Despair*）』で詳述しているように、一八七七年、ロバート・ブルワー＝リットンという、浮世離れしたボヘミアン・スタイルの詩人でアヘンも習慣的に嗜《たしな》んだ人物が、友人で当時首相だったベンジャミン・ディズレーリに、インド総督として当地に派遣された。たとえ名家生まれのヒッピーだったとしても、ブルワー＝リットンは人畜無害な人間だったと思われるかもしれないが、残念なことに彼はマルサス主義者だった――あるいは、彼の助言者たちがそうだった。インドのあちこちで旱魃《かんばつ》の被害が出た。それでもインド全体としては、なお余りある食料があった――食料の輸出は、二年のうちに二回倍増していた。しかし、課税と通貨ルピー切り下げで、飢餓に苦しむ人々は、救済を受けることができなかった。ブルワー＝リットンはこれに対し、マルサスをそっくりそのまま引用したような対応をした。「インドの人口は、彼らが土壌から育て上げる食料よりも早く増加する傾向がある」というわけだ。彼が取った政策は、飢えた人々を収容所に集め、そこで――文字通り――餓死レベルの食料（ナチスの強制収容所より少し少ない総カロリーの食料）を与えるというもので、その結果毎月九四パーセントの人々を死に至らしめた。とりわけ、ブルワー＝リットンは飢餓を救済しようとする民間の計画を阻止した。このことを正当化するにあたり彼の政府は、親切から敢《あ》えて非情な仕打ちをしているのだ、なぜなら、マルサス的な目的は苛酷な手段を正当化するのだから、と述べた。一〇〇〇万にものぼる人々が命を落とした。

マルサスが歴史に及ぼした影響は、悪いものばかりではなかった。彼はチャールズ・ダーウィンとアルフレッド・ウォレスに大きな影響を及ぼした。だが、このうえなく優しく情け深い男だったダーウィンでさえ、少なくとも一時的には、彼秘蔵の自然淘汰は単なる事実の記述ではなく、社会を変える大義名分でなければならないという考えに心が惹かれたことがあった。『人間の進化と性淘汰』の、あからさまにマルサス的な一節で彼は、次のように述べる。「知的、肉体的に障害を持つ者、そして病人」は、保護施設と医師によって救われる。そして、虚弱者はワクチン接種により生き続けさせられる。「このようにして、文明化した種《しゅ》の弱いメンバーたちは、彼らのような者を繁殖させる」が、牧畜家が知っているように、これは「人類にとって有害である」。彼はさらに、「悪徳によって堕落していることが多い、極貧で無謀な者たちは、ほぼ例外なく早く結婚するのに対し、注意深く質素、あるいはそうでなければ貞淑な人々は、年を取ってから結婚する」。と嘆く。これは別に、彼が政策を提案しているのではなく、政治に関わることを注意深く避けてきた彼の人生で、珍しく逸脱してしまっただけだったのだが、それでもこの一節は、ダーウィンが若いころに吸収した、支配層が上から貧者に行なう政策という形のマルサス教義をそのまま写している。

## 結婚の国家制度化

ここに暗示されていたことは、ダーウィンの追随者たちの一部、有名なところでは彼のいとこのフランシス・ゴルトンと、ダーウィンの本をドイツ語に訳したエルンスト・ヘッケルによって熱烈に受け入れられた。ゴルトンは人々が結婚相手をもっと注意深く選び、適者のみが子孫を残し、不適合者たちは残さないようになってほしいと考えた。「自然が盲目的に、ゆっくりと、そして容赦なく行なうことを、人間は将来を見据えながら、素早く、そして親切に行なえるだろう」とゴルトンは述べている。「幼稚」な「黒人」を生まれた土地のアフリカ大陸から追い出し、かわりに、愚かさの程度が少しだけましな「中国人」を住まわせたいと考え、そしてユダヤ人たちは「もっぱらほかの国々で寄生的にばかり生きている」と見なしてもいた。彼の時代においてさえ、ゴルトンは口やかましく偏見に満ちた人間だったようだが、彼が実際に「不適合」な人々に不妊手術を行なったり殺したりすることを提言したことはなかった。

やがてゴルトンの追随者たちは競うように、結婚の国家制度化、子作りの認可制、そして不適合者の不妊手術などの政策を提唱するようになった。シドニーとビアトリスのウェッブ夫妻、ジョージ・バーナード・ショー、ハヴロック・エリス、H・G・ウェルズら、最も熱心な優生思想家の多くが社会主義者で、選択的子作りにより人間を改良するというこの計画を実施するには国家の力が必要だと考えた。しかし、ウィンストン・チャーチルからセオドア・ルーズベルトまで、政治思想としては彼らの対極に位置する大勢の政治家も、優生学的立場から市民の私生活に介入することを熱く主張しはじめた。実際、イギリス、フランス、そしてアメリカのエリート層のなかでは、優生学的政策を推進しないのは道徳的に不正なこととなった。優生学に反対することは、人類の未来など気にかけていないという所信表明に等しかった。

ドイツではヘッケルが、自ら一元論《モニズム》と呼んだ理論（訳注　それまでの唯物論と唯心論を折衷し、物質と精神を統一的に捉えるヘッケル独自の理論）のなかでダーウィン主義をキリスト教的洞察に結びつけようとして、マルサス的闘争を擬似宗教的な方向へと持っていった。一八九二年アルテンブルクで講演した際、彼はマルサスとトマス・ホッブズから言葉を引いて話した。「とりわけダーウィンは三三年前、生存のための闘争と、それに基づいた彼の自然淘汰の理論とによって、私たちの目を開きました。われらの惑星の上にある有機的な自然の全体は、容赦のない、すべてのものに対するすべてのものの戦いによってのみ存在するということを、今私たちは知っています」（傍点は引用者）。ヘッケルの追随者たちは優生学に人種差別的色合いを加えた。幼児殺害を、正常ではない子どもたちが対象の場合に合法化し、人類の改良を目的とする組織的な殺人ばかりか、戦争さえも「最高かつ最も壮大なかたちの生存のための闘争」（オットー・アモン〔訳注　ドイツの人類学者〕が一九〇〇年に書いた言葉）として提唱した。生存のための闘争という言葉そのものは、マルサスが『人口論』の第三章で使ったのが最初で、続いてダーウィンが、マルサスから自分が学んだことを説明するのに使った（「私はたまたま、興味本位でマルサスの『人口論』を読んでおり、あらゆるところで起こっている生存のための闘争というものを正しく理解する準備が十分にできていた……」）。このフレーズは、一元論者《モニスト》たちのおかげでこのあとすぐ、ドイツ皇帝とヒトラーの好戦性を正当化するのに使われることになる。第一次世界大戦前の時期、ドイツの軍国主義者たちは、やけに頻繁《ひんぱん》にダーウィンを持ち出したが、それはほかの国々でも同じだった。一八九八年、イギリスの王立統合防衛・安全保障研究所〔訳注　防衛・安全保障に関する世界最古のシンクタンク〕の機関誌に載ったある記事は、このように問いかけている。「戦争は、堕落した、弱い、あるいは有害な国々を滅ぼす、自然の大掛かりな計画ではないだろうか……？」イタリアの未来派芸術運動のオーガナイザーだったフィリッポ・マリネッティは、戦争を「世界を衛生化する唯一の手段」と呼んだ。

　一九〇五年、ヘッケルの追随者四人が、〈民族衛生のためのドイツ協会〉を設立した。これはやがて、ニュルンベルク法〔訳注　一九三五年ナチス・ドイツが制定したユダヤ人排斥政策の法律〕、ヴァンゼー会議（訳注　ヒトラー政権の一五名の高官がユダヤ人の移送と殺害について分担と連携を討議した会議）、そしてガス室へと、ほぼ直接つながっていく最初の一歩だった。こうしてみると、マルサスの追随者たちによる、われわれは選択的な生き残りのプロセスに介入すべきだという主張から、ビルケナウ絶滅収容所の灰へとつながる一本のはっきりとした道筋を辿ることは少しも難しくない。これはなにも、善良な数学者兼聖職者にナチスの罪の責任を負わせようというのではない。生存のための闘争を人間集団のひとつの特性として述べることに、なんら道徳的に間違った点はない。間違っているのは、それを計画的な政策として実施することだ。積極的な介入の罪、目的が手段を正当化する罪が、あらゆるステップで犯されている。ジョナ・ゴールドバーグが著書『リベラル・ファシズム（*Liberal Fascism*）』で述べたように、「著名な進歩的知識人のほとんどがダーウィンの理論を、人間の自然淘汰に『介入』せよとの命令だと解釈した。表向きには優生学とはなんら結びつきのない進歩主義者でさえ、優生学の提唱者たちと緊密に連携して活動した。進歩主義者たちの仲間内で、人種差別的優生学に対して悪いイメージはあまりなかったのだ」。

この政策に科学的な裏づけはなかったが、そんなことはほとんど問題にされなかった。じつのところ、一九〇〇年になって世界に知られるようになったグレゴール・メンデルの発見で、優生学は息の根を止められてしまっていてもおかしくなかったのだ。メンデルが発見した粒子遺伝（訳注　遺伝形質は遺伝粒子によって受け継がれるというメンデルの発見。遺伝粒子はのちの遺伝子のもとになる概念）と劣性遺伝は、選択的な子作りで人類の劣化を防ごうという考え方を、きわめて困難で実行不可能なものにした。人類の子作りの責任者は、いったいどうやって、知的障害者や病弱者の要素をいくばくか持ちながらそれが表れていないヘテロ接合体を見つければいいのだろう？　ヘテロ接合体どうしが結びつくことによって出現する不適合者を取り除く作業をいつまで続けねばならないのだろう？　それには何世紀もかかるだろうし、そのあいだに、人間という種の内部で同系交配がより頻繁になるにつれ、ホモ接合体どうしの結びつきがますます頻繁になって、問題はむしろ深刻化するだろう。だが、遺伝学上の事実は議論に何の影響も及ぼさなかった。計画的子作りという妄想に駆られ、左翼右翼両方の政治思想集団が、不適合な血統が広がるのを防ぐために国が子作りを規制するよう運動した。

第一回国際優生学会議は、一九一二年ロンドンで、チャールズ・ダーウィンの息子レナード・ダーウィンを会長として開催された。首席裁判官、海軍卿——ウィンストン・チャーチル——のほか、三カ国の大使が出席した。レナード・ダーウィンは会長演説のなかで、単なる記述から命令の大義名分への転換について、率直に主張した。「進歩をもたらす動因として、意識的な選択が、自然淘汰の無目的な力に取って代わらねばなりません」。幸い、優生学運動誕生の地であるイギリスは、明確に優生学的な法律を制定したことは一度もない。それは、血気盛んな下院議員、ジョサイア・ウェッジウッドが危険を察知し、下院で優生学的法案の通過を阻止した功績によるところが大きい。

## 不妊手術の始まり

アメリカでは状況はまったく違った。一九一〇年、ニューヨークのコールドスプリングスに、精力的な優生学者チャールズ・ダヴェンポートによって優生学記録局が設立された。出資者は鉄道王E・H・ハリマンで、彼はまもなく国策に大きな影響を及ぼすようになる。第二回国際優生学会議は一九二一年ニューヨークで、アレクサンダー・グラハム・ベルを名誉議長に、アメリカ自然史博物館の館長ヘンリー・フェアフィールド・オズボーンの司会のもとで開催された。招待状は国務省が発送した。これは取るに足らない会議などではなかった。レナード・ダーウィンは体調不良で出席できなかったが、「次の一〇〇年ほどのあいだに、優生学的改革が広く実施されなかったなら、われわれの西洋文明は、過去においてすべての偉大な古代文明が経験したのと同じく、ゆっくりと崩壊する運命を辿ることは避けられなくなるとの確信」を表明したメッセージを送った。

優生学記録局の局長ハリー・ラフリンは一九三二年、優生学法のモデル法を作成した。このモデル法を掲げ、ラフリンとダヴェンポートが精力的にロビー活動を行なった結果、最終的に三〇の州が説き伏せられ、知的障害、精神異常、犯罪常習、てんかん、アルコール依存、疾病《しっぺい》、視覚障害、聴覚障害、奇形、そして薬物依存などの問題のある者に対する強制不妊手術を認める法律が成立した。一九七〇年代前半にこのような法律が撤廃されるまでのあいだに、約六万三〇〇〇人が強制的に不妊手術を受けさせられ、それをはるかに上回る人数が説得されて自主的に不妊手術を受けた。

この「優生学的人間憎悪」の流れに、まもなく新たな考え方が加わる。自然崇拝だ。一九一六年にニューヨークの弁護士で自然保護主義者のマディソン・グラント（ブロンクス動物園、「アメリカスギを救え」同盟、デナリ国立公園の創始者）が出版した『偉大な人種の消滅（*The Passing of the Great Race*）』という題の本は、北方人種の雄々しい美徳を賛美し、地中海や東欧地域からの移民が北方人種の優勢を脅《おびや》かしていると主張した。この本は、一九二四年の移民法の成立に影響を及ぼした。この本はまた、アドルフ・ヒトラーの「聖書」ともなった。少なくとも、そう熱烈にしたためた手紙をヒトラーはグラントに送っている。

ドイツでもまた、自然保護は人間生活の破壊と密接に結びついていた。ナチスは、「木々に問え。いかにして国家社会主義者になるかを教えてくれるだろう！」というスローガンを掲げた。ナチスは近代的な農法をしばしば激しく非難し、自然に近いことを理想化し、有機的な自作農業を賛美した。マルティン・ハイデッガーら、彼らのお気に入りの哲学者たちは、自然と調和して生きることを熱烈に謳った。「地球を救うことは、地球を支配し従属させることではない。そんなことは、見境のない略奪と紙一重だ」。マーティン・ダーキン（訳注　アメリカの政治家）が述べているように、自然回帰的な考え方《グリーン・シンキング》は、ナチスにとって単なる添え物ではなかった。

自作農社会を再建しようとする、彼らの自然回帰を目指す《グリーンな》取り組みが、ナチスを「生活圏」を求めてのポーランド侵攻へと導いたのだった。彼らが自然回帰を目指して《グリーンに》中世を懐かしんだことが、彼らの「血と土」という人種差別的イデオロギーをもたらしたのだ。彼らがユダヤの人々を憎むようになったのは、彼らの自然回帰《グリーン》主義的な反資本主義と、銀行家たちの憎悪のせいだ。

一九三九年、アメリカの社会改革者マーガレット・サンガーは、黒人の産児制限を行なおうと、大臣や医師の支援のもと、〈ニグロ・プロジェクト〉を立ち上げた。これは、優生学的人種差別主義を隠そうともしないプロジェクトだった。「かなりの割合の黒人が今なお無思慮な、取り返しのつかないやり方で子作りをしており、その結果、黒人のなかで増加したそのような人口は、知性も適合性も最低となっている」。

カリフォルニア州はとりわけ優生学に熱心だった。一九三三年までに同州は、ほかの州すべてを合わせたよりも多くの人に不妊手術を強制的に受けさせていた。そんなわけで、一九三二年に第三回国際優生学会議が米国自然史博物館においてチャールズ・ダヴェンポートの司会で開催され、ダヴェンポートが「優生学的研究によって、超人や超国家を作り上げる道が示せるでしょうか？」と尋ねたとき、超人崇拝に陥っていたドイツの代表団はカリフォルニアに答えを求めた。彼らのひとり、ドイツ民族衛生協会のエルンスト・リューディンは、国際優生学組織連合の会長に選出された。その後数カ月のうちにリューディンは、成立直後のナチス政権によって優生学担当国家弁務官に指名される。一九三四年までにドイツは一カ月あたり五〇〇〇人以上に不妊手術を行なっていた。カリフォルニアの自然保護活動家チャールズ・ゲーテは、マディソン・グラントと同じく、自然のままの景色を保護する先駆的な情熱と、それに負けないほど激しい、精神病患者に彼らの同意なしに不妊手術を行なうことへの情熱とを兼ね備えていた。彼はドイツ訪問から帰国した際、カリフォルニアの例が「六〇〇〇万の国民の偉大な政府を揺り動かして行動に踏み切らせた」ことに大喜びしていた。ドイツの人種差別主義は自国で培《つちか》われたヘッケル的伝統から来ていたが、不妊手術の実際的なノウハウはアメリカ西海岸から得たものだったのである。

## 殺人の正当化

次に起こったことも、同じくショッキングだ。ナチス・ドイツはヒトラーが政権を握ってからの六年で、四〇万人に不妊手術を行なった。対象者には、統合失調症、鬱病、てんかんの患者、そしてありとあらゆる障害者たちが含まれていた。さらに、ユダヤ人とそうでない者との性的な関係を禁止し、続いてさまざまな方法を使って組織的にユダヤ人を迫害しはじめた。プロパガンダによって圧力をかけられ、普通のドイツ人の多くが自分の良心をひっくりかえし、ユダヤ人である友人たちに同情する気持ちを恥じるようになった。そのような感情は抑え込むのが道徳的に正しいことなのだと彼らは考えた――またもやマルサス的人間憎悪である。

イギリス、フランス、そしてアメリカ政府はドイツからのユダヤ人移民の受け入れに強く抵抗し、それを正当化する理由として、あからさまな優生学的主張を使った。既存の定員に加えて、ユダヤ人の子どもたちをさらに二万人アメリカに受け入れることを認める法案は、一九三九年初頭、ハリー・ラフリンが組織した移民排斥主義者と優生学的圧力団体の連合によって連邦議会で否決された。一九三九年五月、ドイツを逃れた九三〇名のユダヤ人を乗せた客船セントルイス号がアメリカにたどり着いた。船が入港許可を待つそのさなかにラフリンは、アメリカはその「優生学的、人種的水準」を下げるべきでないと主張する報告書を提出している。結局乗客のほとんどがヨーロッパに戻され、そこで大勢が殺されてしまった。

一九三九年、ナチス政権はT４作戦という政策を打ちたて、それまでよりさらに一歩進んで、障害者と精神疾患のある人々を主に薬物注射により殺しはじめた。最初に殺されることになったのは先天性疾患のある子どもたちで、そのような子どもが五〇〇〇人殺された。続いて、七万人の成人が同プログラムのもとで殺害されたが、一九四一年、親族からの抗議でこの政策は中止された。しかし実際には、中止されるどころか、ただ新しい別の政策がもたらされただけだった——「不適合」者たちを同性愛者、ジプシー、政治犯、そして数百万人のユダヤ人たちとともに強制収容所に送り、大量虐殺するという政策だ。六〇〇万の人間が死んだ。もしもマルサス、ダーウィン、ヘッケル、そしてラフリンが生まれていなければこんなことは起こらなかっただろうと主張すれば、言葉がすぎるということになるだろう。しかし、ナチスの大虐殺をあからさまに正当化する理屈は、そもそもマルサスがアウトラインを示した「生存のための闘争」というものから導かれた、優生学という科学を根拠としていたのである。

## ふたたび人口問題

第二次世界大戦後、これらの政策が行きすぎた結果がいかに悲惨かが目《ま》の当たりにされ、優生学は廃《すた》れてしまった。だが、ほんとうにそうだろうか？　驚くほど早くかつ厚かましく、世界人口を制御しようという運動のなかでまったく同じ議論が再浮上した。戦前の有名な優生学者、ヘンリー・フェアフィールド・オズボーンの息子で、父と同じ名前のヘンリー・フェアフィールド・オズボーンが一九四八年、『略奪されたわれわれの惑星（*Our Plundered Planet*）』という本を出版した。これは、人口の急激な増加、資源の枯渇、土地の消耗、ＤＤＴの過度の使用、そして、技術への過剰な依存と性急な消費主義への傾倒に対するマルサス的懸念を復活させる本だった。「利益を求めるという動機は、極端に追求されると、ひとつの確実な結果をもたらす——土地の究極の死だ」と、裕福なオズボーンは記した。オズボーンの本は出版の年に八回増刷され、一三の言語に翻訳された。

ほぼ同じころ、野生生物保護への情熱に駆られた生物学者、ウィリアム・ヴォートは、ほぼ同じ内容の『生き残る道』（飯塚浩二・花村芳樹訳、トッパン）という本を出版し、そのなかで「先見の明のあった聖職者」マルサスの思想を、一層はっきりと支持した。「残念なことに」とヴォートは文章をはじめる（そう、「残念なことに」である！）。そして、「戦争、ドイツの大虐殺、そして栄養不良がいくつかの地域で発生したにもかかわらず、ロシアを除くヨーロッパの人口は、一九三六年から一九四六年までのあいだに一一〇〇万人も増加した」と続ける。さらに、インドでは、イギリスの支配のおかげで飢饉の効果がなくなったが、それは嘆かわしいことだと彼は考えた。なぜなら、その結果により多くの赤ん坊が生まれたからで、これをまた、インド人が「タラのごとき無責任さで子作りする」状況をもたらしたからだと言い換えてもいる。

フェアフィールド・オズボーンは環境保全基金を設立し、その会長となった。この組織は、彼の知人らから資金を集め、大規模な基金プログラムを立ち上げた。このプログラムはシエラクラブ、環境防衛基金、そしてヨーロッパの世界野生生物基金（訳注　世界自然保護基金、WWFの前身）など、今日の大規模環境保護団体の多くを支えた。彼のいとこ、フレデリック・オズボーンは第三回国際優生学会議の財務担当者となり、米国優生学協会の会長を務め続けた。一九一六年、家族計画連盟がマーガレット・サンガーによって設立された。慈善は「障害者、犯罪者、そして自立できない者の数が増え続ける状況を持続させる」だろうという、彼女の考え方によるものだ。この連盟の国際部門は、一九五二年になるまで英国優生学協会の事務局のなかに本部を置いていた。人口抑制運動は、不快感を催させるほどまでに、優生学活動の産物だったのだ。

人口抑制運動は大西洋の反対側でも、やはり露骨に優生学に結びついていた。レナード・ダーウィンの甥でチャールズ・ダーウィンの孫のサー・チャールズ・ゴルトン・ダーウィンは傑出した物理学者だったが、一九五二年に悲観主義に基づく本、『来たる一〇〇万年（*The Next Million Years*）』を出版した。「マルサスの教義をまとめると、存在する食料で生きられる以上の人間が存在しては絶対にならない」と彼は述べた。「マルサス的脅威に最も不安を抱いている人々は、繁栄による人口の減少が人口問題の解決策だと主張する。彼らは、そのような状況が人種の劣化をもたらすことに気づいていない。あるいは、もしかすると彼らは、どのみち受け入れざるを得ないのなら、せめて二つの悪のましなほうを、というつもりなのかもしれない」。チャールズ・ゴルトン・ダーウィンは、戦争、幼児殺害、あるいは成人の一部に不妊手術を行なうなどの徹底的な手段による以外、人口増加を制御することはけっしてできないと主張していた。しかし彼は、これらの手段は「激しく抵抗される」だろうと恐れた。彼は人口爆発がハッピーエンドにつながるとはどうしても想像できなかった。なぜなら彼はトップダウンの考え方に凝《こ》り固まっていたからだ。「われわれは」いかにしてこの問題を解決すべきか？　というわけである。

ユネスコの初代事務局長で人口抑制を早くから提唱していたサー・ジュリアン・ハクスリーは、イギリスの環境保護運動において、アメリカのオズボーンに匹敵するような先駆的な役割を果たした。彼は戦前から優生学に熱心だったが、一九六二年にチバ財団の「人間とその未来」というテーマの会合で次のように話したとき、その熱意は少しも衰えていなかった。

現状では、市民は強制的な優生学的措置や不妊化措置を容認しないだろうが、何らかの実験を、被験者が自発的に受けるものも含めて行ない、それが有効であることを示し、さらに、市民を教育する大規模な計画を実施して、何が問題なのかを市民に理解させるようにすれば、一世代のあいだに、一般市民に影響を及ぼすことができるかもしれません。

サー・チャールズ・ゴルトン・ダーウィン、サー・ジュリアン・ハクスリー、ヘンリー・フェアフィールド・オズボーン・ジュニア、そしてウィリアム・ヴォートは、知識階層に無視されたはみ出し者たちではなかった。時代の雰囲気をつかんでいた彼らは、大きな影響を及ぼしたのである。

## 人口問題で脅迫する

一九六〇年代までには、権力の座にあった多くの者たちがこういった思想に転向していた。オズボーンとヴォートの本は、ポール・エーリック（訳注　アメリカの生物学者）やアル・ゴアを含む、ある世代の読者らに読まれた。最も大きな影響力を持った弟子は陸軍次官ウィリアム・ドレイパーで、彼の対外援助委員会は一九五九年、共産主義に走る人間を減らすために、確実に産児制限とセットになっていなければ援助はするべきでないと、アイゼンハワー大統領に報告した。アイゼンハワーはこれを受け入れなかった。後継者でカトリック教徒のジョン・F・ケネディもまた、これを拒否した。

だがドレイパーはあきらめなかった。彼の人口危機委員会は徐々に、アメリカの政財界で最も影響力のある人々を味方に引き入れ、強制的な人口抑制が共産主義打倒に不可欠だという主張を受け入れさせた。ついにはランド研究所による、第三世界の子どもの経済価値はマイナスだとする研究（ばかばかしい一五パーセントのディスカウントレート〔訳注　経済用語で、将来価値を現在価値に換算するときに用いる率のこと。この例だと、今第三世界の子どもの将来価値は現在価値の一五パーセントしかないとして計算したということ〕を使っていた）の助けで、ドレイパーとその仲間たちは一九六六年にリンドン・ジョンソンの支持を取り付け、人口抑制はアメリカの対外援助の一環として正式に認められることになった。冷酷な局長ライマート・レイヴンホルトのもと、人口局の予算はどんどん増額され、やがて、それ以外の対外援助すべてをあわせたより高額になった。レイヴンホルトは不良品の経口避妊薬、未消毒の避妊リング（ＩＵＤ）、そして未承認の避妊薬を援助物資として貧しい国々で配布するという、一連の恐るべき施策を行なった。彼は、アフリカの乳幼児死亡率を低下させることは、「それによって防がれる死を、ほぼ同じ数の誕生を防ぐことによって相殺しない限り、アフリカ社会に著しい害を及ぼす。……一九七〇年代から八〇年代にかけて行なわれたさまざまな介入主義的プログラムによって、予防可能な病気による死から救われた多くの乳児や子どもたちは、鉈《なた》を振るって襲い掛かる殺人者たちになってしまった」（傍点は原著ママ）という見解を何のはばかりもなく口にした。

　レイヴンホルトが人口局のトップにおり、さらに世界銀行総裁ロバート・マクナマラが、世界銀行が設定した不妊手術の割当数を受け入れない国々には貸付を拒否したことから、インドのような国は、ただ食料援助を受けるためだけに不妊手術を強制的に実施しないわけにいかなくなった。一九六六年、インディラ・ガンディーがワシントンを訪れ、先ごろ起きたパキスタンとの紛争も一因で、国内で発生した飢饉を緩和するために食料援助を求めたとき、ディーン・ラスク国務長官は「人口を抑制する大規模な取り組みを実施することが援助を受ける条件だ」と言い渡した。ガンディーはこの言葉の意味を理解し、州ごとに不妊手術とＩＵＤの割当数を決めることを承服した。仮設不妊手術場が何百ヵ所も設置され、そのなかで医療補助員たちが精管切除手術（パイプカット）、ＩＵＤ挿入、卵管切除を何千回も行なった。これらの処置を受けた人々に報酬として支払われた雀の涙ほどの金額――一回の手術に対して一二から二五ルピー――は、飢えに苦しむ数百万の人々、とりわけ最も貧しい人々を引き付けるに十分だった。不妊手術の回数は一九七二年から七三年にまたがる会計年度までに三〇〇万回に達した。

欧米の評論家のなかには、飢餓を放置するほうが行動方針としてより正しいのではないかと考えた者もあった。ウィリアムとポールのパドック兄弟は一九六七年に、『飢饉一九七五!（*Famine 1975!*）』というベストセラーを出した。飢饉のときが迫っており、食料援助は無駄だというのがその主張だった。アメリカは低開発国を三つのカテゴリーに分けるべきだと彼らは論じた。支援しうる国、支援なしにもなんとか切り抜けるだろう、負傷しながらも歩いている国、そして、「飢饉に向かっており、もはや望みがない、あるいはすでに飢饉に見舞われており（人口過剰、不十分な農業、あるいは政治的不手際のいずれを原因とするのであれ）われわれの支援が無駄になるであろう国だ。これらの〝救われざる国〟は無視し、その運命に任すべきだ」とした。インド、エジプト、ハイチはこのようなかたちで置き去りにされ死滅すべきだと彼らは断じた。

一年後に登場したポール・エーリックの『人口爆弾』（宮川毅訳、河出書房新社）もこれに負けず劣らず冷酷だった。エーリックは、インドは食料を自給自足することはけっしてできないだろうと決め付けた。人口抑制を実現するためには強制的な措置が必要だと何のはばかりもなく主張していたエーリックは、人類を癌《がん》に喩《たと》え、不妊手術を勧めた。「実施には、むごたらしく無慈悲な決定が間違いなく要求されるだろう。痛みは非常に大きなものになるかもしれない」。アメリカ国内における人口抑制は、「自主的にさせるというやり方が失敗するなら、強制」が必要となるだろうとも述べた。さらに、「望ましい人口規模」を達成するため、上水道に不妊剤を添加することを提案した。諸外国に関しては、インドへの食料援助については、子どもが三人以上の者全員に不妊手術を強制することを援助の条件とすることが望ましいとし、これを「正当な理由のもとの強制」と呼んだ。ジョンソン大統領がインドへの援助を人口抑制と関連付けたことがアメリカ国内で批判を招いたとき、エーリックはただ「あきれ返った」だけだった。妻のアン、そして、現在オバマ大統領の科学諮問委員のジョン・ホルドレンとの共著のなかでエーリックは、「世界の最適人口を決定し、各地域に対し、その地域の限度の範囲内で各国に割り当てられる許容人口の折り合いをつける権限を与えられた、地球政権」なるものを作ることを提唱した。

一九七五年に世界銀行に資金の貸し出しを求めたときガンディー首相は、インドの人口を抑制するための一層強力な努力が必要だと言い渡された。ガンディーは強制手段に転向し、息子のサンジャイが多くの認可、免許、配給、そして住宅取得の申請まで、不妊手術を受けることを条件とするプログラムを実施した。スラム街がブルドーザーで整地され、貧しい人々が集められて不妊手術を受けさせられた。暴力的な事態が繰り返し発生した。八〇〇万人のインド人が不妊手術を施された一九七六年、ロバート・マクナマラがインドを訪問し、「ついにインドは、その人口問題に対処する方向へと効果的に動きはじめた」と祝福した。

## 人口問題における懐疑主義者

だが、ここに驚くべき事実がある。インドでもほかの地域でも、出生率はすでに低下していたのだ。マルサスの予測とは逆に、食料生産は人口よりも速いペースで上昇していた。合成窒素肥料と、新しい短稈《たんかん》種の穀物（訳注　全体の丈が低くなり倒伏しにくくなるため、収量が増加・安定する）が登場したおかげだ。いわゆる緑の革命である。人口爆発への答えは、強制的な不妊化や乳幼児の死亡率を高く維持することではなく、その正反対のことだったのだ。人口増加を減速させる最善の方法は、赤ん坊を生かし続けることだった。なぜなら、赤ん坊が死ななければ、人々は家族の人数を少なく維持するよう計画し、各家庭の子どもの数は減るだろうから。

そしてそれ以上にショッキングなことは、この革命的な解決策が、狂騒的な強制不妊キャンペーンが始まる前から、一部の人々には知られていたことだ。新マルサス主義（訳注　産児制限によって人口を抑制しようという考え方）に立つ人口問題警鐘運動が生まれた一九四〇年代でさえ、この問題の診断も、それに対する治療も、まったく間違っていると気づいていた人がいた。赤ん坊が多いほど飢餓が深刻になるどころか、その逆だというのが彼らの主張だった。子どもの死亡率が高いからこそ、人々は出生率を上げていたのだ。皆をより裕福に、より健康にすれば、彼らは赤ん坊の数を減らすだろう。これはヨーロッパですでに起こったことであり、そこでも繁栄は出生率を下げこそすれ、上げることはなかった。アール・パーカー・ハンソンがウィリアム・ヴォートへの反論として書いた、本一冊分にあたる論文、『出現しつつある新世界（*New Worlds Emerging*）』で述べたように、食料不足と過剰な乳幼児数という二つの問題の解決策は、マルサス的飢餓ではなく繁栄なのだ。「子どもたちを大学へやることを気にかける境遇の人々は、子どもの数を少なくしようと考える傾向がある」。

ブラジルの外交官ジョズエ・デ・カストロは、自著『飢餓社会の構造』（大沢邦雄訳、みき書房）でなお一層大胆に新マルサス主義を批判し、「したがって生存への道は、余剰な人間を排除したり、産児制限したりという新マルサス主義的な策ではなく、地球の上にいるすべての人間を子作り可能にすることだ」と述べた。

一九七〇年代、ポール・エーリック流の人口悲観論は、経済学者ジュリアン・サイモンの一連の論文や本で攻撃された。赤ん坊の誕生は悪いことで、子牛の誕生は良いことだという主張には、根本的に間違ったところがあるのではないかとサイモンは論じた。なぜ人間を食べ物を待っている口と見なすだけで、助けてくれる手と考えないのか？　この二〇〇年間、人口拡大により人間の福利が向上したというのがほんとうのところではないのか？

有名な話だが、サイモンは一九八〇年、原材料の価格をめぐる賭けをエーリックに持ちかけた。エーリックと彼の同僚はすっかり乗り気になってその賭けに応じ、その後の一〇年間で希少になり価格が上がるであろう原材料の例として、銅、クロム、ニッケル、スズ、そしてタングステンを選んだ。サイモンはエーリックの予測が外れるほうに賭けた。一〇年後、しぶしぶと、しかもサイモンを公然と「間抜け」呼ばわりしながらではあったが、エーリックはサイモンに五七六ドル七セントの小切手を送った。五種類の金属すべてで、実質価格も名目価格も下がったのだ（私が自分の持ち物のなかでいちばん誇りに思っているのは、ジュリアン・サイモン賞のトロフィーで、それはこの五種類の金属で作られた葉脈を持つ葉の形をしている）。サイモンが誰でも乗ってくれる人を相手に提案した、もうひとつの賭けがある。「人間の物質的な幸福に関連するどんなトレンドも、悪くなったりせず、むしろ改善していくというほうに、一週間分もしくは一カ月分の給料を賭ける」というのだが、誰もこれに乗らないまま、サイモンは一九九八年に突然亡くなってしまった。

人口爆発の解決策は、結局のところ緑の革命と人口転換（訳注　経済発展により、人口の自然増加の形が多産多死型から少産少死型へと転換すること）だった。強制と計画ではなく、自《おの》ずと出現する現象だったのだ。進化であり、大義名分による強制ではなかったことになる。人口増加に歯止めをかけたのは、進化のメカニズムによる自発的で、そして計画外の現象であった。期待もされず、予測もされず、予告もされていなかったが、人々はより裕福に、より健康に、より都会的に、より自由に、そしてより教育水準が高くなった結果、より小さな家族を持つようになった。そうしろと言われたからではない。人口抑制がその目的を達成するに十分強制的だった国はただひとつしかない。中国だ。しかし、その中国にしても達成できたのは、強制的な手段をほとんどまったく使わなかった他の国々とほぼ同じ程度に、人口成長を減速させることだけだった。

## 実は西洋に起源があった一人っ子政策

中国の一人っ子政策は、西洋のマルサス主義の伝統とはほとんど何の関係もないでしょう？　そう思われるかもしれないが、それが違うのだ。中国の一人っ子政策は、新マルサス主義の文献から直接導き出されたものであり、見過ごせないのは、それが科学者たちによって始められた、おそらく最初で、しかも最も広範囲に及ぶ政策であろうという点だ。こんな前例の存在は、私たち科学を愛する者たちにはあまりぞっとしない。

中国人民が被《こうむ》った苦しみの多くは毛沢東の指揮によるものだったが、彼の人口政策は控えめで人道的だった。「より遅く、より長く、より少なく」で知られる彼の人口抑制策は、晩婚、出産間隔長期化、そして子どもは二人で打ち止めにすることによる少子化を奨励したが、それは柔軟で、強制的なものではなかった。それはマルサス自身が提唱したこととほぼ同じだった。それが原因でなのか、乳幼児死亡率が低下したせいなのかはわからないが、中国の出生率は一九七一年から一九七八年のあいだに半減した。その後毛沢東が死去したあと、はるかに厳格で強制的なアプローチへの転換が行なわれた。ハーヴァード大学の人類学者スーザン・グリーンハルシュが『たった一人の子（*Just One Child*）』という著書のなかで詳述しているように、誘導ミサイルの設計者で制御システムが専門の宋健は一九七八年、ヘルシンキで行なわれた技術者たちの会議に出席した。滞在中彼は、ローマ・クラブという得体の知れない組織とつながりがある、新マルサス主義を信奉する人騒がせな連中が書いた二冊の本の噂を耳にした。一冊は『成長の限界』（大来佐武郎監訳、ダイヤモンド社）。もう一冊は『人類にあすはあるか』（上村達雄・海保真夫訳、時事通信社）だ。

一九六〇年代にイタリアの実業家（訳注　アウレリオ・ペッチェイ）とイギリスの化学者（訳注　アレクサンダー・キング）によって設立されたローマ・クラブは、各界の要人から成る、マルサス主義を奉じる民間シンクタンクで、豪華な開催場所で秘密裏に会合を開いている。関連諸団体ともども、アル・

ゴアやビル・クリントンから、ダライ・ラマやビアンカ・ジャガー（訳注　ニカラグア生まれの政治・人権活動家でアムネスティー・インターナショナルUSA事務局長。ローリングストーンズのリードヴォーカル、ミック・ジャガーの元夫人）まで、今なお著名人を引き付けている。「ならば、真の敵は人類そのものだ」と、ローマ・クラブは一九九三年に上梓した本のなかで宣言し、さらに、「民主主義は万能薬ではない。それはすべてを整理することはできないし、自らの限界に気づいていない」と述べた。一九七四年、二つめのレポート、『転機に立つ人間社会』（大来佐武郎・茅陽一監訳、ダイヤモンド社）では創造論者的な考え方を呼びかけたが、その技術官僚《テクノクラート》的傲慢さは今なお並ぶものがない。

自然においては、成長はひとつの基本計画《マスター・プラン》、ひとつの青写真にしたがって進む。世界システムの成長と発展の過程には、このような「基本計画《マスター・プラン》」が欠けている。今こそ、資源の地球全体への配分と新しい地球規模の経済システムに基づいた、持続可能な成長と発展の基本計画《マスター・プラン》を書き上げるべきときだ。

『成長の限界』は一〇〇〇万部が売れ、人口過剰と資源の枯渇により人類は絶滅する運命にあることをコンピュータ・シミュレーションを用いて証明したと噂された。この本は、一九九二年までに数種類の金属が使い尽くされ、次の世紀に文明と人口の崩壊を加速する一因となるだろうと予測していた。裕福なイギリスの実業家サー・エドワード・ゴールドスミスによって書かれ、サー・ジュリアン・ハクスリー、サー・ピーター・メダワー、サー・ピーター・スコットなどの連名のもとに刊行された、これぞまさしく科学界の重鎮の紳士録かと思わせる『人類にあすはあるか』は、通念とは裏腹に、環境運動は草の根運動であり急進的なものだという認識が間違っていることを証明している。この本は、変化、技術、そして消費主義に対してエリートたちが常に抱いている嫌悪感に動機付けられていた。この本からは見間違いようもないほどに、「安物」商品で成り立つ消費者社会が普通の人々の手が届くところまで来ていることに対する軽蔑があふれ出ている。こんなことは間違いだと、裕福な人々の耳に心地よいことを語っていたのだ。『人類にあすはあるか』によれば、家庭にいる女性たちの時間を節約することになっている家電製品を製造するための「退屈でつまらない仕事」を考慮に入れる者は、「われわれ」のなかにはわずかしかいない。世界の貧しい人々については、「予測される食料需要に見合うに足りる農業生産の増加が起こると想定するのは現実的ではない」。そして著者らは、各国政府は人口問題を直視し、「人口増加を終結させることに専念すると宣言する」よう要求する。そして「この専念する内容には、移民をなくすことも含まれなければならない」とする。これはきわめて反動主義的な文書であり、今日の過激な右翼団体が読んでも面食らうほどだ。

これらが、例の一人っ子政策の父、宋健がヘルシンキで手にした二冊の本だった。『成長の限界』は、宋が専門にしていた制御システム理論を、ミサイルの軌道ではなく、人口と資源利用の軌道に当てはめていた。宋は中国に戻ると、この二冊の本の主要なテーマを収めた中国語の本を、自分の名のもとに中国で出版した。軍での経験があったおかげで宋は、（人類学者スーザン・グリーンハルシュの表現によれば）「全員が子どもは一人という政策は、社会領域での強制《ビッグ・プッシュ》的なトップダウン型アプローチの使用を前提とし、かつ要求している」ことをすぐに察知した。宋は、ソーシャル・エンジニアリングをまさに文字通りの意味で提案していたのだ。当時国務院副総理だった王震は宋の報告書を読んですぐに宗旨替えをし、鄧小平の補佐役である陳雲と胡耀邦に見せた。鄧は宋が中国の貧困を経済政策の失敗ではなく人口過剰のせいだと論じていたことを好ましく思ったようで、数学にだまされて、宋の仮定を疑問視しなかった。一九七九年成都で行なわれた会議で宋は人道的影響を心配した批判者たちを黙らせ、中国がその環境調和的《エコロジカル》に持続可能な範囲内で生きていくためには、二〇八〇年までに人口を約三分の一減らさなければならないという計算を党に受け入れさせた。

銭信忠将軍が政策の責任者に指名された。彼は二人以上子どもがいるすべての女性への不妊手術、子どもが一人いるすべての女性へのIDU挿入（これを取り外すことは犯罪とする）、年齢が二三歳以下の女性の出産の禁止、そして、不正な妊娠のすべてを妊娠八カ月までに強制的に中絶させることを命じた。逃れて密かに子どもを産もうとした者たちは、追跡され牢にたたき込まれた。彼らが住んでいる地域全体に罰金が課されることもあり、隣人の密告が促された。集団不妊手術、強制中絶、乳幼児殺害の非人道的な活動に加え、親たちが唯一の合法的な子どもを確実に男子にしようとしたことで、自発的な女児殺害が大量虐殺と言える規模で起こり、事態は一層深刻化した。出生率は低下したが、経済発展、公衆衛生、そして教育推進の政策が代わりに採用されていた場合にくらべ、別段早くそうなったわけではなかった。

この大虐殺に世界はどう反応したのだろう？　国連事務総長は一九八三年、銭将軍に賞を与え、中国政府が「人口政策を大規模に実施するために必要な資源を調達した」ことに対する「心からの感謝」を表明した。八年後、一人っ子政策の恐怖は以前にも増して誰の目にも明らかになってきていたのに、国連家族計画機関（訳注　現在の国際連合人口基金）のトップは、人口抑制において「中国がその注目すべき成果を誇りに思うのももっともだ」と語り、さらに、中国が他国にその実施方法を教えることを支援すると述べた。この専制主義的な残虐行為を無害なものと捉える見解は今日まで続いている。メディア王テッド・ターナーは二〇一〇年にある新聞記者に対し、徐々に地球全体の人口を減らすため、一人っ子政策の実施で先頭に立っている中国に他の国々も倣《なら》うべきだと語った。

マルサス主義に立つ救貧法は間違っていた。インドとイスラエルの飢饉に対するイギリスの態度は間違っていた。中国の一人っ子政策は間違っていた。ホロコーストは間違っていた。インドの不妊手術政策は間違っていた。優生学は間違っていた。これらは不作為の罪ではなく、作為の罪だった。マルサス主義的人間憎悪――人類のために、心を押し殺し、飢饉と病気を受け入れ、哀れみと同情を恥ずかしく思わなければならないという考え方――は、道徳的にも実利面でも間違っていたのだ。貧しく、飢えており、子どもの多い人々に対する正しい行動は、これまでずっと、そして今も、希望、機会、自由、教育、食料と、当然のことながら避妊法も含めた医療を彼らに与えることだ。なぜなら、それによって彼らは幸福になるのみならず、より小さな家族を持つことができるようになるからである。技術官僚《テクノクラート》の悲観主義が信奉する創造論を放棄しよう。誤りであることが繰り返し暴露されている、科学エリートが利用する破滅論を、そのあまりに単純すぎ、固定化した、資源の性質に関する誤解もろとも放棄しよう。あやふやな複数代名詞「われわれ」と、忌まわしい言葉「ねばならない」の安易な使用を拒絶しよう。その代わりに、進化のメカニズムにより計画なしに起こる、自発的現象である人口転換を受け入れよう。

最後は、ジェイコブ・ブロノフスキー（訳注　二〇世紀イギリスの生物学者、科学史家、脚本家、詩人、発明家で、ユダヤ系ポーランド人）が自分のドキュメンタリー・テレビ番組、《人間の進歩》（番組を元にした同タイトルの本の邦訳は、道家達将・岡喜一訳、法政大学出版局刊）の最後に語った言葉を引用したい。彼の親族の多くが命を失った、アウシュヴィッツ－ビルケナウ強制収容所の池のなかに立ち、彼は身をかがめて泥をすくい、持ち上げた。「この池のなかに、約四〇〇万の人間の灰が流された。そしてそれは、ガスによってなされたのではない。傲慢によって、独断《ドグマ》によって、無知によってなされたのだ。現実のなかで検証することなしに、自分たちは絶対的な知識を持っていると信じるとき、人々はこのように振る舞う。神々の知識を目指すとき、人間はこのような行いをする」。

# 第12章　リーダーシップの進化

してみれば、権力を握って国を支配しようとしたり、王国を握ろうと望むよりは、平和を得ようとすることの方が遙かにましなこととなる。であるから、野望の狭い路に苦闘し、疲れきって、徒らに血の汗を流す者には、流さしておくがいい。

——ルクレティウス、『物の本質について』第五巻より

ドゥニ・ディドロとジャン・ダランベール編纂の『百科全書』は、いわばフランス啓蒙思想のマニフェストだが、この本には人名の項がほとんどない。たとえば、アイザック・ニュートンの略歴を読むには、彼が生まれ育ったリンカンシャー州の小村の旧称、「ウールスソープ」の項を引かねばならない。この人目を憚《はばか》るようなおかしな構成には理由があった。歴史はリーダーに光を当てるあまり、出来事や状況を軽視しすぎる、とディドロたちは考えていた。王や聖人、いや、たとえ真理の発見者であろうと、その鼻っ柱を折りたかった。歴史とはあまたの名もなき人々によって生み出されるので

あって、一握りの超人的な英雄によってつくり上げられたわけではない、と読者に思い起こさせたかった。歴史からも、政府、社会、科学からもスカイフックを取り除きたかったのだ（さすがの彼らもウールスソープについては、ニュートンの生誕地という以外にめぼしい情報は見出せなかった）。

ディドロの同時代人で、年長のモンテスキュー男爵、シャルル＝ルイ・ド・スゴンダも、リーダーたちは自然に起きる、避けようとしても避けられない出来事を自分の功績にしていると主張した。モンテスキューは、歴史の流れは一般的な原因によって形づくられるもので、人間はただの随伴現象だと考えていた。いわく、「マルティン・ルターは宗教改革を起こしたとされている。しかし、それは起こるべくして起きたのだ。たとえルターがいなくとも、別の人物がそうしただろう」。戦争の趨勢《すうせい》がたまたまどう転ぶかで、国の滅亡は早まりもすれば遅れもする。だがその国が滅ぶべき運命にあるなら、いずれ滅ぶのだ。そこでモンテスキューは遠因と近因の別を唱え、この区別は社会科学できわめて有用な概念となった。彼は出来事に生物によらない要因を探そうとして、ときに行き過ぎた環境決定論者になることがあり、神や王の功績を認めたい教会や国家がひどく憤慨したのも無理もなかった。

トマス・カーライルによる歴史の「偉人」説のおかげで、一九世紀には偉人の伝記がふたたび脚光を浴びた。ナポレオン、ルター、ルソー、シェイクスピア、ムハンマドなどの英雄は、彼らが生きた時代をそうあらしめた原因であって、時代の産物などではないとカーライルは説いた。『ブリタニカ百科事典』の画期的な一九一一年版は『百科全書』と正反対の道を取り、社会史は伝記の中に埋もれた。ローマ帝国以降の世界について知りたければ、「フン族のアッティラ」の項を調べるしかなかった。

哲学者のハーバート・スペンサーは、*カーライルの誤りを指摘してトップダウン史観に反論したが、その努力はあまり報われなかった。レフ・トルストイも『戦争と平和』（邦訳は藤沼貴訳、岩波書店など）の中で、偉人説に反撃している。ところが、二〇世紀はカーライルが正しかったと証明したような形になった。レーニン、ヒトラー、毛沢東、チャーチル、マンデラ、サッチャーなどの偉大な男女が、良くも悪くも歴史を何度も塗り替えた。本書の刊行現在ロンドン市長の職にあるボリス・ジョンソンは、著書『チャーチル・ファクター』（石塚雅彦・小林恭子訳、プレジデント社）で、一九四〇年五月にイギリス政界の上層部にいた政治家で、屈辱を忍んでもヒトラーとの和平交渉に応じる道を選ばなかったであろう人物は、チャーチル以外にいないと述べている。戦時内閣の他の誰一人として、避けようのない事態を拒み続け、戦いを挑む勇気、狂気、そして図太さを持ち合わせてはいなかった。ジョンソンが主張するように、これは一人の人間がほんとうに歴史を変えた例だ。では、歴史は偉人によって動かされるのだろうか？

## 中国で起きた改革の創発《そうはつ》的性質

私にはそうは思えない。一九七八年、鄧小平の統治下で始まった中国の改革開放経済を考えてみよう。結果として経済は目覚ましく成長し、五億人が貧困から抜け出した。普通に考えれば、鄧小平は歴史に多大な影響を与えたのだから、その意味において「偉人」と言える。だが一九七八年に中国で起きた出来事を子細に調べれば、それはいわゆる改革というより進化と呼ぶにふさわしい。すべては農村部で、個人が土地と収穫物を所有することを可能にするという、集団農場の「私有化」から始まった。しかし、この変化は改革政府によって上から命令されたわけではない。それは下から出現したのだ。集団農場の生産性がひどく低く、他の村から食べ物を分けてもらわねばならないことに絶望した小崗村の農民一八名がある夜、秘密の会合を持って今後を話しあった。ただ会合を持つだけでも重罪だったし、ましてや農民たちが思いついたアイデアは途方もなかった。

最初に口を開いた勇気のある男は厳俊昌《イエン・ジンチャン》といい、各農家はそれぞれに育てた作物を所有し、集団農場の土地を農家で分けるべきだと提案した。厳が貴重な紙に密約を書き、全員が血判を押した。彼は血判状を丸めると、家の垂木《たるき》の竹の空洞に隠した。これらの農家の人々は毎朝役人が笛を吹く前に野良仕事を始め、一日の仕事が終わってからも長時間働いた。働けば働くほど利益が得られることに奮起した農民たちは、最初の年に過去五年分より多くの収穫を得た。

間もなく、地元の共産党幹部が長時間労働や豊かな収穫に疑念を抱き、厳を呼び出した。投獄、あるいはもっと恐ろしい運命が待っているかもしれなかった。だが尋問中に自治区の共産党幹部が仲裁に入って厳に救いの手を差し伸べ、小崗実験を他の場所でもやってみてはどうかと勧めた。この提案がやがて鄧小平の耳に入った。彼はこの動きを阻止しないという選択をしたが、彼が取った行動はそれだけだった。農家による農場の所有を共産党が公式に認めたのは一九八二年になってからのことだ。それまでには、農場を所有する農家はごく当たり前になっていた。私的所有という発奮材料のおかげで、農業は急速に変貌を遂げ、やがて産業も同じ道をたどった。鄧小平がより非現実的なマルクス主義者だったら改革は遅れたかもしれないが、いずれ改革が起きたのは間違いない。重要なのは、ディ

＊　ハーバート・スペンサーは歴史上最も不当な批判にさらされた人物であり、今日《こんにち》では冷酷な社会ダーウィニストで、他人のことなど眼中にないと見なされている。これは、とんでもない言いがかりと言わねばならない。スペンサーは生存競争に敗れた者たちに対する共感、思いやり、慈悲を説いたし、彼が競争を擁護したのはそれが社会全体の生活水準を上げるからであって、いちばんの成功を収めた人に都合がいいからではなかった。彼は深い思いやりとリベラルな考えを持つ、頭の切れる並外れた思想家だった。軍国主義、帝国主義、国教、独裁国家、その他あらゆる形態の抑圧に強く反対していたし、フェミニストにして組織労働の支持者でもあった。したがって、彼が「力は正義である」と考えていたという批判は見当違いもはなはだしい。むしろ彼は、国家を自由解放の手段と見なした同時代のライバル、カール・マルクスを遺憾に思っていたというのが真相だ。「人民を保護すべき立場にありながら専制に走りがちな」政府につねに不信の目を向け、人々の自由意志による協力を好んだ。彼のシニカルな国家観が、二〇世紀に起きた出来事と共産主義が残した何億人もの死体の所産であるのは間違いない。ディアドラ・マクロスキーの言葉を借りれば、「急進的な社会主義、国家主義、帝国主義、勤労動員、中央計画、規制、地区制、価格統制、税政策、労働組合、カルテル、政府歳出、侵入的な警察活動、外交における冒険主義、宗教と国家の癒着、あるいは政府活動に関して一九世紀になされたその他の急進的な提案の大半が、いまだに私たちの暮らしをよくするための適切で無害なアイデアだと、二〇世紀が終わった今でも考えるような人は物事をきちんと見ていない」。また、スペンサーは不遇な人々に対して冷酷になるべきだと考えたわけでもなかった。したがって、スペンサーの今日の評価が、独裁主義の政策が洋の東西を問わず最盛期にあった一九四四年に、マルクス主義の歴史家ダグラス・ホーフスタッターが書いた、敵意ある誤った評論に大きく依拠しているのは不当である。Richards, Peter 2008. Herbert Spencer (1820-1903): Social Darwinist or Libertarian Prophet?, *Libertarian Heritage* 26 および Mingardi, Alberto 2011. Herbert Spencer. Bloomsbury Academic を参照のこと。ディアドラ・マクロスキーのコメントは、bleedingheartlibertarians.com にある「事実にもとづく自由市場の公平性（Factual Free-Market Fairness）」と題するエッセイから。

ドロが考えたように、それが一般人の行動から始まった点にあった。「この一件の教訓は、経済が自由化すると独裁者がその功績を独り占めしてしまうことにある」と、経済学者ウィリアム・イースタリーは述べた。

もちろん、同じことは毛沢東には当てはまらない。数十年にわたって毛が中国国民に与えた多大な苦しみは、実際に上層部の主導で始まった。大躍進政策では農業を集団化し、核兵器保有のために飢えた農民から作物を徴発し、農村で製鉄するという狂気の計画を実践し、文化大革命では個人に対して悪意ある復讐を断行した。真に誤った意味合いにおける「偉人」による所業だった。アクトン卿が言ったように、偉大な人物はたいてい悪人なのだ。

## 戦争に勝ったのは蚊だった

私たちは現在でも歴史の偉人説に取り憑かれたままだが、それはひとえに私たちが伝記を好むからだ。アメリカの大統領制はもっぱら神話で成り立っている。完璧で、全知で、有徳で、清廉潔白な救世主が四年ごとにニューハンプシャー州の予備選に現れ、国民を約束の地に導いてくれるというのだ。この救世主出現のムードが、バラク・オバマが大統領に選出された日ほど高まったことはない。二〇〇八年六月に本人が述べたように、これが「海面上昇が収まり、私たちの地球が癒されはじめた」瞬間だった。彼は「この国を癒し」、グアンタナモ米軍基地を閉鎖し、医療保険制度を改革し、中東に平和をもたらすつもりだった。オバマは大統領に選出されたというただそれだけの理由でノーベル平和賞を受賞した。これほどの期待をかけられた気の毒な男は、それに応えないわけにはいかなかった。

ボストン大学の政治学者アンドリュー・ベースヴィッチが、二〇一三年に実施されはじめたオバマケア（訳注　オバマが公約として掲げたユニバーサルな医療保険制度）の引き起こした落胆ムードのただ中で述べたように、「オバマ自身が偽者だったと知れたということかもしれないが、何十年にもわたってアメリカ政治を特徴づけてきた大統領崇拝熱がいまだに健在だったということだ」。神のごとく崇められた英雄がただの弱い男で、世界一の権力を持つはずの男が世界を変える力を持ち合わせていないとわかって四年ごとに落胆すると決まっていながら、アメリカ国民は大統領教とでも言うべきものに対する信仰を相変わらず失っていないのだ。他の国々でも状況はさして変わらない。

ここで、人類史における大変革――ルネサンス、宗教改革、産業革命――が、他の出来事にともなってたまたま起きたことを見ていこう。イタリア商人は交易によって富を蓄えたが、高利貸しをするのも気がとがめたので、比類なく美しい宗教画を製作するよう画家に依頼し、古代世界に関する自由な研究を支援した。印刷によって文書を広く安価に配布できるようになると、それまで数世紀にわたって宗教改革を何度か試みては諦めた人々は、ようやく教皇とその取り巻きの権威を失墜させることに成功した。技術史に詳しいライターのスティーヴン・ジョンソンが主張したように、歴史的な出来事の影響は思いもかけぬほど遠くにまで及ぶ。グーテンベルクの印刷によって、誰でも手頃な価格で本を入手できるようになった。おかげで識字率が上がり、眼鏡の市場が生まれ、レンズ製作が盛んになり、望遠鏡や顕微鏡が発明され、地球が太陽の周りを回っているという発見を周知のものとしたのだった。

東西の出会いによって起きた大規模なコロンブス交換（訳注　東西の半球のあいだで動植物から奴隷、鉄、病原菌にいたるさまざまなものが交換されたことを言う）に関する優れた著作『１４９３』（布施由紀子訳、紀伊國屋書店）でチャールズ・マンは、歴史を形づくった力は再三、上からではなく下から生まれたと述べている。たとえば、アメリカ独立革命で少なくともジョージ・ワシントンと同等の勝利を収めたのは、ノースカロライナとサウスカロライナおよびチェサピーク湾で、チャールズ・コーンウォリス将軍率いる軍隊を悩ませたマラリア原虫だった。私がこのことに触れるのは戦争に負けたイギリス人の負け惜しみからではなく、高名な（アメリカの）環境歴史学者Ｊ・Ｒ・マクニールの見解にわが意を強くしたからである。ハマダラカの一種アノフェレス・クァドリマクラトゥス（*Anopheles quadrimaculatus*）のメスについて、彼は次のように述べている。「これらの小さな女戦士は、イギリス軍に対して隠密裡に生物学的戦争を仕掛けた」。

一七七九年、イギリス軍の北アメリカ総司令官ヘンリー・クリントンは「南部戦略」を採用し、ノースカロライナとサウスカロライナ制覇のために軍隊を海路送り込んだ。ところが、これらの植民地ではマラリアがはびこっていた。このあたりでは春になるとかならずマラリアが流行し、とくにヨーロッパから新たにやって来た人々のあいだに蔓延した。それは三日熱マラリア原虫と呼ばれる種類のマラリア原虫が起こす病気で、感染者は衰弱し、ときには合併症で死亡することもある。稲作が問題を大きくした。病気を媒介する蚊の棲息地が広かったからだ。「カロライナの春は天国だが、夏は地獄で、秋には病院になる」とあるドイツ人旅行者が書いている。白人入植者の大半は若いころにマラリアに罹《かか》って治り、ある程度の耐性を獲得していた。黒人奴隷の大半は、アフリカから連れてこられたときにすでにマラリアに対する遺伝的免疫を獲得していた。つまり、アメリカ南部は外国人部隊が侵攻するには最悪の場所だったのだ。

チャールストンを掌握すると、コーンウォリス率いるイギリス軍は内陸へ向かった。一七八〇年六月（蚊の最盛期）、汗にまみれた青白いスコットランド人やドイツ人の部隊が森や田んぼを進軍してきたとき、ハマダラカと三日熱マラリア原虫は自分たちの幸運を信じられなかった。どちらも血をたっぷり味わった。蚊が血を吸い、原虫がその赤血球に感染した。戦闘が始まるころには、兵士のほとんどは発熱で衰弱しており、コーンウォリスも例外ではなかった。マクニールの言葉を借りれば、コーンウォリスの軍隊では一度の戦闘で多くの兵士が戦線離脱してしまった。戦場に残ったのはマラリアに慣れた地元の国王派のみだった。マラリアを治せる唯一の薬——キナ皮からとるキニーネ——がスペインに独占されていたことも事を悪くした。スペインは、同盟国のフランスとアメリカを支援するためにイギリスとの交易を断っていたのだ。

冬になると、指揮下のイギリス軍兵士が回復したため、コーンウォリスは軍隊を沿岸の沼地から北上させ、内陸のヴァージニアに向かわせた。「秋に軍隊を絶滅寸前に追い込んだ致命的な病気から兵士を守るため」の措置だった。ところが、総司令官のクリントンは東海岸に戻って増援隊を迎えるようコーンウォリスに命じた。不承不承《ふしょうぶしょう》ながら、コーンウォリスの軍隊はチェサピーク湾にある、熱病の発生源だった二つの沼に挟まれたヨークタウンの要塞に戻った。フランス軍と北軍を従えたジョージ・ワシントンが、九月に彼の軍隊を攻囲しようと南下した。指揮下の「軍隊が日に日に病気で人数が減り」、コーンウォリスは三週間としないうちに降参した。マラリアは潜伏期間が一カ月以上あるので、新たにアメリカの地を踏んだフランス兵とアメリカ人が病に倒れたのは戦争終結後だった。マクニールはこう語る。「アメリカが手詰まりの状態から勝機をつかみ、革命独立戦争に勝利を収めるのに蚊が助勢した。蚊の援護がなければ、アメリカ合衆国は存在しなかった。来年の七月四日に蚊に刺されたら、このことを思い出してほしい」。

もちろん、ジョージ・ワシントンの将軍としての手腕をすべて否定することはできない。しかし、アメリカのリーダーの名声は予想外の展開によって決まったわけで、蚊が少なくともリーダーに引けをとらないほどの影響力を持った。ほんの些細なことが大問題だったのだ。もちろん、いずれにしてもイギリス軍に勝ち目はなく、蚊がいなくても戦争に負けただろうと言うこともできる。だがここで、「偉人」説の代わりに「偉大な昆虫」説を唱えないことが大切だ。いずれにしても、これで勝敗を決めたのはボトムアップな動きだったという考えがますますその信憑性を増す。

## 威厳に満ちたCEO

偉人説は人間の営為の一分野でもしぶとく生き長らえている。大企業だ。インターネット時代にもかかわらず、たいていの現代企業は封建時代の領地のように君主に支配されている。あるいは、絶大な名声、きわめて大きな持株比率、ゲイツ、ジョブズ、ベゾス、シュミット、ザッカーバーグのような峻厳《しゅんげん》な響きの名前を持つ神に支配されていると言ってもいい。今日のデジタル経済の流動的で、平等主義的で、動的な世界の企業に、並外れて有名で、絶大な権力を持つ、威風堂々たるCEOがいるのはいかにも皮肉な話だ。彼らが率いる企業は何十億人という顧客に相互通信用のネットワークを提供し、社員はジーンズをはき、ヴィーガンサラダを食べ、フレックス制で働く。ところが、トップの人物の発言は聖典のごとく崇められる。ジェフ・ベゾスはよくこう言ったものだ。「顧客から逆方向にたどって考えよ」。この言葉がスタッフによってあまりに頻繁《ひんぱん》に呪文のごとく唱えられるので、スタッフが上意下達の方向でものを考えているとしか思えないのは皮肉である。二〇一一年にスティーヴ・ジョブズが死去すると、アップルの存続そのものが危ういと広く考えられ、同社の株価は急落した。あのチンギス・ハーンが没したときですら、これほどの影響を与えただろうか？　ヘンリー・フォードやフン族のアッティラの独裁精神が、二一世紀の今になってなぜこれほどまでに残っているのだろうか？　なぜ企業はいまだにトップダウンのままなのか？

カリフォルニア州のIT企業は、東海岸や旧世界の高飛車な階層構造を持つ企業とは、この点において異なるものをはじめから意識して目指していた。トマス・ウルフが一九八〇年代という古くから指摘していたように、インテルのロバート・ノイスのような人々は、東海岸の封建的な資本主義モデルから意図的に距離を置こうとしていた。東海岸モデルでは、「家臣、兵士、自由民と奴隷がいて、自動車と運転手のような儀礼と特権による階層化によって上層部の優位性を明確にし、他の人々との区別を可視化する」。一方のノイスは、インテルで自分専用の駐車スペースすら設けなかった。横の関係を重視する民主的な姿勢は西海岸の企業に受け継がれ、CEOは封建時代の君主のようにではなく、賢人、預言者、神格を持つ者のごとく振る舞うようになり、彼らの発言は敬意を持って受け止められる。

私たちが構築しようとしている新たなシェア経済に関する素朴な楽観論をいくつか列挙したあと、経済学者トマス・ハズレットが私に指摘したように、「新しいウィキノミクスの世界にはたしかに多くの億万長者がいる」（訳注　ウィキノミクスはドン・タプスコットとアンソニー・ウィリアムズの造語で、不特定多数による開発・生産形態の意）。二〇一二年にフェイスブックの新規株式公開をする際、マーク・ザッカーバーグは世界の情報インフラは「これまでのような画一的でトップダウンの構造ではなく、ボトムアップかピアツーピアに構築されたネットワークであるべきだ」と述べている。スティーヴン・ジョンソンは、ザッカーバーグはそれでもフェイスブック社の株式の五七パーセントを保有しており（訳注　二〇一五年一二月一日、持株の九九パーセントを寄付すると発表した）、「トップダウン管理を断つのはなかなか難しい」と渋面《じゅうめん》をつくって語った。

だが、断つべきなのだ。二〇一一年、ゲイリー・ハメルが《ハーヴァード・ビジネス・レビュー》誌に寄稿した論文に、シェイクスピアの『ヘンリー六世』に登場する肉屋の台詞《せりふ》をもじってこう書いた。「まず、マネジャーを全員解雇しよう」。組織が成長するにつれて管理層の数、規模、複雑さが増すが、それはマネジャーにもマネジャーが必要になり、大企業のトップの仕事の一部は、組織がその複雑さの重みで崩壊するのを防ぐことにあるからなのだ。上意下達のマネジメントでは、愚かな決定に至る可能性がきわめて高い。「誰かに独裁者のような権限を与えれば、遅かれ早かれ深刻な問題が起きるだろう」。問題が起きても、委員会をたらい回しにされて決定が遅れる。それに平社員は自分には権限がないので、誰も自分の意見や懸念には耳を貸さないとはじめから決めてかかっている。ハメルが指摘するように、消費者としてなら二万ドルの車を買う人でも、社員の立場ではオフィス用の椅子を五〇〇ドル出して買う自由はないかもしれない。大企業が中小企業より成長が遅く（ダボス会議にＣＥＯが出席する企業の株価は市場平均を下回りがちだ）、大規模な公共機関が小規模な公共機関より評判が悪いのも当然なのだ。

現代の大企業のCEOは絶大な権限を持っているかに見えるが、雇われのスポークスマンと大差ない場合もある。年中どこかへ出かけていっては、「自分の」戦略を投資家や消費者に説明し、社員の雇用、解雇、昇進、排除については一、二名の参謀に頼る。もちろん、自身の考えを実際に組織に大きく反映させ、自ら製品を設計するような人々もいる。だがそのような人は例外だ。CEOはたいがい傍観者のようなもので、社員の仕事に乗っかり、ときたま重要な決定を下すために大きな報酬を得ているものの、設計者や中間管理職、なかでも戦略を選択できる顧客より大きな権限は持っていない。彼らのキャリアはどんどん様変わりしている。外部から連れてこられ、長時間労働と引き換えに高額な報酬を約束されるが、失敗でもしようものなら、約束の報酬だけ与えられて無造作にその座から引きずり下ろされる。彼らが封建時代の君主のようだという幻想がメディアでは通説になっている。だが、それは幻想にすぎない。

では、いま企業を経営しているのは誰なのだろう？　株主でもなければ、役員でもない。それがわかるのは、たいてい業績が好調または不調になってからだ。企業は共同体ではない。会社を総意にもとづいて経営しようと試みたことのある人なら誰でも、それがいかに間違っているか教えてくれるだろう。みんな自分以外の人に自分の意見をわかってもらおうとするので、会議が果てしなく続く。何も成し遂げられず、誰もが神経が参ってしまう。総意に潜む問題は、人と異なる意見を持つのが許されない点にある。それは、ブレーキを踏んでもアクセルを踏んでも同じ操作しかできない車を運転するようなものだ。そうではなく、大企業でうまくいくのは専門化だ。あなたはあなたの得意分野に専念し、私は私の得意分野に専念する。そして互いの行動を協調させるのだ。たいていの企業では実際にこれが行なわれていて、良好なマネジメントとは良好な協調を意味する。市場で立ち働く人や町の住人のように、社員はそれぞれ特定の仕事に携《たずさ》わり、成果物を互いに交換する。

## マネジメントの進化

カリフォルニア州にあるモーニングスター社は、「自主管理」の実験を始めて二〇年になる。その結果、同社は世界最大のトマト加工業者となり、州のトマト加工品の四〇パーセントを生産している。利益は急速に伸び、労働移動率がいたって低く、イノベーションが活発に起きている。ところが、この会社にはマネジャーも、上司も、CEOもいない。役職を持つ人は一人もおらず、昇進もない。一九九〇年代初頭から自主管理を実践してきた。新種のトマトを選択する生物学者、トマトの収穫者、収穫したトマトを加工する工場の働き手、オフィスで働く会計士は、全員同じレベルの責任を有する。

この会社には予算すらない。社員は経費を仲間と交渉し、その結果にいちばん影響を受ける人々によって決定が下される。各社員は職務記述書や雇用契約ではなく「合意書（CLOU）」を持つ。この文書には各自の責任範囲のみならず、業績の指標も記載される。社員は合意書を自分で書く。その内容と自分の報酬は業績にもとづいて仲間と交渉して決める。最高額の報酬を受け取る人でも最低額の人の六倍を上回ることはない。かなり大規模な企業にしては異様なほど報酬の格差が小さい。モーニングスター社は、社員のあいだで金銭と役職に関する駆け引きがないことで有名だ。人は上司（実際にはいないが）より仲間に対して誠実になるものだ。

この手法はどのようにして生まれたのだろう？　モーニングスター社の創業者クリス・ルーファーが一九九〇年に加工業を始めたとき、「カリフォルニア州のロスバニョス郊外を走る未舗装の道路沿いにある小さな農家」に社員を集めた、と自主管理研究所のポール・グリーンは記す。ルーファーが「この会社をどんな会社にしたいか？」と問い、答えは三つの原則に集約された――（1）人は自分の人生を自分で支配できるときがいちばん幸せだ。（2）人は「思考し、エネルギーに満ち、創造的で、他人を思いやる」。（3）最高の人間組織は部外者によって管理されず、参加者が協調して運営するボランティア組織のようなものだ。懐疑的な人々の思惑をよそに、このシステムはずっと機能し続け、モーニングスター社は従業員四〇〇人、パート三〇〇〇人の企業に成長した。

混乱必至《ひっし》と思われていたにもかかわらず、自主管理は見事に開花した。ところが、ビジネススクールにおけるいくつかの研究を除けば、モーニングスター社の持続的な成功はメディアでも学術界でも話題になっていない。それはこの会社の業績があまりに堅調で、ほとんどニュースにもならないこと、食品加工があまり人目を引かないローテクで、同社がカリフォルニア州の地味なセントラル・バレーにあること、その創業精神がきわめて自由至上主義《リバタリアン》的であることが理由だろう。クリス・ルーファーは機会の自由を信じているのであって、かならずしも平等な結果を信じているわけではない。つまり、彼は――メディアの不条理な「不思議の国のアリス」的な世界では――「右翼」ということになる。そこで労働者にとって強力な改革者であるにもかかわらず、そのような人物として称賛を浴びることがないのだ。何百という企業がモーニングスター社の自主管理を学んで夢中になった。しかし、実行しようとする企業がほとんど見当たらないのは、当初の熱も自社の本部に戻ると報告書の山と会議の連続で冷めるからだ。ルーファーがしたように自主管理する企業を何もないところから立ち上げるのと、既存の企業の社員に特権を手放すよう求めるのとでは、話が違ってくる。

それでも少しずつ、遅々とした歩みながら、この考え方は浸透してきている。モーニングスター社やネット通販会社のザッポス社のように自主管理を試みている企業は、私に言わせれば、他の企業が暗黙のうちに不承不承《ふしょうぶしょう》ながらやるよう迫られはじめていることを、明確に熱意をもってやっているだけだ。ある種の労働者——スーツを着て会議で発言する人々——が、Tシャツとジーンズを着た残りの人々に命令する「立場にある」という古くからの考え方は、改めて考えてみればおかしい。ホワイトカラーの役員を、企業の生産要員のために雇用された使用人と考えてみてはどうか?

アメリカの食料品スーパーマーケット・チェーンのホールフーズは、在庫管理と販促方法を地元のスーパーマーケットと店内のチームに委任するやり方をとっている。同社はさらに、あるチームの功績による増益を他のチームとシェアする、ゲイン・シェアリングと呼ばれる方式を採用している。ホールフーズの共同創業者ジョン・マッキーは、自由市場が社会の不平等をなくす力の熱烈な支持者だ。彼は市場で進化が起きていると考えてもいる。「ビジネスは機械ではなく、多数の部分から成る、複雑で、相互に依存する進化系だ」。

ここで、モーニングスター社(どことなくソヴィエト風の名称だ〔訳注 旧ソ連国旗の赤い星(五芒星)=Red Starから来る連想か〕)の方式を、スターリンのロシアや毛沢東の中国にあった集団農場のそれと比べてみてほしい。ロシアと中国の農民は強制的に集団農場に参加させられ、脱退を許されず、中央から生産目標を与えられ、仕事内容を上司に命令され、国が収穫物を徴発し流通させるのを手をこまねいて見ているしかなかった。ロシア人の多くが、このシステムを体《てい》のいい奴隷制と呼んだのも無理はない。真の平等は国家ではなく自由によって得られることを、これほど如実に示す例がかつてあっただろうか？

## 経済発展の進化

二〇〇〇年前まで、世界はほぼ全体的に貧しかった。やがてヨーロッパと北アメリカの一握りの国で、国民の大多数が想像を絶する快適さ、健康、機会を享受するようになったものの、他のほとんどの国では状況は変わらなかった。ここ数十年でさらに多くの国々（おもにアジア諸国）が貧困から抜け出したが、残りの国々（おもにアフリカ諸国）は大きく立ち後《おく》れている。この経済発展の過程は、過去数十年で起きた最も重要で異例な出来事だ。しかし、それについて功績を称えるべき「偉人」はいない。実際、経済発展の歴史をつぶさに調べれば調べるほど、それが指導者の仕事とは関わりのないことがわかる。

所得の増加だけが経済発展なのではなく、さまざまな需要に応える時間を短縮するイノベーションを起こすべく、人々が協力しあう一つのシステムが生まれることも、経済発展たりうる。すでに経済発展はほとんどどこでも起きうるとわかっているし、その条件についてもいくらか解明されているとはいえ、いまだに思いどおりに事が運ぶことは少ない。プリンストン大学の経済学者ダニ・ロドリックらは数篇の論文で、政策が経済成長に与える影響を解明しようと試みた末に、次のように結論づけた。「経済改革ではたいてい期待したほどの成長の加速は得られず、成長が加速するのに先立って、あるいは経済成長と並行して、経済政策、組織構造、政治状況、外的条件が大きく変化した例はさほど多くない」。経済学者のウィリアム・イースタリーは、奇跡的な成長の原因がリーダーの入れ替えであった例は、どの開発途上国を調べてもまったく見つからない、とにかくタイミングが一致しないと指摘する。リーダーが成長率に与える影響はほぼ皆無に等しいという結論になるのだが、イースタリー自身、この結論は「あまりに衝撃的で信じられないほど」だという。

一九五〇年代の韓国とガーナでは、一人当たりの所得は同レベルにあった。一方が他方よりはるかに多くの援助、助言、政治的介入を受けた。現在、その国のほうがもう一方の国よりずっと貧しい。アジア経済はおおむね二〇世紀末に貧困を抜け出したのに対し、アフリカ経済は援助があったにもかかわらず貧困から抜け出せていない。これはつまり、援助ではなく貿易が繁栄に至る最善の道だ、ということの証明にほかならない。専門家がアフリカの経済発展に絶望し、民族的あるいは制度的な理由を見出そうとする者が出はじめたまさにそのとき、突如としてアフリカで奇跡的な成長が始まり、そのプロセスは今日も続いている。アフリカ諸国の多くでは、この一〇年で国内総生産（ＧＤＰ）が倍加した。経済発展はボトムアップの物語であり、発展の起きないのがトップダウンの物語なのだ。

さらに、経済発展について言うなら、特殊創造説を排する、もっと強力な論拠がある。現代の貧困——いまなら回避可能だ——の真の原因は、権利を持たない貧民に対する国家の権力行使に歯止めがかからないことにある、とウィリアム・イースタリーは述べる。現代の開発産業は専門家の助言を求める独裁者の登場を暗に望んでいるようなところがあるが、往々にしてそれは落ち着くところに落ち着くのである——つまり、専門家による専制だ。ところが、この専門家の専制というのは文字どおりの専制政治に姿を変えることがほとんどで、援助金や援助手法は独裁者に資するのみとなる。自由な個人による自然発生的な解決が許されていたなら、現状をはるかに凌《しの》ぐ発展が達成できたはずなのに。ディアドラ・マクロスキーが述べるように、「第三世界への社会主義導入は、非暴力を唱えた、国民会議派が採用したフェビアン流ガンディー主義の場合ですら、意図に反して成長を妨げ、大資本家を肥え太らせ、人々を貧しいままに放置した」。

イースタリーの主張は援助史の詳細な分析にもとづいており、中国における一九二〇年代のロックフェラー財団による援助の始まりから、戦後のアフリカ、中南米、アジアにおける政府主導による援助の拡大、そして現代の公私双方にわたる慈善家や慈善団体の大規模な援助の現状まで考察している。彼は慎重に次のように述べるのを忘れない。人道的支援は善であり、飢餓に苦しむ人に食べ物を届け、病人に医薬品を与え、被災者に寝食できる場所を提供するのは無条件に正しい（私も同感だ）。危機――たとえば二〇一四年から一五年にかけて起きたエボラ出血熱の流行――には援助が欠かせない。意見が食い違うのは、援助が危機に対処できるか否かではなく、貧困をなくせるか否か、という場合だ。貧しい人に金を与えるのは貧困に対する持続可能な解決方法ではない。では、どうすれば貧民を救済できるのか？　専門知識と念入りな管理によって、貧民の暮らしを指図し、計画立て、秩序を与えてやるべきか？　あるいは交換と専門化の自由を与え、繁栄の進化を促してやるべきか？

フリードリヒ・ハイエクとグンナー・ミュルダールは、この問いに対して相反する答えを出して一九七四年度のノーベル経済学賞を共同受賞した。ハイエクは、個人の権利と自由を保証することが社会が貧困から脱する道だと考えた。ミュルダールは、開発は「強制的な規制」がなければ「効果は少ない」と考えたが、その理由は「その大半が無学で物事に無関心な国民」は政府の指図がなければ何も達成できないからというのだった。ミュルダールは開発に関する世論――未開発国は国家規模の包《ほう》括《かつ》的な統合計画を必要としているというのが共通認識だった――を代弁していると主張したが、これは正しいと言わねばならない。一九七〇年代までには、欧米諸国の政府や国際組織の関係者でハイエクの立場を取る人はほとんどいなかった（おかしなことに、国家の圧政に反対する人々が「右翼」と呼ばれるようになった）。

ミュルダールの考え方には先駆的な例があった。一九二〇年代に中国の農村部の貧困と闘うために統合計画を実施しようとしたロックフェラー財団の試みである。イースタリーが指摘するように、これは実質的には、特権階級の外国人による中国国内の包領の占領から話を逸らすための方便にすぎない。欧米諸国は、占領を高級技術官僚《テクノクラート》による開発知識の提供と言い抜けようとした。蔣介石は独裁の野望を遂げるための資金を必要としたため、喜んでこれに協力した。ロックフェラー財団は中国の経済学者方顕廷を支持し、蔣介石は方の権威を笠《かさ》に着た開発理念を採用した。開発援助金は独裁者が野望を満たすために使われ、これらの独裁者の過ちによって共産主義による圧政の道が開かれた。ということは、善意の援助金が世界で最も残忍な政権をつくるのに一役買ったことになる。ロックフェラー財団の援助を方とともに受けていた経済学者のジョン・ベル・コンドリフェが、実際には何が起きているかを察知し、一九三八年に以下のような、先見の明ある警告を発している。「われわれは、世界にかつて類を見ない、侮りがたい新たな迷信――異端審問を仕切った司教に負けないほど不寛容な暴君に支配された国民国家という神話――を目《ま》の当たりにしている」。コンドリフェは、独裁者の権力が貧困の解決法ではなく原因であることを見抜いていたのだ。

第二次世界大戦後、ほぼ同じことが植民地独立後のアフリカでも起きた。イギリスが撤退すると、大半の国では土地の有力者が実権を握った。だが撤退する前に、イギリスはこれらの有力者が指揮権、統治権、資金を不正に流用できるテクノクラート主導の開発を置き土産に残していった。なぜか？第二次世界大戦中、ドイツと日本がイギリスの優位性を脅《おびや》かし、ひよけ帽をかぶった県長官の威光が色褪せて見えるようになったとき、元インド総督のヘイリー卿がこの手法を思いついた。大英帝国の行為は「世界の後進的な人々が置かれた状況を改善する運動」と見なされるべきなのだ。そうすれば、大英帝国は革新を後押しする存在というイメージを新たにまとうことができる。もちろん、そのためには「中央政府の主導と管理をいずれも強化せねばならない」。そこで植民地のイギリス統治政府は、にわかに正義に関心を失って経済開発に焦点を合わせた。これが大衆の「準備が整うまで」独立問題をいったん棚上げにする言い訳になった。ヘイリーは、同じことがアメリカ南部の分離独立にも当てはまると述べて、アメリカを言いくるめた。経済の立て直しが先決であり、政治的解放は二の次だと。

こうして、一九五〇年代と六〇年代に新たに解放された「第三世界」は、独裁を押しつけられたも同然だった。「大衆は自分たちを統治する権力者から学ぶ」と一九五一年の国際連合「開発入門書」にはある。しかしハイエクはだまされなかった。国際連合憲章を「白人支配を維持しようとする、どちらかと言えば意識的な活動の一環」と見なした。

テクノクラートを前面に押し出した開発という考え方そのものが、冷戦下のアメリカにとっていたって好都合になった。反ソヴィエト陣営に対する支援を、中立的な支援と偽ることができたのだ。開発を促すとともに反共産主義政権を維持するために、世界銀行のローンをコロンビアなどにばらまくこともできた。またしても、援助は独裁制の強化に利用された。問題は、富裕国が開発単位として国内外の個人ではなく国民国家を想定していた点にあった。ヨーロッパ諸国や日本では、独裁政権は二〇世紀なかばまでにはその信用を失った。ところが開発途上国の世界では新たな命を吹き込まれ、国民国家が事実上アメリカやヨーロッパの支援で潤う結果となった。「国家全体の繁栄を最優先するという名目のもと、開発は少数派の権利を抑圧するという予期せぬ効果を生み出した」とイースタリーは述べる。

イースタリーは、現代の支援策についても容赦ない。イギリスのトニー・ブレア元首相が創立したアフリカ・ガバナンス・イニシアティブ（AGI）は、「政府の計画実践能力を強化する」という目標を掲げた。エチオピアでは、それは政府の「村落化計画」の支持を意味した。この計画では一〇〇万を超える家族がモデル集落に移住させられ、それによって空いた土地が海外の投資家に販売された。社会不安や暴力が多発したものの、この計画は援助金だけでなく国際組織からの称賛も集めた。「エチオピアで援助金によってどのようにして抑圧が生み出されたか」と題する国際人権団体ヒューマン・ライツ・ウォッチによる二〇一〇年の報告書によれば、エチオピアの指導者メレス・ゼナウィは援助金を国民に対する恐喝の道具にした。対抗陣営を支持するなら食べ物を与えないと、飢餓に苦しむ人々を恫喝したのだ。

いま一つの例がマラウィ共和国だ。欧州連合（EU）は、煙草栽培のみという単一作物栽培からサトウキビ栽培にも手を広げさせるため、同国に開発援助金を贈ったが、小自作農が土地を取り上げられるという予想外の結果を招いた。援助金は富裕層が警察や村長の手を借りて人々をその所有地から追い立てて、高収益が見込めるサトウキビを大農園で育てる元手になったのだ。エリートによる略奪は、数十年にわたってアフリカや中南米の貧困国における災いの種《たね》となり、支援は——意図するとせざるとにかかわらず——こうした略奪者の片棒をかついだ。

## 香港の進化

古代エジプトから現代の北朝鮮まで、古今東西を問わず、計画経済と統制は停滞を招いた。古代フェニキアから現代のヴェトナムまで、開放経済は繁栄につながった。その格好の例が香港特別行政区であり、この地の歴史は経済発展の輝かしい例と言える。

イギリスの包領としての香港の歴史は、帝国主義時代の不名誉なエピソードから始まる。アヘン戦争において、イギリスは武力によって中国に中毒性麻薬の輸入を強要した。しかしその後、デザインというより進化上の偶発事により、香港は政府の手がさほど及ばない平和で自由な貿易の地となった。一八四三年に香港の初代総督に就任したアイルランド人のハリー・ポッティンジャー卿は、たとえ対象が中国の一部であろうとも、植民地化したり支配したりすることを断固として撥《は》ね付け、香港を自由貿易の地とすることを主張した。輸入品に関税をかけることを拒否し、いかなる国であろうとも(たとえイギリスの敵国であっても)香港における貿易からしめ出すようなことはせず、地元の習慣を尊重した。ポッティンジャーは征服や徴税を望んでいたイギリス人居住者には人気がなかったが、自由貿易の種《たね》をこの地に播《ま》き、それがしだいに育っていった。それから一世紀を優に超えた一九六〇年代、香港の財政長官だったジョン・コーパースウェイト卿が実験を再開した。ロンドンにあるロンドン・スクール・オブ・エコノミクス出身の専門家が、難民だらけの貧しい香港島の経済の計画、規制、管理のために助言を与えたが、これをすべて拒絶した。商人に自由に仕事をさせようというのが彼の考えだった。コーパースウェイトは予算を下回る支出で仕事をした官僚に見返りを与えたが、これは公共事業ではまず見ないやり方だ。三カ所の証券取引所を許可し、イギリス商人による独占を防いだ。ロンドンの要請で、彼が香港商人に所得税を払ってもらえないかと丁重に求めたところ、答えは予想どおり怒りに満ちていた。つまるところ、彼はアダム・スミスの手法を試みたのだ。今日、香港はイギリスより高い一人当たりの所得を誇る。

# 第13章　政府の進化

何故ならば、栄誉の絶頂によじ登ろうと競っているうちに、途を危険なものにしてしまうからである。又、それどころではなく、時とすると羨望が、いわば雷電のように、絶頂から打ち落し、侮蔑を加えて忌わしい「死の国《タルタルス》」に陥れてしまう。

——ルクレティウス、『物の本質について』第五巻より

映画を見るかぎり、一九世紀のアメリカ西部で殺人は日常だった。アビリーン、ウィチタ、ドッジシティのような牛の町《キャトルタウン》には統治機関がなかった——かりにあったとしても、決断力に欠ける、あるいは腐敗している、または武力で劣る保安官というかたちだった——ために、ホッブズが自然状態の世界に満ちあふれると言った殺戮がいつ終わるともしれなかった。ほんとうにそうだったのだろうか？実際には、そのようなキャトルタウンと呼ばれる五都市で一八七〇～八五年に起こった殺人は、牛取引一シーズンあたり一都市で平均一・五件にすぎない。この殺人発生率は当該地域の現在の数字より

が起こっている。

低いし、もちろんアメリカの大都市よりも低い。しかもキャトルタウンの人口は当時のほうが多かった。現在、州および連邦政府の機関が全力で監督しているのに、ウィチタだけでも年に四〇件の殺人が起こっている。

開拓時代のアメリカ西部、いわゆるワイルド・ウェストにはまともな統治機関がなかったが、そこはけっして無法地帯ではなく、暴力の横行もなかったというのが真相である。経済学者のテリー・アンダーソンとピーター・J・ヒルが著書『それほどワイルドでないワイルド・ウェスト（*The Not So Wild, Wild West*）』で述べているように、人々は独自の取り決めをして、それを私設執行官が執行し、違反者は幌馬車隊から追放されるなど、単純な方法で罰せられた。アンダーソンとヒルの結論によると、政府による独占的支配がないなかで、複数の私設の法執行者が出現し、彼らの競争が改良とイノベーションを推進し、それが自然淘汰によって繁栄したのである。実際、一九世紀の牧畜業者《キャトルマン》たちは、中世の商人たちが気づいていたことを再発見した――慣行と法は押しつけられないところに現れるのだ。それは無法状態とはほど遠い。

エール大学のロバート・エリクソンはこのことを示す最近の好例として、農場と牧場が広がるカリフォルニア州シャスタ郡の資料を示している。エリクソンは、経済学者のロナルド・コース（牛を飼う牧場主と小麦を栽培する農場主のあいだの権利侵害は、取引コストがなければ、州の刑罰ではなくむしろ個人的な交渉によって正されると主張した人物）が示した著名な例を手がかりにして、実際に不法侵入した牛に個人がどう対応するかを探ろうとした。そして法律はほとんど関係ないことがわかった。人々は内輪で問題を解決していて、違法な手段をとることさえある。たとえば、牛の持ち主を呼んで、侵入している牛を連れもどすよう求める。持ち主がいつまでも応じない場合は、罰として牛を間違った方向に追われたり、去勢されたりすることになる。自分がいつ牛の不法侵入をしでかすほうの立場になってもおかしくないことをみんな知っていて、いざというときかばってもらえるように振る舞うのだ。これは善隣友好の地方版である。隣人との問題を解決するためにすぐさま警察や法廷に訴えるのは、世間的には好ましくない振る舞いであり、コミュニティの親善を危うくすると見なされる。

政府とはもともと、公共の秩序を守るための市民間の取り決めである。したがって外部から押しつけられる場合もあるが、少なくともそれと同じくらい、ひょっとするとそれ以上に、自発的に出現するものである。そして数世紀のあいだに、ほとんどなんの計画もないまま有機的に形を変えてきた。

## 刑務所内統治の進化

デイヴィッド・スカーベックは、『裏社会の社会秩序（*The Social Order of the Underworld*）』と題したプリズン・ギャング（訳注　刑務所内のギャング組織）に関する最近の非常に興味深い研究の中で、プリズン・ギャングもまた、暴力の脅威が後ろ盾になっているとはいえ、自発的な秩序が出現し磨かれるプロセスの実例であることを明らかにしている。アメリカの刑務所は、秩序の維持をすべて国に頼っているわけではない。たしかに刑務所長や看守はいるが、ほとんどの「法」は囚人たちのあいだで自発的に生まれたしきたりであり、「囚人の掟」と呼ばれる。これはおもに盗人の仁義というかたちをとり、その基本的前提は、刑務所内の規範の画期的研究を行なったドナルド・クレマーの言葉を借りると、「収監者は規律に関して刑務所や政府の職員に協力してはならず、彼らにどんな情報も、とくに囚人仲間の不都合になりかねない情報を、けっして与えてはならない」ことである。この掟は考案されたのではなく、徐々にできてきたものであると、スカーベックは指摘している。囚人グループがミーティングで決めたわけではない。違反者は罰として村八分にされたり、嘲笑されたり、襲われたり、命を奪われたりするが、その処罰は分権的だった。監督する者は誰もいない。そして囚人の掟は「社会的協調を促し、社会的対立を弱めた。秩序の確立と闇取引の助長に一役買っていたのだ」。

ところが一九七〇年代に入ると、女子刑務所ではないことだったが、男子刑務所で囚人の掟が守られなくなった。同じ時期に囚人の数が急増し、人種が多様化している。これは国家誕生前の社会についてわかっていることと一致する。すなわち、村や集団が一定の規模を超えると、個人間の行動規範が機能しなくなる。互いの顔が見えなくなりすぎるのだ。暴力が著《いちじる》しく増えたが、ほかにも起こりはじめたことがある。プリズン・ギャングの出現だ。

アメリカのあちこちの刑務所で、おもに一九七〇年代にギャングが現れはじめた。彼らは外の世界のギャングとはほとんど、あるいはまったく関係がなく、そのようなストリート・ギャングがいない地域で生まれている。出現した刑務所は三〇カ所におよぶ。まるで誰かが矯正の一種としてギャングという考えを強要したかのようだ。しかしギャング文化は職員からではなく囚人たちから、しかもいつの間にか生まれていて、親玉はいるがシステム全体はかなり分権化されている。スカーベックが言うように、「そこにある社会秩序は選び取られたものではない。誰も仕切ってはいない」。スコットランドの哲学者、アダム・ファーガスンの影響のもと、スカーベックはこう推論している。「このボトムアップの組織発生プロセスは、囚人の行為の結果だが囚人が設計したものではない」。進化したのだ。

サン・クエンティン刑務所のメキシカン・マフィアは、そのようなギャングの中で最初に生まれ、いまだに影響力がとくに強いが、すぐにほかのギャングも続いた。ギャングは実質的に暴力を抑え、麻薬などの取引を増やして価格を下げ、総じて囚人の生活を改善した。スカーベックはどうしてこうなったかを分析し、この現象についての説明を一つに絞った。そこで起こっていたのは初歩的な政府の出現だというのだ。ギャングの出現は、囚人たちのあいだに統治がなかったことへの解決策だった。女子刑務所の職員は一般にギャングを歓迎する。秩序の維持に役立つことを知っているのだ。女子刑務所でギャングが形成されていない理由は、まだ囚人数がそれほど多くないので、行動規範が機能しているからにすぎない。言ってみれば、政府は無法者が用心棒代を取り立てる保護恐喝として始まるもので、人口が一定規模に達すると自然発生的に出現する。いまやメキシカン・マフィアはカリフォルニアの麻薬取引を刑務所内だけでなく街中でも牛耳《ぎゅうじ》っていて、麻薬の売人から上前をはね、刑務所内で痛い目に遭《あ》うぞと脅すことで権力をふるっている。アメリカで最近暴力が減少している理由の一つは、ギャングが麻薬取引の規律を多少強めることができているからかもしれない。

## 保護恐喝から政府への進化

では、もしギャングが政府になるのなら、政府はギャングとして始まったということなのか？　ケヴィン・ウィリアムソンが著書『終わりは近く、すさまじいことになる（*The End is Near and it's*

*Going to be Awesome*)』で主張しているように、組織犯罪と政府の関係は密接どころか、根っこは同じである。つまり政府とは、もとを正せばマフィアの保護恐喝の仕組みなのである。暴力の独占権を主張し、市民を部外者の略奪から守る見返りに上前（税金）をはねる。これがほぼすべての政府の起源であり、現在マフィアが行なっている保護恐喝はすべて、政府へと進化する過程にあるのだ。マフィアはもともと、財産権の保障がなく、用心棒になりたい元兵士がうようよしていた、無法時代のシチリア島に出現した。ロシアのマフィアは一九九〇年代、同じように大勢の元兵士が仕事を探していた無法時代に生まれている。

昔からいつの時代も国家の特徴は暴力の独占である。古代ローマで、とくに紀元前一世紀には、執政官、将軍、総督、元老院議員はそれぞれ、ならず者と軍団《レギオン》からなる独自の組織暴力団を抱え、内戦や暗殺、陰謀がうち続くなか、帝国の占領地分割をめぐって争っていた。その争いは着実にすさまじさを増していき、そして最終的に、武力を独占できるだけの富と権力を持つ者が現れた。彼はアウグストゥス（尊厳ある者）を名乗り、彼が実現したローマ支配下の平和《パックス・ロマーナ》は、血みどろの中断をはさみながらも二〇〇年にわたって続いた。イアン・モリスが著書『戦争――なんのため？（*War: What is it Good For?*）』で述べているように、「そこには暴力の逆説的論理が働いていた。皇帝がレギオンを送り込める（いざとなれば実際に送り込む）ことは周知だったために、実際にはそうする必要がほとんどなかった」。

現代人は一般に、国家は公平・公正であろうとし、個人の最悪の衝動を弱めるために存在する機関であると、善意にとらえている。しかしこの機関の歴史を考えてほしい。ほとんどあらゆる場所で―

—アメリカをはじめ元植民地にはいくつか例外があるが——政府は暴漢の集団として始まった。一一世紀に教皇グレゴリウス七世が言ったように、彼らは「傲慢、略奪、背信、殺人——つまりありとあらゆる犯罪行為によってのし上がった」。歴史の大半において、国家は「たえずつきまとう略奪者であり、全面的な人権侵害者だった」と、経済史学者のロバート・ヒッグスは表現している。ジョージ・ワシントンいわく、「政府は理性ではない。雄弁さでもない。政府は力である。火のように危険な僕《しもべ》であり、恐ろしい主人である」。社会評論家のアルバート・ジェイ・ノックはとくにシニカルで、一九三九年にこう書いているが、それももっともだ。「国家はなんらかの社会的目的のために始まったという考えは、まったく史実に反する。国家は征服と没収、つまり犯罪に由来するのだ」。しかしひょっとすると、そういうのはすべて過去のことであり、いまや国家は親切で優しい有徳の存在へと着実に進化しているのかもしれないし、そうではないかもしれない。

テューダー朝の君主とタリバンはまったく同類である。ヘンリー七世がコルレオーネ（訳注　映画『ゴッドファーザー』に登場するマフィアのボス）のように振る舞ったのと同様、イスラム国も、コロンビア革命軍も、マフィアそのものも、アイルランド共和国軍も、ますます政府のように振る舞うようになっている——厳格な道徳律を執行し、商品（アヘン、コカイン、廃棄物処理）に「課税し」、違反者を罰し、福祉を提供する。そして現代の政府も犯罪組織の要素を有している。警察は世界中で何度も犯罪者をかくまっている。アメリカの国土安全保障省はできてからまだ一〇年あまりだが、二〇一一年には三〇〇人を超える職員が、麻薬密輸、児童ポルノ、麻薬カルテルへの情報売り渡しなどの罪で逮捕されているのだ。

アウグストゥスのレギオンと同様、国家による兵器類の独占については外から気づかれないよう、最大限の配慮がなされている。しかし厳然たる事実だ。アメリカでは、個人が所有する銃の数を心配する人が大勢いるが、公共機関が所有するものはどうだろう？　近年、アメリカの（軍ではない）政府が一六億発の弾薬を購入している。全人口を五回撃てる数だ。社会保障庁は一七万四〇〇〇発のホローポイント弾を発注した。国税庁、教育省、土地管理局、さらには海洋・大気圏公団まで、すべて銃を所有しているのだ。

二〇一四年八月、ミズーリ州セントルイス郊外のファーガソンで暴動が起きたとき、警察官が武器を搭載した装甲車両に乗り、法執行機関というより軍隊のような制服と装備を身につけて現れたことに、多くの人が衝撃を受けた。ランド・ポール上院議員は《タイム》誌に、連邦政府が地方自治体に「小規模な軍隊といえるものをつくる」ための資金を出して、地方警察の武装を奨励してきたとコメントしている。保守系シンクタンクであるヘリテージ財団のエヴァン・バーニックは一年前、国土安全保障省が全国の都市に対テロ補助金をばらまいているので、地方都市は装甲車両や銃や装備、さらには航空機まで買えると警告していた。それどころかペンタゴンは実際に、戦車を含めた軍装備品を警察に寄贈している。《ワシントン・ポスト》紙の記者、ラドリー・バルコは、麻薬、貧困、そしてテロに対する「戦い」においては、警察と軍の境界線があいまいであることを詳述している。警察は一般市民を敵と見る占領軍に似てきている。ポール上院議員の考えでは、法執行機関の武装は市民の自由の衰退につながり、非常に深刻な問題を生む。しかし実際のところ、これはそれほど新しい問題ではない。同じ問題をかつて、自分たちの街をイギリスの軍隊が行進するのを目《ま》の当たりにしたアメリカ建国の父たちは、いやというほどよく知っていたと思われる。

## 自由至上主義のレベラーズ

こうして政府は保護恐喝として始まった。一八五〇年ごろまで、リベラルで進歩主義の人は政府を信用しないのが当然と思われていた。儒教国家の「法律と規則が一頭の牛の体毛よりたくさんある」専制的な統制政策《ディリジスム》を激しく非難した老子も、貧困層の生活を改善したいと考えた一七八九年のサンキュロット（訳注　フランス革命を推進した都市民衆）も、政府を敵と見なした。政府は働く人々を搾取《さくしゅ》するものであり、巻き上げたお金を戦争と贅沢と抑圧に注ぎ込む。「危険なのは、特定の階級が統治に適さないことではない。どの階級も統治に適さない」と、一九世紀にアクトン卿が言っている。最近では、モチベーション講演者のマイケル・クラウドが同調し、問題は権力の濫用ではなく濫用できる権力だと述べている。

オックスフォードシャーのバーフォードに、極左派の人たちの聖地となっている教会がある。ここは一六四九年にオリヴァー・クロムウェルが、反逆するレベラーズ（訳注　水平派、清教徒革命で政治的平等を求めた左翼党派）三〇〇人を監禁し、信念撤回を拒んだ三人を銃殺させた場所なのだ。ほとんどの現代人はレベラーズをディガーズ（訳注　経済的・社会的平等も主張した最左翼派）と同類だと考えている。つまり、まだそうした用語はなかったが「社会主義者」であって、平等主義、共同体主義、革命主義だというのだ。しかし、自由市場主義者である欧州議会議員のダニエル・ハナンとイギリス下院議員のダグラス・カースウェルが主張するように、この見方は歴史を読み違えている。レベラーズは現在私たちが自由至上主義《リバタリアニズム》、あるいは古典的自由主義と呼ぶものだった。彼らは私有財産、自由貿易、低税率、小さな政府、そして個人の自由を主張していた。彼らにとっての敵は商業ではなく政府である。レベラーズは反乱に加わり、国王の首をはねたが、堕落して無関心な議会が新たな選挙を行なおうとせず、自分たちの生得権であるかつての経済的自由を保証しようとしないことに失望していた。その一方、彼らの大将は次第に自分を、専制君主として統治するよう神に選ばれた救世主と考えはじめているようだった。クロムウェルに対する当面の不満は、彼の主張するようにアイルランド人に宗教的・倫理的聖戦をしかけたくはないことだったが、彼らが求めていたのは政治、経済、そして個人の完全な自由だったのである。

この運動の四人の指導者、ジョン・リルバーン、トマス・ウォルウィン、トマス・プリンス、およびリチャード・オーバートンは、一六四九年の宣言書「第三次人民協約」でロンドン塔の監獄から、政治家が過剰に増税したり、貿易を過剰に制限したりしないことを要求した。現代の左派からはめったに聞かれない意見である。

海を越えたいかなる場所においても、この国の誰もが自由に貿易できるものであり、いかなる者に対しても貿易あるいは商いを制限または妨害する法律を、彼らの意のままに制定し続けることがあってはならない。

フリードリヒ・ハイエクやマレー・ロスバードからハナンやカースウェルにいたるまで、現代の自由市場主義者がレベラーズに賛同したのも不思議ではない。

## 自由の助産師としての商業

一七世紀の終わりまでに、ヨーロッパ各国には中央集権的な官僚制の政府がつくり上げられ、そのおもな仕事は秩序を維持することだった——トマス・ホッブズのリヴァイアサンである。その後、（イギリスの）名誉革命、アメリカ独立革命、フランス革命が起こって、政府は従順で、差別をせず、憲法にのっとり、「人民」に説明責任を負うべきであるという考えが生まれた。

一八五〇年までは、一方に自由貿易と立憲政府と低い税、もう一方に貧困者の支援と困窮《こんきゅう》の緩和、その両立は誰にとっても当たり前のことだった。一八世紀を通じて、なすに任せよ推進派《レッセフェール》——物やサービスの自由な交換が一般の幸福を高める最善の方法だと考える人々——は、政治的には「左」だった。一六八八年（名誉革命の年）のホイッグ党、一七七六年（アメリカ独立宣言の年）の反乱者たち、そして彼らを刺激したロックやヴォルテールからコンドルセやスミスまでの思想家たちは、過激な進歩主義者であり、自由市場と小さな政府を主張するリベラルだった（ヴォルテールは穀物商として財を築いた）。国家は自由と進歩のための機関だと論じても、まったく理解されなかっただろう。思い出してほしい。その時代には、国家が暴力の独占と貿易品目の決定権を主張するだけでなく、国民の宗教儀式をこと細かに指定し、国民が話したり書いたりすることを検閲し、着る服まで階級ごとに義務づけていたのだ。そればかりか、スティーヴン・デイヴィスが指摘するように、一八世紀に生まれた新たな考えがとくにドイツで根づきつつあった——「警察国家」、つまり市民はみな国の僕《しもべ》であるという考えだ。フリードリヒ大王は自らを国家の第一の僕と呼び、「第一」と同じくらい「僕」を強調した。だからこそ、物やサービスを交換する自由を支持する急進派は、思想と行動の自由も支持したのだ。

一七九三年のエディンバラ――北方のアテネと呼ばれるほど開《ひら》けていたとされる都市――でさえ、自由市場という考えがどれだけ過激だったかを示す事例がある。トマス・ミューアが扇動の罪で裁判にかけられ、検察当局は彼が「もしもっと平等に分配されれば、税はもっと軽くなるだろう」と悪意のある主張をしたと訴えたのだ。彼はオーストラリアへの一四年の流刑を宣告された。ウィリアム・スカーヴィングとモーリス・マーガロットも、アダム・スミスの自由貿易支持に同調したとして、同じ宣告を受けている。翌年、のちにアダム・スミスの伝記を書いたデュガルド・スチュアートが、著書でコンドルセの名前に触れただけのことを、平謝りに謝ることにしたのも不思議ではない。啓蒙主義は隠しておかなくてはならなかったのだ。

## 自由貿易と自由思想

トマス・ジェファーソンとアレクサンダー・ハミルトン（訳注　アメリカ建国の父の一人で、合衆国憲法の起草者）の哲学を対比してみよう。名家出身のジェファーソンは啓蒙主義の哲学を受け入れ、ルクレティウスを信奉していた。しかし結局彼が求めたのは、保護された階層的で安定したヴァージニアの農業社会だった。人々が「大都市で重なり合うように」生活するのを嫌い、アメリカは「工場をヨーロッパに残す」べきだと提唱している。移民として混沌としたマンハッタンに暮らしていたハミルトンのほうは、未来──商業と豊かな資本がもたらす創造的破壊、社会階層の消滅、権力の逆転──を受け入れていた（ただし、彼も揺籃《ようらん》期の産業を守るために多少の関税には賛成した）。

イギリスで奴隷廃止社会の基礎を築いたのは自由貿易論者だった。たとえば、ハリエット・マルティノーの著作を読んでほしい。彼女は一八三〇年代、『経済学実例集（*Illustrations of Political Economy*）』と題された全九巻のシリーズ読物で名声を得た。ここに収められた物語は、人々にアダム・スミス（「その卓越ぶりは驚異的」）をはじめとする経済学者の思想についてレクチャーすることを意図していた。つまり市場と個人主義の価値を説いている。今日、たいていの人は彼女を右翼と呼ぶだろう。しかしマルティノーは過激なフェミニストであり、ペンで生計を立てるワーキングウーマンであり、当時の人たちには危険人物に近いと見られていた政治的過激派だった（チャールズ・ダーウィンの父親は、自分の二人のまともな息子が彼女と友人になったときには心配したものだ）。彼女はアメリカの各地を回って、奴隷制度に反対する演説を熱心に行なったため、サウスカロライナでは彼女を私刑にかけて殺す計画があったほど悪名高くなっていた。しかしそこに矛盾はない。彼女の経済的自由至上主義は政治的自由至上主義のかなめだったのだ。自由主義者は腐敗した専制的国家の圧力を、市民の私生活からだけでなく市場経済からも取りはらおうとしていた。当時は、強力な国家に疑いを持つことは左翼であることにほかならなかった。

一九世紀初頭のイギリスでは、自由貿易、小さな政府、個人の自主性といった主張には必ずと言っていいほど、奴隷制度、植民地主義、政治的保護、そして国教会に反対するという姿勢がつきものだった。国王ジョージ三世が一七九五年に議会の開会におもむいたとき、彼の馬車を取り囲んだ群衆は、トウモロコシの自由貿易と、パンの販売に関するさまざまな細かい規制の撤廃を求めていた。一八一五年にカスルリー卿の家に押し入った暴徒は、保護貿易主義に反対していた。一八一九年にマンチェスターで行なわれ、騎兵隊に襲撃された平和的デモ――「ピータールーの虐殺」――は、政治改革だけでなく自由貿易も支持していた。そして労働者階級の意識を率先して高めていた人民憲章主義者《チャーティスト》は、反穀物法同盟の創設メンバーだった。

リチャード・コブデンはどうだろう。自由貿易の絶大なる擁護者であり、一八四〇年から六五年にかけてイギリスが世界に手本を示して、全世界をがんじがらめにしていた関税を一方的かつ強制的に撤廃した、あの驚くべき動きに誰よりも貢献した人物だ（「偉人」と言ってもいい）。彼は平和主義を熱心に提唱し、自分が嫌われ者になってでもアヘン戦争やクリミア戦争に反対する覚悟だったし、貧困者のために全力を注ぎ、下院で初めて演説したときには危険な過激派としてやじられ、さらに非常に独立心が強かったので、二人の首相に対して入閣を断わり、自分が不可とする君主からの准男爵の位《くらい》を拒んだ。本物の急進派だったのだ。その彼が、万人のための平和と繁栄の両方を達成するうえで考えられる最善の方法として、自由貿易を推進していた。「人々が互いの結び付きを深め、政府の出番を減らせば、世界に平和が訪れる」という彼の言葉は、現代の保守派「ティーパーティー」運動（訳注　いわゆる「大きな政府」的路線に反対する主張）のメンバーのもののように聞こえる。コブデンの自由貿易支持は筋金入りで、ジョン・スチュアート・ミルのことさえ、揺籃期の産業は保護を必要とするという考えに一時的に傾いたと厳しく非難したほどだ。彼はアダム・スミスとデイヴィッド・リカードの考えを取り入れて実践し、その結果、世界中の経済成長が加速したのだ。

ここでもまた、現代の左派と右派がそれぞれ標榜《ひょうぼう》する大義が何事もなく共存している。政治的な解放運動と経済の自由化運動が連携しているのだ。当時、小さな政府は過激で進歩的な提案だった。一六六〇年から一八四六年まで、結局は無駄だったが食料価格を統制しようとして、イギリス政府はなんと一二七の穀物法を制定し、関税だけでなく、保管、販売、輸入、輸出、さらに穀物とパンの品質に関するルールも押しつけた。一八一五年には、穀物価格がナポレオン戦争時の高値から下落した際に地主を守るため、価格が一クォーター（一二・七キロ）八〇シリングより低ければ、あらゆる穀物の輸入を禁止するよう定めた。これに対して自由貿易の若き理論家だったデイヴィッド・リカードが熱のこもった小論文を著《あらわ》したが、事態を変えることはできなかった（彼の友人で穀物法支持者だったロバート・マルサスのほうが説得力でまさっていたのだ）。一八四〇年代になってようやく、鉄道と低料金の郵便制度のおかげで、コブデンとジョン・ブライトは労働者階級のために穀物法に反対する大規模なキャンペーンを打ち出すことができるようになり、これで流れが変わる。一八四五年のアイルランドの飢饉を受け、保守派のトーリー党党首のロバート・ピールでさえ、敗北を認めざるをえなかった。

コブデンの大々的な穀物法反対運動、さらには一般的な関税保護反対運動は、最終的に多くの一般大衆や大部分の知識階級だけでなく、当時の有力な政治家、とくにウィリアム・エワート・グラッドストンをも説得することに成功した。財務大臣と首相を歴任したこの偉大な改革派は、貧困者支援からアイルランドの地方自治まで、あらゆる進歩的理念を擁護し、経済においては信念にもとづく自由貿易論者であり、政府の規模を着実に縮小した。最終的に、コブデンと彼の支持者はフランスに対しても勝利している。コブデンはナポレオン三世に自由貿易の利点を納得させ、一八六〇年に初の国際自由貿易条約、いわゆるコブデン＝シュヴァリエ条約をみずから取り決めた。この条約はさらに無条件「最恵国」条項の原理を確立し、ヨーロッパ全土に次々と関税撤廃の連鎖を引き起こし、当然すべての商品が網羅されたわけではなかったが、事実上、近代史上初めて巨大な自由貿易地域ができ上がる。イタリア、スイス、ノルウェー、スペイン、オーストリア、そしてハンザ同盟都市が、すぐあとに続いて関税を撤廃したのだ。

エイドリアン・ウールドリッジとジョン・ミクルスウェイトが共著書『英「エコノミスト」編集長の直言　増税よりも先に「国と政府」をスリムにすれば？』（浅川佳秀訳、講談社）で自由主義国家と呼んでいるものは、ジョン・ロックに始まり、トマス・ジェファーソンが擁護し、ジョン・スチュアート・ミルが最も明確な主導者となり、リチャード・コブデンによって過激の極致に達したが、振り返ってみれば、誰かにつくり上げられたのではないことがわかる。それはただ出現したのであり、進化したのである。

## 政府の反革命

ところがコブデンの成果は一九世紀が進むにつれて、徐々にむしばまれていく。一八七〇年代末には、ビスマルクのドイツが通貨の過大評価に苦しめられ、それがもとで景気が後退した。その原因は、フランスが普仏戦争後に占領された領土を取りもどすために払わされた、戦争賠償金五〇億フランという莫大な資本流入である。この景気後退に対応するため、そして皇帝暗殺未遂事件後の選挙による保守的議会の誕生を受けて一八七九年、ビスマルクはドイツの工業と農業を守るために「鉄とライ麦」関税を導入する。これを皮切りに、アメリカとフランスと南米で、一八八〇年から第一次世界大戦開始までの長きにわたって関税増税競争が続いた。イギリスだけが孤高を保ち、二〇世紀に入ってかなりたつまで、関税の導入も、関税を導入した国々への報復も、不敵に拒んでいた。ジョゼフ・チェンバレンと彼を支持するトーリー党員からの「関税再導入」と「英帝国内特恵関税」を求める強い圧力にもかかわらず、イギリスの自由貿易に対する信仰にも近い情熱は第一次世界大戦以降も持続した。その後、右翼から英帝国内特恵を支持する保守党員に攻められ、左翼からは自給自足経済を主張する保護貿易主義の労働党候補者に迫られ、自由党は次第に締め出されていく。それでも、ネヴィル・チェンバレンがようやく一般関税を導入したのは、一九三二年になってからのことである。

保護貿易主義の復権はブリンク・リンゼイが産業の反革命と呼んだものの一環であり、その始まりは一九世紀最後の四半世紀、進歩派と急進派が突然、国家はもはや自分たちの敵ではなく味方だと考えるようになった時期である。産業革命で爆発した目のくらむようなイノベーションの興奮のさなか、ヒエラルキーが温存されることを求める懐古主義で反動的な保守派と、政府が社会変革をリードするべきだと考える進歩的改革派とのあいだに、新たな協調関係が生まれた。ディアドラ・マクロスキーが分析しているように、「ブルジョアの父親を持つ息子たちは……国家主義という名の世俗化した信仰や社会主義という名の世俗化した祈りの再生に魅了されるようになった」。この現象は経済変動を嫌悪するカール・マルクスとフリードリヒ・エンゲルスに見られる。「生産のたえまない変革、あらゆる社会状況のとめどない騒乱、いつまでも続く不安定と動揺が、ブルジョア時代をそれ以前の時代から区別する特徴である」と、マルクスとエンゲルスは『共産党宣言』で嘆いている。「……確かなものはすべて煙と消え、聖なるものはすべて冒瀆される」。あるいは、ウィリアム・モリスと同志の社会主義者たちは、安定したシンプルな中世の「楽しきイングランド」の喪失を嘆き、アーサー王伝説のイメージをもとに、新たな社会主義の聖地を築いていた。

この変化は芸術の分野にきわめてはっきりと認められる。一九世紀初期には、多くの詩人、小説家、そして戯曲家が、古典的自由主義と自由貿易、そして小さな政府の熱心な支持者だった。シラー、ゲーテ、バイロンの作品を見てほしい。ジュゼッペ・ヴェルディのオペラ『リゴレット』や『アイーダ』には、権力の本質に関するきわめてリベラルな物語が盛り込まれている。開かれた商業社会は芸術家たちをパトロン制度から解放した。裕福な個人に頼らなくても、自分の作品を大衆市場に売ることができたからだ。しかし時が進むにつれ、多くの芸術家が自由主義に反感を抱くようになり、ブルジョア社会は人を無能にすると見なすようになった。自由主義体制を批判した者の中には、ヘンリック・イプセン、ギュスターヴ・フローベール、エミール・ゾラもいた。彼らのような反対派は、自由主義体制を否定的な観点から描くうえで重要な役割を果たした。

真の急進派といえる自由と変革についてのビジョンを持った人々、すなわちコブデンやミルやハーバート・スペンサーのような人々は、きわめて不当にも「右派」と決めつけられた。本人の時代には誰も彼らを右翼とは考えなかっただろう——彼らは平和主義で、平等主義で、男女同権論者で、自由主義で、国際主義で、無宗教の思想家だった。しかしこれらの目標を達成する最善の方法として自由市場に傾倒していたために、二〇世紀の人々から見ると、政治的スペクトルの左端から右端へと大きく移動したのだ。

専制君主とその腹心の権力から逃れようともがいた数百年間のことは、その腹心に自分自身を指名するチャンスがあるとなると、すべて突然忘れられてしまった。政治の主な目的はもはや個人の自由を守ることではない。これからは計画と福祉があるべきだ。今後、革命はトップダウンの事柄であり、プロレタリアートの見識あるリーダーによって指導される。自由主義は「中央集権国家の有益な効果をおおいに信用する」ことを学んだのだ、と一九〇五年にA・V・ダイシーが書いている。

企業も政府の介入を受け入れた。一九世紀が終わるころ、泥棒男爵《ロバーバロン》の実業家たちは急いでカルテルを結成しようとするか、あるいは政府の規制を喜んで受け入れた。無駄な競争をなくすのに都合がよかったのだ。しかし、この縁故《えんこ》主義のおかげで——アダム・スミスから受けていたような——経済学専門家の冷笑を浴びる代わりに、称賛されるようになった。エドワード・ベラミーやソースティン・ヴェブレンのような左派の思想的指導者は、実業界における模倣と細分化を終わらせるべきだと主張した。計画と計画立案者、そして一つにまとまった構造が必要であると、彼らは口をそろえて言う。ベラミーの未来像は、広く影響をおよぼしたベストセラー小説『かえりみれば』（邦訳は中里明彦訳、『アメリカ古典文庫　エドワード・ベラミー』所収、研究社出版など）にあるように、未来社会では誰もが「グレート・トラスト」で働き、どこもまったく同じ公営の店で、どれもまったく同じ商品を買っている、というものだ。

レーニンとスターリンでさえ、科学的管理を行ない、計画的に人員を調整し、巨大な資本を必要とするアメリカの大企業を称賛するようになった。レーニンは科学的管理の偉大な主導者であるフレデリック・ウィンズロー・テイラーについて「われわれはロシアでテイラー・システム（科学的管理法）の研究と教育を計画し、体系的に試して、われわれの目的に適応させなくてはならない」と書いている。《ネイション》誌の自由至上主義の編集長、エド・ゴドキンは一九〇〇年に次のように嘆いている。「いまだに自由主義を掲げているのは、ほとんどが老人の残党だけで、彼らがいなくなったら擁護者は誰もいなくなるだろう」。「リベラル」という言葉そのものも、とくにアメリカでは意味が変わった。「私企業制度の敵は、意図していなかったにしても、つけられた肩書を最高の賛辞として自分のものにするのが賢いと考えた」と、ヨーゼフ・シュンペーターは述べている。左派をはじめ誰もが、未来を握るカギは進化ではなく指令統制だと考えていた。

政府は社会を設計するためのツールであるべきだ。一九〇〇年ごろには、プロレタリアートによる独裁国家実現を望む共産主義者、敵を征服して自分たちの社会を統制したいと望む軍国主義者、新しい工場を建設して製品を売りたいと望む資本主義者、いずれにとってもそのとおりだった。またしても、政府の役割は計画立案者であるというこの認識はつくり上げられたのではなく、ただ出現したのである。

## リベラル・ファシズム

忘れられがちなことだが、ウッドロー・ウィルソンとその後任者のもとでは、アメリカは著《いちじる》しく自由のない場所になっていた。人種差別が厳しくなり、優生保護法が広がり、アルコールが禁止されただけでなく、検閲や市民の自由に対する弾圧も行なわれた。第一次世界大戦中、ハリウッドの映画プロデューサーがアメリカ革命時に残虐行為を行なっているイギリス軍を描いたとして、懲役一〇年の判決を受けたことを、ジョナ・ゴールドバーグがあらためて語っている。

フランクリン・ルーズベルトが行なったニューディール政策のレトリックには、ドイツとイタリアで起こっていたことの模倣の部分もあり、ニューディール支持者たちは、全体主義体制の暴力を見習うことは考えなかったにしても、経済と治安を一見首尾よく改善したやり方をまねしたがっていた。計画、計画、計画と、四方八方から叫び声が聞こえた。ヨーゼフ・シュンペーターは、フランクリン・ルーズベルトが独裁者になりたがっていたと考えている。

ジョナ・ゴールドバーグは著書『リベラル・ファシズム』の中で、一九三〇年代にファシズムは広く進歩的運動と見なされていて、多くの左派に支持されていたと指摘している。「正しく理解すれば、ファシズムはけっして右翼の現象ではなかった。それどころか今も昔も左翼の現象である。この事実――もしそうだったら不都合な真実――は、ファシズムと共産主義は正反対であるという同じくらい間違った考えのせいで、現代においては目立たなくなっている。現実には両者は近縁関係にあり、歴史的に見て同じ有権者をねらって競合していた」。一九三〇年代に「ラジオ司祭」として知られたチャールズ・コグリン神父は、アメリカの政界でヒトラーの目標と手法を再現する一歩手前までいった人だが、正真正銘の左派だった。銀行家を批判し、産業の国営化と労働者の権利の保護を求めた。「右」と表現できるのは、彼の反ユダヤ主義だけである。「リベラル・ファシスト」という言い回しそのものは、H・G・ウェルズが一九三二年にオックスフォードで行なったスピーチで言いだしたものとされている。それより前の一九二七年、ウェルズは「このファシストたちにもいいところはある。

勇敢で善意にあふれるところがあるのだ」と驚いている。

今日《こんにち》の視点で考えると、あるいはコブデンとミルとスミスのリベラルな観点から考えると、二〇世紀のさまざまな「イズム」には大差がない。共産主義《コミュニズム》、結束主義《ファシズム》、国粋主義《ナショナリズム》、協調組合主義《コーポラティズム》、保護貿易主義《プロテクショニズム》、テイラー主義《テイラリズム》、経済統制政策《ディリジスム》――すべて基本的には計画をともなう中央集権体制である。ムッソリーニがもともと共産主義者だったことも、ヒトラーが社会主義者だったことも、オズワルド・モズレー（訳注　イギリス・ファシスト同盟の指導者）が保守党員として選出された直後に労働党議員となり、その後ファシストに転向したことも、けっして不思議ではない。ファシズムと共産主義は昔も今も国家信仰である。一種のインテリジェント・デザインと言える。宗教が神を崇拝するのと同じように政治指導者を崇拝し、彼は全能、全知、そして不可謬《ふかびゅう》を少なくとも志向していると主張する。共産主義においては当初、指導者は人でなく党であるように見せかけられ、神というのは大昔に死んだ長いあごひげのやつだと説かれるのがふつうだが、その見せかけは長く続かない。すぐに指導者の名前は党からマルクス、スターリン、毛《もう》、カストロ、あるいは金《キム》に取って代わる。たしかにファシストは農場の集産化をしなかったし、私企業が営利活動をするのを許したが、国が決めた地域内で、国に命じられた目標にもとづいてのことに限られていた。ムッソリーニいわく、「すべてが国家のもとにあり、何ものも国家の外にはない」。ゴールドバーグが指摘するように、ヒトラーが共産党を嫌ったのは、その経済政策のせいではなかった。つまり、共産党が資本家階級《ブルジョアジー》を消滅させたがったからではない。彼は共産党のこの考えを好んでいた。『わが闘争』（邦訳は平野一郎・将積茂訳、角川書店など）の中で労働組合を擁護し、実業家の強欲さと「近視眼的な心の狭さ」を、現代の反資本主義者と同じくらい激しく攻撃している。そう、彼が共産主義を憎んだのは、『わが闘争』で明らかにしているとおり、それが外国のユダヤ人による陰謀と考えていたからだ。

## 自由至上主義の復活

第二次世界大戦で指令統制国家は最高潮に達した。ほとんどの国がファシズム、共産主義、あるいは植民地主義の体制による完全な独裁主義路線で進んだだけでなく、民主主義が生き残ったわずかな例外の国においてさえ、実際面では戦争のための緊急手段として包括的な中央計画が採用された。たしかにイギリスでも、そしてある程度はアメリカでも、生活のほぼあらゆる側面が国家によって決められた。時代遅れの個人主義や自由主義は、事実上消滅していた。いや、ほんとうに？　戦時の中央集権主義の下をかき回すと、戦争が終わった暁《あかつき》には計画経済を撤廃しなくてはならないと要求する声がかすかに聞き取れる。ハーバート・エイガー（訳注　アメリカのジャーナリスト・歴史家）やコルム・ブローガン（訳注　イギリスの社会主義者）のような人たちの声だ。ブローガンは一九四三年の著書『「国民」とは誰か？（*Who are 'the People'*）』で、こう警告している。「侵略から逃れ、イギリス国民は最後の試練を免《まぬが》れたが、思想はイギリス海峡で完全にさえぎられるわけではない。ドイツが押しつけようとする新たな経済秩序は必要だから実現するという説が支持されつつある」。

とくに力強かったのは、ヒトラーとスターリン両方からの亡命者の声である。彼らは亡命先の西側諸国に、ナチスと共産党の全体主義はスペクトルの両端ではなく隣同士だと主張した。たとえばハンナ・アレント、アイザイア・バーリン、マイケル・ポランニー、カール・ポパーのような人たちだ。

なかでもとくに有名なのはフリードリヒ・ハイエクの意見である。彼は一九四四年の著書『隷従への道』（邦訳は一谷藤一郎・一谷映理子訳、東京創元社など）で、社会主義とファシズムはじつは真逆《まぎゃく》ではなく、「手法と思想に根本的な類似点」があり、経済計画と国家管理は反自由主義という坂のてっぺんにあって、一歩間違えば独裁政治と抑圧と隷従へと転がり落ちるものであり、自由化への真の道は自由市場による個人主義であると、未来を予知する警告をしている。

イギリスはハイエクの意見を無視して、戦勝から数カ月のうちに、産業、医療、教育、および地域社会の各分野において、生産手段を広範に国有化しはじめた。これに抵抗する準備ができていた政治家はほとんどいなかった。一九五一年に首相に返り咲いたウィンストン・チャーチルによる保守党政府でさえ、引き続き市民にＩＤカードを義務づけていただろう。そうならなかったのは、ハーバート・スペンサーとリチャード・コブデンの熱烈な信奉者だったアーネスト・ベン卿という自由至上主義の急進派が、なんとかその制度を廃止することに成功したからだ。

ドイツのほうが幸運だった。一九四八年六月、西ドイツの経済管理局の局長を務めていた、市場に信頼を寄せるルートヴィヒ・エアハルト（訳注　のちの西ドイツ首相）が自身の主導権で食料の配給を廃止し、すべての価格統制を終わらせた。アメリカの占領地軍政務官だったルシアス・クレイ将軍は彼を呼び出して言った。「私の顧問によると、きみがやったことはとんでもない間違いだ。きみはどんな申し開きをするのか？」エアハルトは答えた。「将軍、その人たちのことは気にしないでください！　私の顧問も同じことを言っています」。その日、西ドイツにおける「経済の奇跡」が産声をあげたが、イギリスはさらに六年にわたって配給を続けた。

## 政府という神

それでも、政府の特殊創造説は消える兆しを見せていない。第二次世界大戦後、とくに冷戦終結後に自由主義的価値観が復活したにもかかわらず、知識階級の大半はいまだに、進化的展開よりむしろ計画にもとづいたワンパターンの考え方をする。政治家は下劣と思われているが、マシンとしての政府は完全無欠と見なされる。アメリカでは、政府支出はGDP比で一九一三年の七・五パーセントから一九六〇年には二七パーセント、二〇〇〇年には三〇パーセント、二〇一一年には四一パーセントまで上昇した。ロナルド・レーガンの反革命に際しても政府は前進するのをしばし休止しただけで、その後、富裕層から貧困層だけでなく中流階級から中流階級にも、福祉資金を送るパイプ役になっている。政府は最大限の規模まで進化していて、これ以上大きくなったら続かないと考える人も多い。

しかし政府の進化の次なるステージは国際化である。人々の生活のさまざまな面を決定する力を持つ国際的官僚制度の発展は、現代の顕著な現象なのだ。欧州連合（EU）でさえだんだんに力を失ってきていて、もっと高いレベルで決まったルールを加盟国に伝えているにすぎない。たとえば、食品規格は国際食品規格委員会という国連機関で決定される。銀行業界のルールはスイスのバーゼルを本拠地とする委員会が設定する。金融規制はパリにある金融安定化理事会で決められる。国連の下部組織である自動車基準調和世界フォーラムのことなど、ふつうの人はきっと聞いたことがないだろう。

天候でさえも将来的にはリヴァイアサンにコントロールされることになる。気候変動に関する国際連合枠組条約の事務局長を務めるクリスティアナ・フィゲレスは二〇一二年のインタビューで、自分たちは政府、民間部門、そして市民社会に、かつてなかったほど大きな変革を起こさせているのだと語った。「産業革命も変革だったが、中央の政策の観点から導かれた変革ではなかった。これは中央集権的な変革だ」。

しかし、ボトムアップ式の進化の駆動力も湧き起こらんとしているようだ。政府が専門に提供しているサービス――医療、教育、法規――は、長年にわたって自動化やデジタル変革とはほとんど無縁だった。それが変わりつつあるかもしれない。二〇一一年、イギリス政府はデジタル起業家のマイク・ブラッケンに、大規模なIT契約の管理方法を改革するよう依頼した。フランシス・モード大臣の支援を受けてブラッケンが考案したシステムは、彼が「滝」プロジェクトと呼ぶもの、すなわち前もってニーズを特定しても結局予算オーバーで時間もなくなってしまうやり方を、もっとずっとダーウィン説に近い方式に置き換えたものだ。プロジェクトは小さく始め、早めに失敗し、早いうちにユーザーからのフィードバックを得て、やりながら進化していくべきだというのである。

このアプローチは二〇一四年までにかなりうまく行きはじめ、とくに一八〇〇の別々のウェブサイトに置き換わるgov.ukという単一の政府のウェブポータルは、段階的だが加速しながら首尾よく展開されていて、私はブラッケン氏にこのやり方についてインタビューしたとき、彼が説明しているものは特殊創造説とは対照的な進化だと理解した。ティム・ハーフォードは二〇一一年の著書『アダプト思考』で、イラクの戦況改善にせよ、航空機の設計にせよ、ブロードウェイ・ミュージカルの制作にせよ、成功する人たちは総じて、低コストの試行錯誤をあれこれやって、徐々に変えていくことになるのを見越していたと指摘している。世界経済からレーザープリンターまで、私たちが利用するものはすべて、壮大な計画ではなく小さなステップの積み重ねによって生まれているのだ。

ダグラス・カースウェルは『政治学の終焉とインターネット・デモクラシーの誕生（*The End of Politics and the Birth of iDemocracy*）』で、エリートが間違うのは「ボトムアップで自発的に組織されるのが最善である世界を、設計することによっていつまでも支配しようとするからだ」と述べている。公共政策の失敗は、計画立案者が熟慮したうえでの策定を信頼しすぎることから生じている。「彼らは自然発生的で有機的な仕組みのメリットを一貫して過小評価し、最良の計画は往々にして計画しないことだと気づかない」。

# 第14章　宗教の進化

さて又、足の下で大地全体が振動する時、又都市が烈しく揺り動かされて倒れ、又今にも倒れるかと脅す時には、人類が己を蔑み、この世の力強い偉大なる驚異を神々の力とし、これが万物を支配するのだと考えても、何ら不思議とすべきことではない。

——ルクレティウス、『物の本質について』第五巻より

システィナ礼拝堂の天井で、アダムと神は指を触れあっている。無学な人の目には、どちらがどちらを創造しているのかははっきりしない。私たちは、創造しているのは神であると思うことになっており、世界中のほとんどの人がそう考えている。それとは対照的に、古代世界の歴史を学んだことのある人なら誰にとっても、このテーマについてセリーナ・オグレイディが書いた本のタイトルにあるように、『人が神を創造した（*Man Created God*）』ことは明白そのものだ。ヤハウェ、キリスト、アッラー、ヴィシュヌ、ゼウス、そのほかいかなるものであろうと、神は明らかに人間の創造物なの

だ。宗教的衝動はなにも、伝統的な宗教に限られているわけではない。宗教的衝動が、幽霊や一二宮図《ホロスコープ》、ウィジャ盤、ガイアなどに生命を与えている。宗教的衝動によって、バイオダイナミック農法からさまざまな陰謀説やエイリアンによる誘拐、英雄崇拝まで、あらゆる形態の迷信の説明がつく。それはダニエル・デネットの言う「志向姿勢」（世界のいたるところに意図や主体性や力を見るという、人間の本能）の表れだ。「私たちは月の表面に人間の顔を見て取り、雲の中に兵士の群れを見つけ……自分を傷つけたり喜ばせたりするもののそれぞれに、悪意や善意を認める」とディヴィッド・ヒュームは著書『宗教の自然史』（福鎌忠恕・斎藤繁雄訳、法政大学出版局）に書いている。

　おのおのの葉の形やそれぞれの死の時期を全能の神の気まぐれに帰することを望む衝動ほどトップダウンのものはないように見えるかもしれない。とはいえ私が言いたいのは、この現象は文化の進化の例としてしか説明しえないということだ。神も迷信もすべて人間の心の内から現れ出てくるものであり、歴史が展開していくなかで、特徴的でありながら無計画の変化を経る。したがって、人間の文化のうちでトップダウンの色合いが最も濃い特徴でさえ、じつはボトムアップの創発《そうはつ》的現象なのだ。

　オグレイディは、キリスト教が西暦一世紀に、ローマ帝国内で競いあう熱狂的宗教活動の驚き呆れるほどの渦の中から現れ出てきた経緯や、世界的な権力を勝ち取る最有力候補にはほど遠かった事実を生き生きと語っている。ローマの「単一市場」は宗教的独占の機が熟していた。帝国はたいてい、一つの宗教におおむね支配されるようになる。ギリシャのゼウス、ペルシアのゾロアスター、中国の孔子、マウリヤ朝のブッダ、アラビアのムハンマドらのものがそれだ。

　一世紀のローマでは、どの都市にも多数のカルトや神秘的な宗教が、たいていはねたみやそねみとは無縁に並立して張りあっていた。ほかの神を許容することを拒んだのは、ユダヤ人たちの神だけだった。ユピテルとバアルの神殿や、アタルガティスとキュベレの神殿では、それぞれの神が隣りあって祀《まつ》られていた。整理統合は避けられなかった。何千という独立経営のカフェが、質の優る製品をより魅力的に提供する、二つか三つの、スターバックスのような強大なチェーンに取って代わられたのとちょうど同じで、ローマ帝国も、宗教チェーンに乗っ取られることは避けられなかった。アウグストゥスは全力を尽くして自ら神を装ったが、アレクサンドリアの商人や小アジアの農民にはほとんど受け入れられなかった。

一世紀のなかばには、テュアナのアポロニオスのカルトが、帝国の覇者の有力候補であるように見えた。イエス同様、アポロニオス（イエスより若かったが、同時代の人物）も死者を甦《よみがえ》らせ、奇跡を起こし、悪霊を追い払い、慈悲を説き、死んでから（少なくとも霊的なかたちで）復活した。だが、イエスとは違ってアポロニオスは近東全域で名を知られたピュタゴラス学派の知識人だった。その生まれは予言されており、彼は禁欲を誓い、葡萄酒を飲まず、動物の皮は身に着けなかった。どこから見ても、パレスティナの大工（訳注　イエスのこと）よりは洗練されていた。彼は各地を巡り歩いた。彼が甦らせた死者は、ローマの元老院議員の娘だった。彼の名声はローマ領のはるか外まで届いていった。彼がバビロンに着くと、パルティアの王ヴァルダネスに賓客として迎えられ、一年間とどまって教えるよう誘われた。アポロニオスはその後、東に向かい、現在のアフガニスタンとインドに旅し、二度と姿を見せることはなかった。彼の消息が途絶えてからはるかのち、彼のカルトはユダヤ教やゾロアスター教、キリスト教と競いあった。だが、やがて下火になって消えてしまった。

それはタルススのサウロ（聖パウロ）のせいだ。アポロニオスには、こつこつ働くピロストラトスという名のギリシャ人年代記作者がいたのに対して、イエスは、そうとう風変わりではあるものの恐ろしく説得力のあるパリサイ人《びと》のパウロに恵まれた。パウロはイエスのカルトを徹底的に作り直し、ユダヤ人のものではなく、ギリシャ人とローマ人の心に訴えるよう意図した普遍的な信仰に変えた。聖パウロは鋭かったので、イエスのカルトは貧しい人や寄る辺《べ》のない人に狙いを定めうることに気づいた。富や権力、一夫多妻を非難する姿勢は、失うものがほとんどないほど貧しい弱者の気を惹くように、うまく考えられていた。最終的にキリスト教徒が（この教えの発祥以来三世紀で）、どうやってローマ皇帝コンスタンティヌス一世を説得して改宗させたかは今なお、多少謎めいているが、この新しい宗教には大衆の心に訴えるものがあった点とおおいにかかわりがあることは間違いない。その後、地上の広大な範囲をキリスト教が制覇できたのは、説得力だけでなく武力のおかげでもあった。キリスト教と競合する宗教はすべて、皇帝テオドシウス一世以降、可能であればいつでも暴力をもって、容赦なく粉砕された。

つまり、キリスト教の台頭の歴史は、まったく神の助けに原因を求めずに語ることができるのだ。それはほかのいかなる運動とも同じで、人為的なカルトであり、心から心へと受け継がれていく文化的伝染であり、文化の進化の自然な例だった。

## 予想どおりの神々

神々が人為的なものであることを示すさらなる証拠は、神々の進化の歴史から得られる。これはほとんど知られていないが、神々も進化する。人類史を通して、多神教から一神教へばかりでなく、短気で愚か、好色、強欲な、人間さながらの存在から、完全に異なる領域に住み、おもに徳に関心がある、たまたま不滅で、肉体から分離した、高潔な霊へという、着実で漸進的な変化が見られる。旧約聖書に出てくる、復讐心に燃えた癇癪持ちのエホバを、今日《こんにち》の慈愛に満ちたキリスト教の神と比べるといい。あるいは、戯れに恋をする、嫉妬深いゼウスを、肉体から分離した純粋なアッラーと、はたまた、執念深いヘラを心優しいマリアと比べるといい。

狩猟採集社会の神々は、聖職者なしでやっているし、一貫した教義などほとんど持っていない。初期の定住社会の神々は、専門の人間が儀式を通して系統立て、分類し、仕えていたが、（ニコラ・ボーマールとパスカル・ボイヤーの言葉を借りれば）「道徳的良心に苦しめられることがなく、人間の道徳性にも無関心だと解釈され」ていた。この道徳的無関心は、シュメール、アッカド、エジプト、ギリシャ、ローマ、アステカ、マヤ、インカの諸帝国の神々や、古代中国と古代インドの神々に共通した特徴である。

ずっとのちになってようやく、世界の一部の地域で（どうやら、十分生活水準が高かったため、ヒッピーのように禁欲的な清純さとより高邁《こうまい》な理想に憧れる人がいる場所で）、神々は突如として道徳的な掟に関心を抱きはじめた。聖職者たちは、禁欲的な自己犠牲を要求すれば忠誠心が深まることを発見した。この変化は、ユダヤ教やヒンドゥー教でのように、宗教改革を通して起こることもあったが、ジャイナ教や仏教、道教、キリスト教、イスラム教でのように、新しい、道徳を規定する神のカルトの出現を通して起こることのほうが多かった。これらの道徳的神々は非常に嫉妬深く、道徳的に中立の宗教ばかりでなく、ピュタゴラス学説や儒教、ストア主義のような、迷信的信仰を欠く道徳律さえも、おおむね押しのけた。注目すべきことに、道徳的神々はみな、何らかの形の黄金律（「人にしてもらいたいと思うことを人にもしなさい」）を推奨するように見え、仏教やユダヤ教、ジャイナ教、道教、キリスト教、イスラム教の教えはそれを物語っている。ボーマールとボイヤーによれば、これらの宗教が栄えたのは、互恵性と公平性を求める人間の本能に訴えたため――行為と超自然的な報いのあいだや、罪と贖罪《しょくざい》のあいだの釣り合いを強調したため――だという。言い換えれば、神々は自らを人間の本性の特定の面、すなわち自らが身を置くに至った環境に適応させることで進化したのだ。神々は二重の意味で、つまり意識的にも無意識的にも、人為的なものだった。人間が創造しただけでなく、人間が進化させたものでもあったのだ。

ローマでキリスト教を受け入れる機が熟していたのとまさに同じように、アラビアでもイスラム教を受け入れる機が熟していた。巨大なアラビアの帝国は、独自の普遍的な宗教を、それもおそらく他の宗教を嫉妬するものを生み出す運命にあったが、ムハンマドのものが選ばれる必然性はまったくなかった（宗教という現象が起こることは予想がつくが、複数の宗教がどうなるかについての予想はできない）。ただしこの場合、逆の順序で物事が起こったと確信できる。宗教が帝国を生み出したのだ。西暦六一〇年、ムハンマドは天使からクルアーン（コーラン）を授けられた。このとき彼が住んでいたのがメッカと呼ばれる多神教の砂漠の町で、隊商貿易の要衝《ようしょう》として繁栄していた。ムハンマドは神の助けを借りながら、戦いで目覚ましい勝利を収めてアラビアを征服した。よく言われるように、ムハンマドの経歴については、ほかの宗教の創始者の人生についてよりも、はるかによくわかっている。

## 預言者の進化

だが、はたして本当にそうだろうか？　じつは、ムハンマドの経歴についての情報はすべて怪しい。六三〇年代にキリスト教徒があるサラセン人預言者についてごく短く触れている以外、ムハンマドの人生について存命中には何も書かれてはおらず、イスラム教世界で初めて公《おおやけ》に彼について書かれたのは六九〇年だった。詳細な伝記はみな、彼の死後二〇〇年が過ぎてから書かれた。そして、歴史学者による古代後期の近東の調査からは、メッカは主要な交易拠点ではなく、実際、七四一年まで記録に登場していないことがわかる。また、クルアーンが多神教の社会ではなく、完全に一神教の社会で書かれたことは明白だ。厖大な量のキリスト教とユダヤ教とゾロアスター教の伝承が含まれているのだ。聖母マリアには新約聖書でよりも頻繁《ひんぱん》に触れられているし、長らく所在不明だった死海文書にも見られるいくつかの概念にかんしても同じだ。死海文書は六〇〇年代にはもう知られていなかっただろうから、それらの概念はそれ以前の伝承が伝わったものに違いない。クルアーンはユダヤ教とキリスト教の文献についての詳細をふんだんに含んでいるので、一商人が収集した概念の編纂物《へんさんぶつ》であるはずがなく、ましてや、ほとんどの人が読み書きのできない多神教の社会で誕生することなど不可能だ。

実際、クルアーンの編纂者の生涯をアラビア半島の中央に結びつけるものは何もなく、むしろ、部族の名前、土地柄、アラビアの砂漠には見つからない家畜やオリーブ、その他の動植物など、パレスティナの周辺やヨルダン川流域とつなぐものには事欠かない。ロトとソドムと塩の柱の話は、クルアーンでは地元で起こったように書かれているし、死海の近くで見られる塩にまつわる事物について述べていることは確実だ。ローマ帝国の領域のすぐ外にあたるアラビア北部は、追放されたユダヤ教徒とキリスト教徒の異端説の温床で、そのそれぞれが異なる伝統に依拠し、ペルシアのゾロアスター教と混じりあったものもいくつかあった。クルアーンの舞台はじつはここだと、今では多くの研究者が述べている。

　伝統的な説はこれとは異なっており、それを信じるにはもちろん、奇跡を受け入れる必要がある。『剣の陰に（*In the Shadow of the Sword*）』の著者で歴史学者のトム・ホランドに言わせればこうなる。「ムハンマドの伝記作家たちによれば、メッカは根強い多神教の町で、ユダヤ教徒もキリスト教徒も多数はおらず、人の住まない広大な砂漠の中央に位置していたことになる。それならば、アブラハムやモーセ、イエスへの言及を盛り込んだ、成熟した一神教が突然そこに現れた事実は、奇跡として説明するよりないではないか」。

　奇跡を受け入れない人間にとってはむしろ、クルアーンは七世紀の新しい文書ではなく、古い文書の編纂書であることがほぼ確実であるように思える。それは、多くの小川が流れ込む湖のようなもので、何世紀にもわたる一神教の融合と議論から現れ出てきた一つの芸術作品であり、古代ローマとササン朝ペルシアの勢力を押しのけ、拡大しつつある、新たに統合されたアラビア人の帝国で、一人の預言者の手によって最終的な形を取ったのだ。トム・ホランドの生々しい言葉を借りれば、古代の首を刎《は》ねたギロチンではなく、むしろ古代の苗床《なえどこ》から咲いた花、ということになる。クルアーンには、ローマ帝国のプロパガンダの断片や、キリスト教の聖人の物語、グノーシス派の福音書、古代ユダヤの書物の一部が含まれている。

ホランドはさらに、アラビア文明が台頭し、新しい宗教を生み出した経緯を推測している。ユスティニアヌス一世時代の西暦五四一年に、腺ペストによってビザンティン（東ローマ）帝国とペルシア帝国の諸都市が壊滅的な打撃を受けたが、両帝国の南端に暮らす遊牧民たちは、被害が比較的少なくて済んだ。遊牧民のテントには、都市住民の家ほどノミにたかられたネズミがいないので、伝染病はあまり問題にならない。伝染病の流行のあと、帝国の辺境の一部は荒廃し、無防備のまま人が住まなくなったので、肥沃な土地には遊牧民が拡大してきた。ビザンティン帝国とペルシア帝国とのあいだで六〇〇年代初期に起こった大戦争（最初はペルシア側が優勢だったが、その後東ローマ側が勝利した）のせいで、両帝国の支配力はいっそう弱まり、周辺の遊牧民の部族は、さらに大胆になった。クルアーンには、この大戦争を背景にしていることを匂わせる記述があり、ビザンティン帝国皇帝ヘラクレイオスの軍事行動と、アレクサンダー大王の衣鉢《いはつ》を継ごうとする彼の試みを髣髴《ほうふつ》とさせるものも含まれている。

ムハンマドが預言者として祭り上げられ、スンニ派の伝統が明確になり、ムハンマドに現実的で詳細な人生を付与するために聖伝《ハディース》が書かれたのは、のちになってからのことにすぎない。そのころにはアラビア人は広大な帝国をすでに築き上げていたが、彼らの自信は確固とはしていても脆《もろ》かったので、イスラム教がキリスト教とユダヤ教という異教徒の宗教に知的由来を持つことを示唆するものいっさいを消し去る決意があったのは明らかだ。というわけで、ムハンマドがイスラム教を突然、奇跡的に無から生み出したという話が語られるようになった。実際、六九〇年代に何が起こっていたかといえば、新たに確立されたウマイヤ王朝の君主アブド・アルマリクが、ムハンマドを初めて預言者と呼び、この預言者の伝説の育成に意図的に努めはじめたのだ。「神の名において。ムハンマドは神の使者なり」と、彼の鋳造した硬貨には刻まれていた。彼は、自分の帝国の宗教を宿敵ローマ帝国の宗教と意図的に区別し、それがキリスト教のただの改訂版ではないことをはっきりさせ、トム・ホランドの言葉を借りれば、「ローマ人どもに彼らの迷信の劣等性を思い知らせる」ためにそうした。「アラビア人による征服の大潮によってまき散らされたままになっていた信仰のかけらから、何か一貫したもの、明らかに神の刻印の押されたものを作り出さなければならなかった。つまり、それが宗教だ」。このように、イスラム教はアラビア人による征服の原因というよりはむしろ結果なのだ。

これはなにも、イスラム教だけの話ではない。キリスト教もユダヤ教も同じことをやった。このような背景があったのだという手の込んだバックストーリーを構築し、本当の由来を覆い隠すのだ。モルモン教やサイエントロジーといった、比較的新しい宗教を見れば、それがじつに明確になる。モルモン教のありのままの姿を考えるといい。失われた秘宝を発見したふりをして人を騙《だま》した廉《かど》で裁判にかけられたことのある、ジョゼフ・スミスという名の貧しいアマチュア財宝探検家が、一八二〇年代にニューヨーク州北部で、天使にある場所へと導かれて金の板を掘り出したと主張した。その板には古代の文字と言語で文章が書かれており、それを奇跡的に翻訳できたのだという。そのあと板は収納箱にしまってあるが、例の天使に誰にも見せてはならない、翻訳を出版するようにと言われたので、数年後、五八四ページ相当の翻訳を口述筆記させた。その文章は欽定訳《きんてい》聖書と同じ文体で書かれており、北アメリカの初期の住人たちの歴史物語で、彼らはキリスト生誕よりも何百年も前に、バビロンから船でなんとか渡ってきたのだが、それでもイエスを信奉していたのだそうだ。

これが真実であるか、ジョゼフ・スミスがでっち上げたか、という二つの選択肢のうち、一方がもう一方よりもはるかに真実味がある。とはいえ私にしてみれば、キリスト教やイスラム教、ユダヤ教は、多くの世紀を経て箔《はく》がついた点を除けば、信じ難さにおいてモルモン教と少しも変わらない。なにしろ、モーセも山に登り、神からの命令文書を持って降りてきたのだ。宗教はどれもみな、私には人為的なものに見える。

## ミステリーサークル学カルト

私自身もモーセやタルススのサウロ、ジョゼフ・スミスの場合に少しも劣らぬほど――いや、そこまではいかないが――超自然な顕現の瞬間を経験している。それは一九九〇年代初期に、ミステリーサークルの由来を巡る論争に巻き込まれたときのことだ。小麦や大麦がなぎ倒されてできたきれいな円形のパターンがイングランドの畑で出現しているという話を初めて読んだとき、人為的なものなのは明らかに思えた。パブ帰りにジョークとして作物をきれいな円形に踏みつぶす方法を誰かが見つけたと考えるほうが、エイリアンあるいは未知の物理的な力が突如ウィルトシャーに降臨し、それとわかるような明確な理由もなく、道路に近い穀物畑でのみ、夜のうちに人目をかいくぐってひと仕事やってのけると考えるよりも、よほど妥当に思えた。百歩譲ったところで、超自然現象という解釈は、棄却を前提とした帰無仮説と見なされるべきだろう。

そこで私は分別ある行動を取った。出かけていって、自らミステリーサークルを作り、どれほど簡単か確かめてみたのだ。二度めにやったときには、地元の農夫が激しい興奮状態になるほどうまくできた。超自然現象のファンが主催し、ミステリーサークルを「捏造《ねつぞう》」するのがどれほど難しいかを示すことを企図した、夜間のミステリーサークル・コンテストにも、私は身内三人と参加した。私たちや、そのほかの参加者たちは、いとも簡単にまったく逆の結果を出した。ミステリーサークルを作るのはたやすかったのだ。それでも、ミステリーサークルの熱狂は高まる一方で、本や映画、ガイド付きツアー、はては「ミステリーサークル学」の研究所まで現れた。人為的なものである可能性が高いと主張する勇気や心意気のある人が、どうやらいなかったようだ。いくらもしないうちに、書籍や講演を通してこのカルトでしこたま儲ける人が出てきた。そしてサークルはしだいに精巧になり、同時に、人為によるものであることがますます明らかになってきた。それにもかかわらず、レイライン（訳注　古代の遺跡群やパワースポットが描くとされる直線）やエイリアンの宇宙船、プラズマ渦、球電光、量子場といったものをことさら持ち出して説明するのが主流になった。地球温暖化と闘うようにという人類に対するガイアからのメッセージだと考える人々もいた。このテーマは徹頭徹尾、これ以上ないほど見え透いたニセ科学で、専門家を自称する異様な人々と少しでも接すれば、それが簡単に見て取れた。

だから、私の驚きを想像してほしい。これらが人為的なものと考えないのが不合理であることを軽くあざける文章を書くと、おまえは狭量《きょうりょう》で超自然的な原因を受け入れられない馬鹿者だと攻撃されたのだ。私が間違っているという、ミステリーサークルの科学の「専門家」を私が無視したのがいけなかったようだ。気がつくと、異端者のような扱いを受けていた。攻撃のうちには、すこぶる悪辣《あくらつ》なものも一つ二つあった。ミステリーサークルがすべて人為によるものであるとはとうてい思い難いという、自称「ミステリーサークル学者」の明らかに偽りの主張を、タブロイド紙ではなく《サイエンス》誌の記者と、テレビのドキュメンタリーチームに肩入れするジャーナリストが従順に繰り返した。彼らは、権威者が提供する主張をいとも簡単に鵜呑みにしたのだ。愕然とするほどマスメディアが騙されやすく、何かの権威であると自認する人なら誰の声にも、何も考えずに敬意を表することを、私はこのとき初めて知った。自分のニセ科学に「〜学」という名前さえつければ、ジャーナリストたちを意のままに操って宣伝させられるのだ。私はコメディグループのモンティ・パイソンの映画『ライフ・オブ・ブライアン』を見たことがあったが、それがどれほど現実に忠実だったか、知らなかったのは不覚の至りだった。

あるテレビのチームが当然のことをした。ある晩、学生の一団にミステリーサークルをいくつか作らせ、一流の「ミステリーサークル学者」のテレンス・ミーデンに、それらが「本物」か「偽物」か、つまり人為的なものかどうか尋ねた。彼はカメラの前で、人間が作ったはずがないと断言した。そこで番組側は、前夜に学生たちが作ったことを告げた。ミーデンは狼狽し、言葉に詰まった。じつに見物だった。ところがこの期《ご》に及んで、プロデューサーは、番組を終えるにあたってミーデンの肩を持った。もちろん、ミステリーサークルはすべてがでっち上げではない、今回のものがそうだったというだけだ、と。いやはや。

その夏、ダグ・バウアーとデイヴ・チョーリーという二人の男性が、一九七八年にパブでひと晩飲んだあと、このミステリーサークル騒動の発端を作ったことを告白した。二人は日付と時刻、やり口を明かした。その説明には、なるほどと納得できる詳細がたっぷり含まれていた。ある新聞が二人に依頼してミステリーサークルを作らせ、それからパット・デルガードという、ミーデンとは別の「ミステリーサークル学者」に本物かどうか判定させた。デルガードも、そのミステリーサークルは作り物であるはずがないと言い張って恥をかいた。これでみんなさすがに目が覚めただろうって？　答えはノーだ。「ミステリーサークル学」の専門家たちがすぐさまテレビに出演し、でたらめを言っているのはダグとデイヴのほうだと主張した（これまた『ライフ・オブ・ブライアン』を髣髴とさせる。真の救世主《メシア》は自分がメシアであることを否定するものなのだ！）。そして、誰もがそのままこの現象を信じ続けた。今でもイギリスの一部では信じている人がいるが、嬉しいことに、ミステリーサークル学者たちはしだいに世間から忘れ去られた。今やウィキペディアでさえ、ミステリーサークルは（ほとんどが）人為的なものであるとしている。だが、狂信者たちは相変わらず存在する。最近出版された本によると、私のような人は、「イギリス政府やＣＩＡ、ローマ教皇庁とマスメディアにおけるその協力者たちが」ミステリーサークル学者の「信用を損なって一般大衆を洗脳するためにやらかしているキャンペーン」の一端を担っているのだそうだ。

## 迷信の誘惑

私はそのときの経験を忘れたことがない。人間とはじつに簡単に超自然的な説明を信じ、いかさまであるのが歴然としているときでさえ「専門家」（あるいは預言者）を信用し、平凡で明白な説明よりも、何であれそれ以外の説明を好み、懐疑的な人なら誰でも、理性と証拠で説得すべき不可知論者ではなく、怒鳴りつけるべき異端者として扱うことを、嫌というほど思い知らせてくれたからだ。もちろん、ミステリーサークルは取るに足りないものだから、まるごと一つの新宗教につながりはしないとはいえ、私が言いたいことの格好の例だろう。これほど陳腐なものでさえ、超自然的現象への熱狂を掻《か》き立てられるのだから。ジョゼフ・スミスやイエス・キリスト、ムハンマドら大勢の人が、（本当だろうが、そうでなかろうが）自分は聖なる介入を目の当《ま》たりにしたと信者に思い込ませられたことが、私はあの瞬間に腑に落ちた。文芸評論家のジョージ・スタイナーは著書『絶対なるものへのノスタルジア（*Nostalgia for the Absolute*）』の中で、世界を単純化し、万物を説明できる、より高次の真理に人々は惹かれると主張した。人々は、中世宗教の教義の単純さにノスタルジーを覚えるのだ。

宗教の起源の中心テーマは、それがミステリーサークル同様、人為的なものだということだが、また、宗教は進化してきたということでもある。宗教は、のちの伝説が認めるよりもはるかに自然発生的な現象だ。テクノロジー上のイノベーションと同じで、多数のバリエーションが淘汰されて残ったものが今ある宗教で、それは文化の実験における試行錯誤の帰結なのだ。そして、各々の宗教に備わった特徴は、その時代と場所によって選ばれる。宗教とは、世界は規定されたものであるという説明を私たちがどれだけ鵜呑みにしやすいかを垣間見《かいまみ》させてくれる、窓でもあるのだ。

宗教はその神学体系においてトップダウンの現象であるだけではなく、人的な組織におけるトップダウンの現象でもある。宗教はいついかなる場所でも、権威者が与える主張にこだわる。ローマ教皇あるいはクルアーン、はたまた地元の聖職者がそうするべきだと述べているから、あなたはあれやこれやをしなければならない、というのだ。何世紀にもわたって世界の大半は、人々が道徳的に行動するのには、指示を受けているからということ以外に理由はないと、自らに言い聞かせてきた。これは、迷信がなければ倫理的行動はありえないと言うのに、事実上等しい。聖職者たちは、規則の遵守とその結果のあいだや、祈りと幸運のあいだ、罪と病気のあいだにはつながりがあると、たえず断言してきた。一七世紀には、オリヴァー・クロムウェルのような軍司令官は、戦いにおける勝利をそっくり神の介入のおかげとした。その熱意は、トロイ戦争の英雄たちのものに劣らぬほどだった。だが、これはいつも上策とは言えなかった。一世紀の中国の皇帝王莽《おうもう》が倒されたのは、民の必要ではなく天命に従うことに全力を傾けたことに負うところが大きかった。

また、スカイフック的思考法は、「神」をいただく宗教に限られてもいない。それは、マルクス主義から心霊主義、占星術から環境保護主義まで、信条を核とするありとあらゆる種類の運動の原動力となっている。偶然の一致という捉え方を受け入れるのをためらう気持ちは、テレパシーや心霊主義、幽霊、その他の馴染み深い超自然的なものの表れの核心にある。神秘主義的な物の見方をする人は、偶然の一致にも、それを引き起こしたものがあると言い張る。夜中に奇妙な音が聞こえたら、その音は何者かが立てたのだ、と。

迷信はやすやすと誘発できるし、それは人間に限ったことではない。心理学者のB・F・スキナーは、カゴの中にハトを入れ、機械で一定間隔で餌を与えた。すると何であれ、餌が出てくる直前にしていたことが、餌が現れた原因だと思い込んだように見えるハトがいるのにスキナーは気づいた。ハトはその思い込みのせいで、その動作を習慣的に繰り返した。反時計回りに歩き回るハトもいれば、カゴの隅に頭を突き出すハトや首を振るハトもいた。スキナーは、この実験は「一種の迷信を実証しているると言えるかもしれない」と感じ、人間の行動にも類似するものが多くあると考えた。人間は明らかに、非常に迷信深い。私たちはすぐに、生命のないものに主体性があると考え、クリスタルには癒しの力があるとか、古い建物には幽霊が住んでいるとか、魔法が使える人がいるとか、食品のうちには健康に良い不思議な特性を持つものがあるとか、誰かが私たちを見守っているとか信じる傾向にある。人間がこの「志向姿勢」を持つのは、進化の視点に立つと理に適《かな》っている。石器時代にはそのおかげで命が助かることがあったに違いないからだ。草むらでカサカサと音がするたびに、あるいは、突然何か音がするたびに、仮想の敵が立てたものと疑ってかかるほうが、おそらく長生きできただろう。そして、そのせいでときおり自然の偶然を悪霊と勘違いしたとしても、別に害はなかった。この異常に過敏な意図検知装置が脳の厳密にどこにあるかとか、どの遺伝子変異体のせいで他人よりこの装置が過敏になっている人がいるのかとかいったことを示す証拠を見つけたと、さまざまな、いわゆる神経神学者が主張してきた。とはいえ、これまでのところ、筋の通った結果はほとんど出ていない。

だが、じつのところ私たちの誰もが、程度の差こそあれこの検知装置を持っており、そのせいで、宗教的信仰は世界のどの地域にも、歴史上のどの時代にも見つかるのに対して、合理的な無神論は稀《まれ》で孤独なことの多い立場であり、ルクレティウスやスピノザ、ヴォルテール、ドーキンスは異端者とされるわけだ。実際、そう気づくと、パラドックスに行き当たる。もし（広い意味での）信仰が普遍的なものなら、どれだけ反論したとしてもそれを消し去ることはできないし、したがって、ある意味では、神々は現に存在するのだ――ただし、私たちの頭の中にであって、外にではない。そのため神経神学は、信仰を持つ人のあいだで、じつはかなり人気がある。「神経神学というのは、神はでっち上げられたものであることを暴《あば》くというよりむしろ、無神論がいかに無価値であるかと主張するものだ」と、信仰者は考えるからだ。

## 生死にかかわる妄想

そしてその結果、必然的に何が起こるか？　G・K・チェスタトンの言うように、人々は何かを信じるのをやめたときには、何も信じなくなるのではなく、何でも信じてしまう。ヨーロッパではキリスト教信仰の衰退に伴って、フロイトやマルクス、ガイアにまつわるものを含め、ありとあらゆる種類の他の迷信やカルトが台頭してきているが、それは偶然のはずがない。実際、私は独りよがりになって、占星術やテレパシー、心霊主義、エルヴィス崇拝をあざ笑う前に、正直に認めるべきだろう。科学者はそれ以外の人と同じぐらい信じやすい傾向を持っている。私はニセ科学と正真正銘の科学を見分ける能力に、自信が増すのではなく、自信がなくなる一方だ。天文学は科学で、占星術はニセ科学だと、ほぼ確信を持っている。進化は科学で、特殊創造説はニセ科学だ。分子生物学は科学で、同種療法《ホメオパシー》はニセ科学だ。ワクチン接種は科学で、ワクチン接種不安はニセ科学だ。酸素は科学で、フロギストン（訳注　燃焼を説明するために存在が想定されていた架空の物質）はニセ科学だった。化学は科学で、錬金術はニセ科学だった。オックスフォード伯爵がシェイクスピアの作品を書いたという意見もニセ科学だと、ほぼ確信している。エルヴィスがまだ生きているとか、ダイアナ妃はMI5（イギリス諜報部5部）に殺されたとか、JFKはCIAに殺されたとか、九・一一同時多発テロは内部の犯行だとかいう意見も、しかりだ。さらに、幽霊も、UFOも、テレパシーも、ネス湖の怪物も、エイリアンによる誘拐も、超常現象にまつわることのほぼすべても、同様だ。

だが、これはもっと異論があるだろうが、私はフロイトの言ったことの多くもニセ科学だと思っている。カール・ポパーが著書『推測と反駁』（藤本隆志・石垣壽郎・森博訳、法政大学出版局）で述べているように、彼がウィーンで育っていたころ、マルクスとフロイトとアインシュタインの考えはみな、じつに強大な説明能力を持っていた。だが彼は、すぐに気づいた。彼らの考えが正しいかどうかを突き止めるのには、証拠を集めるというやり方ではだめなのだ。カギは、それらが反証可能かどうかだった。アインシュタインの考えは、単純な実験一つで誤りを立証しうるのに対して、何をもってしてもマルクス主義者やフロイト派（あるいは、ポパー自身が当初は自らもその一員と思っていたアドラーの信奉者）を行き詰まらせることはできそうになかった。どのような事象も、マルクスやフロイトの理論にいかようにも当てはめられそうに見えた。どのような事実にも必ず当てはまるからこそ、崇拝者の目には、これらの理論はそれほど強力だったのだ。「しだいにわかってきたのだが、この見かけの強みが、じつはそれらの弱点だった」。それらの理論に反する事象が出てくると、信奉者たちはうまく当てはまらないことについて、あっさり言い逃れをするので、それが誤った理論であることがはっきりした。マルクスの場合には、どこでどのように革命が起こるかという予想が次から次へと外れても、マルクスの信奉者たちは理論と証拠の両方の解釈を繰り返し変えるだけだった。「こうして彼らは理論を反駁《はんばく》から救い出したが、その理論を反駁不可能にする工夫を採用するという代償を払った」。

私にとって、神秘主義の、したがって信頼できない理論に特有の特徴は、それが反駁できないことや、権威に訴えること、逸話に大々的に依存していること、大多数の意見であるのを強みとすること（私だけじゃなくて、こんなに多くの人が信じているんだ！）、道徳的に高い立場を占めることだ。お気づきだろうが、これはほとんどの宗教に当てはまる。

宗教とまったく同じで、制度としての科学は今も昔もつねに、確証バイアス（訳注　ある信念や仮説を検証するときに、それに合致する証拠を集めたり重視したりし、それに矛盾する証拠を無視したり軽視したりする傾向のこと）の誘惑に苦しめられてきた。エリートの専門家の手に委《ゆだ》ねられたときでさえ（ことによると、そういう場合にはとくに）、科学は恐ろしいほど簡単にニセ科学に変身してしまう。未来を予想するとき、そして、気前の良い資金提供を受けられるかどうかがかかっているときには、なおさらだ。

迷信の一形態で、一目散に退却中なのが、「生気論」だろう。これは、生きている組織には何か特殊で特別なものがあるという、古い考え方だ。生きている細胞には、炭素や水素、酸素などが含まれているのに加えて、それに「命」を与える何か不思議な、生気にあふれる成分も備わっているはずだというのだ。生気論者は何世紀にもわたって退却を続けてきた。一八二八年に、それまでは生物にしか生み出せなかった尿素が人工合成されたのも、大きな打撃の一つで、化学が生命力を発見するだろうという考え方が、これによって打ち砕かれた。生気論者はまず物理に、その後、量子物理学に活路を見出そうとした。そこにはまだ、不思議な特殊性が存在しうるというのだ。だがその期待も、DNAの構造が解明されて木っ端微塵《こっぱみじん》になった。ある意味では、二重らせんは、生きた組織には何か特殊で特別なものがあることを裏づけたと言うことができる。すなわち、そこには自らを複製するともに、エネルギーを利用する仕組みの合成を指令することができるデジタル情報が含まれているからだ。生命の秘密は意外にも、四文字から成るアルファベットの三文字から成る単語によってデジタル形式で書かれた、無限の組み合わせ方式のメッセージであることが判明した。これは生気論者が予期していたものでは断じてない。生命は情報であるというのは、あまりに実際的に思えた(とはいえそれは、人間の頭に浮かんだ考えのうちでも屈指の美しさを持っている)。こうして一九六六年、フランシス・クリックは遺伝子コードを解明することで、生気論が完全に葬り去られたことを自信を持って宣言したのだった。

だがしかし、生気論はさまざまなニセ科学の中に今なお生きている。ホメオパシーは生気論に基づいている。その創始者のサミュエル・ハーネマンは、疾患とは「もっぱら、人体に生命を与える霊のような力(生命力)の、霊のような(ダイナミックな)乱れである」と信じていた。有機農業も生気論に端を発する。創始者のルドルフ・シュタイナーは、「宇宙や地球の力を通して地上の有機生命に影響を与える」ためには、「土壌の中の、生気を与えたり調和させたりする作用を促す」必要があると信じていた。この洞察は、直感的に得られたのだという。成果を挙げる準備として、宇宙の霊気を捉えるアンテナの役割を果たさせるために、牛の角《つの》の中にさまざまな物を詰め、儀式的な手順を踏んで地中に埋めなければならなかった。これらの「バイオダイナミック」という迷信は、有機農業運動の主流からはあらかた消え去ったが、硫酸銅を使った農薬のような特定の農業テクノロジーは頼りとするものの、遺伝子組み換えなどには頼らないという姿勢は、その本質において依然として神秘主義的だ。

## 気候の神

産業による二酸化炭素の排出が将来、危険な地球温暖化を引き起こすという説は、前述のような迷信よりははるかに科学的ではあるものの、それに疑問を呈する人なら誰もがたちまち思い知らされるとおり、狂信的な色合いも帯びるに至っている。二酸化炭素が温室効果ガスであることに議論の余地はなく、ほかの条件が同じなら、大気中の二酸化炭素濃度が上がれば地球は温暖化する。この説によると、そのような温暖化自体は危険ではないが、当初の温暖化によって大気中に放出される水蒸気が増えることによって、温暖化は大幅に拡大し、その時点で、地球規模の大惨事を起こしかねないほど大規模で急速になるという。それはまた、気候にかんして起こるどのような自然の変化をも圧倒する。その意味では、二酸化炭素の排出は、気候の「調整つまみ」の働きをする。

これは大きなテーマで、本書の対象範囲を超えるが、「これはあまりにトップダウンの物の見方なので心配だ」と私に語る科学者の数は増える一方だ。二酸化炭素濃度は、外因を持たない「内部変動」など、多くの影響のうちの一つにすぎないというのだ。これらの懐疑的な人々（たとえば、ジョージア工科大学のジュディス・カリー）は、これでこの数十年間、気候が予想されたほど速く温暖化していないことが説明できると考えている。また、地球の氷河時代が始まったり終わったりするにあたっては気温と二酸化炭素が、この説による予想とは逆の相関を明らかに示しているのが南極の氷のコア標本から読み取れるのだが、その事実もこれで説明がつく。二酸化炭素濃度は、気温の上昇や下降に先立つのではなく、そのあとを追うかたちで上昇したり下降したりするのだ。結果が原因に先行することはありえないから、氷河期は地球の軌道の変化によって引き起こされることが今やほぼ確実で、二酸化炭素の果たす役割が仮にあるとしても、ごくわずかな、補助的なものにすぎない。つまり、二酸化炭素を、多くの影響の一つにすぎないと見なす代わりに、地球の気温変動の原因として過大評価する傾向がある、ということだ。

過度に単純な原因を探し求めるのは、宗教の特徴と言える。実際、懐疑的な人が前述のような主張をすると、おもに宗教的な反論が返ってくることが多い。疑う人々は真実の「否定者」だ、彼らの立場は、子孫のニーズを無視するので道徳的に間違っている、大多数の意見を受け入れるべきだ、という具合だ。だが、科学の肝心の意義、啓蒙運動の主眼は、権威を笠に着た主張を退けることではないか。リチャード・ファインマンに言わせれば、科学とは、専門家は無知であるという信念だ。観察と実験が聖典を打ち負かす。少なくとも気候の分野で、一部であれ科学者が真実の権威が一つあるだけだなどと言い張るのを耳にすると、啓蒙ではなく宗教が頭に浮かぶ。それに、科学界の意見がほぼ一致しているのは、多少の温暖化があるだろうということで、それが危険になるということではない。

次のような宗教的な主張もなされる。たしかに、壊滅的な温暖化は起こりそうもないが、わずかでもその可能性があるのなら、どれほどの苦痛を伴おうと、何であれ私たちにできることは、する価値がある、というのだ。これは「パスカルの賭け」の一種だ。ブレーズ・パスカルは、たとえ神が存在する可能性は非常に低くても、念のために教会へ行くべきだ、万一、神が存在していたら得るものは無限で、神が存在しなくても、苦痛は有限だったことになるから、と主張した。私には、これは危険な教義に思える。それは、遠い未来における破滅の可能性を未然に防ぐという名目で、恵まれない人々に今ここで現実の苦痛を加えることを正当化するからだ。これこそまさに、優生学の推進論者が使った理屈で、高潔な目的は残忍な手段を正当化するというものだ。さらにパスカルの賭けは、起こる可能性のあるほかのありとあらゆる惨事に当てはまるし、目的だけではなく手段にも同じぐらいよく当てはまる。大々的に導入された再生可能エネルギーが、じつは環境に非常に悪く、甚大な害をなすことが判明したらどうするのか？　地球温暖化を未然に防ぐことを意図した政策であるバイオエネルギー導入はすでに、食料価格を押し上げることで毎年何十万もの人の命を奪っている。

故マイクル・クライトンからノーベル賞を受賞した物理学者のアイヴァー・ジェーヴァーまで、あるいはオーストラリアの元首相ジョン・ハワードからイギリスの元財務大臣のナイジェル・ローソンまで、この件に異議を唱える懐疑的な人々は多岐にわたるが、彼らもやはり、気候変動の主張がどれほど宗教に近づきつつあるかを、両者を重ねあわせながら示してきた。私たちは（二酸化炭素を排出することによって）罪を犯している、私たちには（人間の強欲という）原罪がある、そのためにエデンの園（産業化以前の世界）から追放された、（無責任な大量消費主義を糾弾することによって）その罪を告白し、（炭素税を払うことで）贖《あがな》い、（気候変動の警告にリップサービスするよう政治家たちに強く求めることで）悔い改め、（持続可能性という）救済を求めなくてはいけないと、私たちは言われる。富める者は（カーボン・オフセットという）免罪符を買って自家用ジェット機を飛ばし続けられるが、（気候変動にかんする政府間パネル〔IPCC〕の報告書という）聖典に定められた（二酸化炭素に対する）信仰を誰も離れてはならない。異端者（二酸化炭素排出量の増大が温暖化を起こしているのを否定する人）を非難し、聖人たち（たとえばアル・ゴア）を崇め、（IPCCの）

預言者たちの言葉に耳を傾けるのが万人の義務だ。もしそうしなければ、最後の審判の日（不可逆的な臨界点）が間違いなく訪れ、私たちは地獄の業火（将来の熱波）を感じ、神の怒り（悪化する嵐）に見舞われるだろう。幸い神は、私たちが生贄《いけにえ》として捧げなければならないもののしるしを与えてくださった。私はウィンドファーム（集合型風力発電所）が、キリスト磔《はりつけ》の地ゴルゴタのように見えて、はっとしたことが何度かある。

二〇一五年二月、ラジェンドラ・パチャウリが中立的で科学的であるはずのIPCCの議長の座を退いたとき、国連事務総長に宛てた辞表には、注目に値する告白が含まれていた。「私にとって、地球という惑星を保護し、あらゆる種《しゅ》の生存と、われわれの生態系の持続可能性を確保することは、ただの使命以上のものです。それは私の宗教であり、戒律《ダルマ》なのです」。気候政策にはなはだ批判的なフランスの左翼の哲学者パスカル・ブルックナーの言葉を借りれば、「環境は、とりわけヨーロッパでは、神を信じない世界の廃墟から姿を現しつつある、新しい世俗の宗教である」。彼はこう書いている。「未来は、かつてキリスト教と共産主義においてそうだったように、再び恐喝の広大なカテゴリーとなる」。

私は先ほどからからかい半分で書いている。気候変動の防止に熱中している人が、アル・ゴアに神聖な特性があると思っているとは、本気で考えてはいない。そして、そう、警戒すべき事態が起こる可能性を支持する正真正銘の科学的証拠もある。だが、世界にかんしてお気に入りの科学的、宗教的、あるいは迷信的な説明に熱中するあまりに、心を閉ざし、意見が異なる人を憎むようになる、ずっと昔からの人間の伝統があるということを、私は指摘しているのだ。私たちは、そうした伝統をあまりに頻繁に目の当たりにしてきたので、無視することはできないし、科学者も、その誘惑に抗《あらが》うのがほかの人と同じぐらい苦手であることを、身を持って示してきた。

## 気象の神々

二〇一三年から一四年にかけての冬、イングランド南部が広範な洪水に見舞われたとき、イギリス独立党のデイヴィッド・シルヴェスターという地方政治家が、これはイギリスが同性婚を認める法律を制定したのに対する神の罰に違いないと発言したことが伝えられた。彼があざ笑われたのも当然だろう。だがほんの数日後、ごく少数の例外を除いて、まともな政治家のほぼ全員が、その洪水を人間が引き起こした気候変動のせいにしていた。過去一五年間に正味の温暖化はなく、異常気象が発生したり、イギリスの冬が湿潤化したりしている明確な傾向が見られるという証拠もなく、土地利用と浚《しゅん》渫《せつ》政策の変化が洪水の原因であるという証拠がたっぷりあったにもかかわらず、だ。事実、サウサンプトン大学の科学者たちによる研究は、イギリスにおける洪水の増加はどれも、気候変動ではなく都市の拡大と人口の増加が引き起こしていると結論した。イギリスの気象庁もこれに同意し、「イギリス全土における昨今の暴風雨の増加が、人為的気候変動と関係しているという証拠は、相変わらずほとんどない」と述べた。

この科学の堅固な壁に直面した活動家たちは、「～と一致した」といった曖昧《あいまい》な語句に頼る傾向を見せた。洪水は直接、気候変動のせいにはできないかもしれないが、パターンは気候変動と一致している、という具合だ。これは宗教の言語にほかならない。以下のナイジェル・ローソンの言葉どおりだ。

だからどうしたというのか？　それは私たちの罪に対する全能の神の罰である（これが人類史の大半を通して、異常気象現象に対するおもな説明だった）という説とも一致している。実際、どんな気象のパターンが、現在の気象の正統的な学説と一致しないか、気象科学者たちが教えてくれれば、大助かりだ。もしそれができないのなら、カール・ポパーの重要な洞察を思い出すといいだろう。すなわち、誤りとして反証しえない説はどれも、科学的とは見なすことができないのだ。

ならば、近年のあらゆる暴風雨と洪水、あらゆる台風とハリケーンと竜巻、あらゆる旱魃《かんばつ》と熱波、あらゆる猛吹雪と着氷性暴風雨を、それに寄与しているほかのあらゆる要因——植生の変化や、土地の排水と開発の変更といった、人為的なものも含む——を無視して、（おもに科学者ではなく政治家が）人為的気候変動のせいにするのと、件《くだん》の政治家が同性婚のせいにしたのとで、何の違いがあるというのか？　どちらも気象を罪の報いに変えようとする試み以外の何物でもない。

意図を持ち出して気象を説明しようとする人間の傾向は、原初からのものだ。「どの自然現象も、何らかの知的行動主体に支配されているものと想定されてしまう」とデイヴィッド・ヒュームは書いている。私たちは自分の精神のどこか奥深くで、雷雨の背景には主体性がない、旱魃は何らかの不行跡に対する罰ではないと、どうしても本気で認めてはいない。ここにあるのは、またしても「志向姿勢」だ。昔は、ゼウスやエホバや雨の神の仕業だった。一六世紀には魔女のせいにされた。歴史学者のヴォルフガング・ベーリンガーとクリスチャン・フィスターは、ヨーロッパにおける組織的な魔女狩りと、魔女とされる人に罪を着せて行なう火あぶりは、「小氷期」と呼ばれる気候寒冷期の悪天候と凶作の事例と、時期がぴったり呼応していることを発見した。気候変動の害に苦しむ農村は、支配者に圧力をかけて、魔女狩りを計画してもらうことがよくあった。

一八世紀になっても、ほとんどの人々とほとんどの指導者は、自然災害はすべて罪に対する神の罰だと思っていた。ライプニッツの神義論（訳注　第1章参照）は、そのような罰を必要としていた。二〇世紀にはつかのまそれが下火になり、気象はただの気象にすぎず、誰のせいでもないという合理的な見方が優勢になった。だが、あらゆる暴風雨と洪水を二酸化炭素排出のせいにする新たな傾向が生まれ、小康状態が終わり、再び気象をお互いのせいにしあえるようになったという安堵のため息が聞こえてきそうだ。近年、「異常気象」ミームが絶大な魅力を誇っているのは、それがこの天罰の精神構造にうまく訴えるからだ。

異常気象についての最も重要な事実は、世界人口が三倍になったのにもかかわらず、洪水と旱魃と暴風雨による死者の数が、一九二〇年代以降、九三パーセント減っているというものだ。それは、気象の荒れが弱まったからではなく、世界が豊かになり、以前より私たちが自らをうまく守れるようになったからにほかならない。

# 第15章　通貨の進化

地のくぼんだ処へ銀とか、金とか、又銅とか、鉛とかの流れが集って溜っていた。これらがその後凝結し、美しい色の光沢を地上に放っているのを見た時、彼らはその光と滑かな美しさに魅せられてこれを拾い、それぞれの形が窪地の型と同じ形にできていると云うことを知って来た。やがて、これらの物は熱で熔かせば流れて、物の如何なる形にでも、型にでもなると云うことを……思いつき……

——ルクレティウス、『物の本質について』第五巻より

通貨は進化現象である。商人のあいだに次第に現れたのであって、統治者によってつくられたものではない。たしかに硬貨には王の肖像が刻まれているが、これは権力者に独占したがる傾向があることを示しているにすぎない。そして通貨を政府が独占しなくてはならない理由はいっさいない。このことを具体的に示す事例がある。イギリスの産業革命黎明期の話だ。一八世紀、田舎の村にとどまっ

て半封建的な雇い主から現物支給で報酬を受け取るのではなく、町に出て賃金をもらって働くようになる貧困者がどんどん増えていった。これが雇い主に新たな問題をもたらした——硬貨の不足である。富裕者が使うためのギニー金貨は流通していたが、クローネやシリングの銀貨、あるいはペニーや半ペニーの銅貨が足りない。銀貨はイギリス本国より中国でのほうが、金の重さに換算した価値が高かったため、熔かされて東方に出荷されることが多かったが、王立造幣局は一八世紀のあいだほぼ終始、貨幣の鋳造量を増やすことを冷たく拒んでいた。しかも既存のシリング銀貨は品質が劣化しつつある。イングランド銀行はどうかといえば、五ポンドより少額の紙幣を発行しようとしない。バーミンガムの企業家たちは賃金を銀貨で支払うことができず、かといってペニー銅貨は足りないとわかって、偽造貨幣を使うという手段に出た。たとえ違法でも、裏通りでいくらでも手に入ったのだ。

バーミンガムの実業家で巨大なソーホー工場（訳注　産業革命期最大級の工場で、大量生産技術を最初に導入した）の創立者、マシュー・ボールトンが、問題を解決するために新しい公式硬貨をつくる権利を認めてほしいと議会に請願したが、王立造幣局は独占権を守ることに汲々《きゅうきゅう》としていたため、硬貨不足の問題には無関心で、ボールトンの陳情は却下された。ウェールズの実業家、トマス・ウィリアムズにはもっといい考えがあった。彼は縁《ふち》に文字を刻んだ偽造しにくい硬貨を鋳造し、その新しいデザインで王立造幣局の興味を引こうとした。しかし反応はない。そこで一七八七年、ウェールズ北西部アングルシー島のパリス山にあった自分の採鉱所で銅貨をつくりはじめる。ただし、ペニー銅貨に見えるようにしたのではなく、ペニーと交換できる合法のただの「代用貨幣《トークン》」としてつくったのだ。この銅のトークンは「ドルイド」と呼ばれた。美しいデザインでなめらかに仕上げられていて、片面には頭巾をかぶってあごひげを生やしたドルイド（訳注　古代ケルト宗教の祭司、オークの賢者の意）の肖像をオークの葉の輪で囲んだ浅浮き彫りが施され、もう片面には「ＰＭＣ」の文字――パリス・マイン・カンパニーの頭文字――と、周縁に「持参した人に一ペニー支払うことを約束します」と銘が刻まれている。この硬貨を偽造したり不正に削ったりするのがとりわけ難しかった理由は、盛り上がった縁の側面に「ロンドン、リヴァプール、またはアングルシーにて、要求に応じて」と記されていたことだ。工場主は労働者にドルイドで賃金を支払うようになり、地元の店主もペニーの代わりにこの硬貨を受け取るようになった。これは完全な民間通貨である。

スタッフォードシャーの製鉄業者で大規模な事業をさらに拡張していたジョン・ウィルキンソンは、自社の従業員に賃金を支払うための硬貨を鋳造してほしいとウィリアムズに依頼した。この硬貨は、ニュー・ウィリーにあったウィルキンソン製鉄所にちなんでウィリーズと呼ばれた。しかしウィルキンソンの硬貨は重さがウィリアムズの硬貨の半分だったため、従業員はその硬貨を店でペニーではなく半ペニーとしてしか使えないことを、じきに知ることになる。ウィリーズには製鉄王ウィルキンソン自身の横顔が刻印されていたので、ロンドンではこう揶揄された。

鉄は触れると引力で
銅の小銭を集めるから
銅貨に自分の鉄面皮《てつめんぴ》顔《がお》を
刻印するのは当然だ

ウィルキンソンにならう企業家がほかにもいた。ほどなく（悪貨は良貨を駆逐するというグレシャムの法則の逆で）トークンは偽造硬貨を駆逐し、正当な通貨となって、ソブリン金貨より好まれるようになり、遠くロンドンでも使えるようになった。民間で硬貨を鋳造する習わしは広がっていった。一七九四年、六四人の商人が初めて硬貨を発行。一七九七年には六〇〇トンを超えるトークンが流通していた。小銭不足の問題は民間の硬貨鋳造者によって解決された。それどころか、ジョージ・セルジン——著書『良貨（*Good Money*）』にこの興味深いエピソードを記した優れた歴史学者——が言うように、バーミンガムの実業家たちは銅貨発行を民営化したのだ。彼らの硬貨は王立造幣局のライバルが飛躍的に向上した証《あかし》である。新しい硬貨はわずか二、三年でゼロからデザインされたものであり、造幣局の硬貨と違って偽物を防ぐ法的保護はなかった。独占特権に守られていない民間の硬貨鋳造者たちは、コスト効率を上げるだけでなく、最高の彫刻師と槌打ちを集める必要もあり、さらに偽造しにくいようなデザインにしなくてはならない。セルジンによると、「そのような心配ごとは、由緒ある王立造幣局という守られた修道院のような場所の住人には、まったく無縁のことだった」。

造幣局は新たな産業経済のために十分な硬貨をつくることを拒んだだけでなく、近代的な手法を取り入れようともしなかった。セルジンが言うように、「この貨幣鋳造者ギルドが技術革新に抵抗したその頑強さを何よりもよく示しているのは、はさみとハンマーをスクリューやローラーのプレス機に置き換えて硬貨鋳造を機械化する試みから、一〇〇年以上にわたって何度も逃げおおせてきたことである」。

ここで民間の硬貨鋳造者は一線を越えた。一七九七年、とうとうマシュー・ボールトンが、蒸気プレスを使って公式ペニー銅貨を鋳造する権利を勝ち取ったのだ。この硬貨は縁が盛り上がったデザインだったので「車輪《カートホイール》」と呼ばれた。しかし一八〇四年、彼が銀貨を鋳造し（というか、スペインのドル銀貨をイギリスの五シリング硬貨に再鋳造し）はじめると、それまでまどろんでいた王立造幣局もようやく目を覚まし、独占権を守るために議会に働きかける。ボールトンの近代的手法を採用し、硬貨鋳造の仕事を取り返すためにロビー活動を行ない、やがては独占権を回復した。つまり、古い時代遅れの組織を近代化したのは、誰かの指示ではなく競争だったのである。

民間のトークン硬貨は一八〇九〜一〇年にもう一度最後の活躍を見せた。凶作のせいで穀物を大陸からナポレオンの封鎖令をかいくぐって輸入し、金と銀で支払うことを余儀なくされたうえに、イベリア半島戦争の出費がかさみ、イギリス諸島で深刻な銀貨不足が起こったのだ。再び金属関係の企業家に今度は銀行家も加わって、ペニー銅貨だけでなくシリング銀貨と六ペンストークンも鋳造しはじめた。ところが今回は、例によって縁故《えんこ》独占を好む政治家たちが反対し、一八一四年までに民間のトークン硬貨は法律で禁じられる。しかし造幣局が十分な公式硬貨をつくる準備が整うには数年かかったので、結果として予想どおり硬貨は不足した。その不足を埋めるために、偽造硬貨とフランス硬貨が再び流通するようになる。一八一六年には、賃金を払いたい雇い主は古い銀行トークンとボールトンの銅貨、それに使い古されたドルイドやウィリーズ、フランスのスー銅貨やメキシコ銀、あるいは偽造硬貨までかき集めて間に合わせなくてはならなかった。セルジンは「議会がやみくもに急いで通した民営貨幣の代替物はそんなものだった」と断じている。

## スコットランドの実験

通貨の進化に関するさらに有力な事例が、スコットランド国境の北に見られる。一七一六年から一八四四年までのスコットランドは前例のないほど通貨が安定し、他に先駆けて金融革命と急速な経済成長を実現し、イングランドと肩を並べた。自己統制的な通貨制度があって、いつの時代のどこの通貨制度にも引けを取らないほどうまく機能していた。それどころか、この制度は大衆にもとても評判がよかったので、スコットランド人はみな自国の銀行をほめたたえ擁護した。これは史上他に類のない現象である。

一七〇七年の連合法のもと、スコットランドは自国の通貨――「スコットランドポンド」――をイギリスポンドに合わせて切り下げた。当初、通貨発行の独占権を持つ中央銀行が存続した。一六九五年、すなわちイングランド銀行設立の一年後に設立されたスコットランド銀行である。しかしその後、一七一五年にイングランドとスコットランドの王位を請求する老僭王《ろうせんおう》の反乱が起きて、それを支持するジャコバイト（訳注　一六八八年の名誉革命後に現れた反革命の支持者）がスコットランド銀行に影響をおよぼすことをロンドンの議会が懸念し、ライバルである民間のロイヤル銀行に通貨発行の権利を与える。当初、二行は争っていた――互いに相手の紙幣をため込み、そのあと大量に放出して発券銀行を混乱させるのだ。しかしすぐに和平が成立し、最終的にライバルどうしの二行が相手の紙幣を受け入れ、定期的に交換することで合意する。その後、クライズデール銀行、スコットランド・ユニオン銀行、北スコットランド銀行、スコットランド商業銀行、ブリティッシュ・リネン銀行など、数多くの紙幣発券銀行が合流した。言い換えれば、特定の紙幣の価値が、このような独占力を持たない民間企業の不安定な評判に依存していたわけだ。これは惨事を招くやり方ではないのか？

実際はその逆だった。発券銀行はどこもライバルに自行の紙幣を受け入れさせたいので、融資に対して慎重に思慮深くなる。銀行間での紙幣交換は週に二回行なわれるため、その交換制がだめになれば、不適切な融資を決めたのではないかという疑いはすぐ明るみに出る。この制度は競争によって自己統制されていたのだ。紙幣の人気は下がるどころかどんどん上がり、やがてスコットランド人はギニー金貨よりも好むようになった。紙幣のほうが便利なうえに、同じくらい信頼がおける。そして国は何よりも紙幣を頼るようになる。スコットランドの銀行制度は効率的で革新的で、しかも安定していて平穏だった。一～二パーセントのわずかな貴金属準備しか要求せず、当座貸越口座、支店銀行制、小口預金への利子など、さまざまな新しい仕組みを導入している。イングランドと違って、各銀行は一ポンド以下の便利に使える紙幣を発券した――半分に破れた一ポンド紙幣を一〇シリング（つまり半ポンド）として受け入れる銀行もあった。

一七四五年の若僭王《じゃくせんおう》の反乱によってスコットランド社会がバラバラに引き裂かれたときも、スコットランドの銀行は金融不安を起こさず、その危機を無事に乗り切った。一〇〇年以上にわたって制度はうまく機能していた。この間《かん》、スコットランドの銀行破綻《はたん》は件数にしてイングランドの半分、しかもすべて損失を全額補償している。この期間の銀行破綻による損失はわずか三万二〇〇〇ポンドだったのに対し、イングランドでは同じ額がたった一年で失われることもあった。一七七二年に注目されたエア銀行の破綻は、自己統制のメカニズムがどう働くかを示している。エア銀行の攻撃的な融資をライバル銀行は疑いの目で見ていたので、この銀行とかかわるのを避けていた。しかたなくエア銀行はイングランド銀行などロンドンの銀行から借り入れる。そしてロンドンで始まった一連の取り付け騒ぎのせいで二〇以上の有名な銀行が破綻し、エア銀行も倒産の憂き目を見た。一方、スコットランドの主要銀行はエア銀行を避けていたので、その破綻の道連れになったスコットランドの銀行はわずかだった。この危機の際に、主要な発券銀行が小規模な銀行に対して最後の貸し手となったおかげで、小規模な銀行が救われただけでなく、将来的に制度全体の信頼性が高まった。エア銀行でさえ、六六万三三九七ポンドという巨額の負債を最終的に債権者に返済している。*

## マラカイ・マラグローザーの救いの手

一七七二年の金融危機に如実に表れたとおり、この時期のイングランドは、独占的に貨幣を発行する銀行があったにもかかわらず、頻繁《ひんぱん》な銀行破綻と信用危機に見舞われた。ところが政治家たちは国境の向こうを手本としようとするどころか、スコットランドの制度をイングランドの制度に似せよう

＊　一七七二年の金融危機が間接的にアメリカ独立革命を引き起こした。その理由は、ロンドンで生じた借金を返済するためにアメリカの金が大量に持ち出されたことだけでなく、東インド会社がイングランド銀行の融資を焦げつかせたことにもある。東インド会社は地位を回復するために在庫の茶を売ろうと考え、茶の販売を同社の独占とすることを政府が定めた一七七三年の茶法に助けられ、植民地で茶を投げ売りする。それがボストン茶会事件を引き起こしたのだ。言い換えれば、アメリカの自由も、合衆国憲法を生み出した偉大な思潮も、金融と通商の危機からボトムアップで生まれたのである。

とするばかりだった。一七六五年、問題があるという証拠はないにもかかわらず、スコットランドの銀行は一ポンドより少額の紙幣の発行を禁じられた。一八二六年には、またもやイングランドの銀行が深刻な危機に襲われたあと、スコットランドの銀行はどこも倒産しなかったにもかかわらず、財務大臣のロバート・ピールが五ポンドより少額のスコットランド紙幣の発行を禁じようとした。彼は（というより嫉妬したイングランド銀行は）そのような紙幣が北イングランドの一部で流通していることを懸念していたのだ。

このときピールは意外な敵の反撃を受けた。スコットランドの偉大な詩人、ウォルター・スコット卿が「マラカイ・マラグローザー」名義の作品で、スコットランドの通貨制度を国有化しようとするピールの試みに激しく抗議したのだ。その試みは「われわれの通貨流通に対する乱暴な実験であり、スコットランドの政党はどこも求めていないどころか、むしろ、分別のつく者全員の総意に反して強いられるものであり、失敗すれば深い痛手を負うことになり、たとえうまくいくとしても明るい展望を何も示さない」と述べている。連合法は「スコットランド国民の役に立つ」変革しか許していなかったので、ピールは議会の調査委員会を設置せざるをえず、そこでスコットランドの銀行制度は何も問題ないことがわかった。「勤勉、高潔、慎重の評判を維持するよう直接誘導することによって、有益な企業精神を刺激し育《はぐく》むために、さらには国民の道徳習慣を助長するために、資本を効率よく利用するよう見事に計算されたシステム」だったのだ。

首相になったピールは一八四四年に再び変革を試み、今回はイングランド銀行による管理と引き換えに安定したカルテルを提案することによって、スコットランドの主要銀行の支持をうまく取りつけた。その効果はほぼてきめんだった。倫理の欠如している中央銀行の傘下《さんか》で、スコットランドに無責任な銀行が現れたのだ。一八四七年までにスコットランドの銀行は不良融資のせいでまさに「破滅寸前」となり、イングランド銀行による救済が必要になっていた。ピールの条例はやはり失敗して保留となった。マラグローザーが全面的に正しかったのである。

## 中央銀行抜きの金融安定

スコットランドで納得できないなら、スウェーデンを見てみよう。一九世紀、スウェーデンは自由銀行制を敷いていて、銀行は競って独自の紙幣を発行していた。この制度が「存在していた七〇年のあいだ、発券銀行の倒産は一件もなく、紙幣を持っていた人はみな一クローナも失うことなく、どの銀行も一日たりとも窓口を閉める必要はなかった」と、ペル・ホルトルンドを引用してヨハン・ノルベリが語っている。

一九三〇年代のカナダはどうだろう。大恐慌を最善のかたちで切り抜け、銀行制度の混乱が最も少なかったのは、どこの経済先進国だったか？　中央銀行のなかったところ、すなわちカナダである。

実際、アメリカはどうだろう。アメリカの州法銀行は一九世紀のあいだ通貨を発行していたが、南北戦争中に連邦政府は、発行通貨を国債で保証する場合に限り、その銀行を連邦政府公認とすることによって、資金を集めようとする。これに応じる銀行が少なくて失望した政府は、州法銀行に対して流通紙幣に一〇パーセントの税をかけ、その役割を実質的につぶした。そして一八八〇年代に政府が負債を返済すると、国債を担保にするという条件のせいで、国法銀行から発行される紙幣の枚数が減った。カナダの場合のように、銀行が自分たちの資産にもとづいて必要とされる紙幣を自由に発行し、市場にそれを調整させるという自明の解決策は、大衆民主主義《ポピュリズム》を支持する民主党員のウィリアム・ジェニングス・ブライアンに阻止されている。彼は国法銀行を自由化する試みも、州法銀行への一〇パーセント課税を撤廃しようとするグローヴァー・クリーヴランド大統領の試みも、ことごとくくじいた。二〇世紀に入ってしばらくブライアンによる銀行の資産にもとづく通貨に反対する運動は続いたが、最終的に改革派は紙幣発行の独占権を持つ中央銀行を目指す、という方向転換を行なった。そのため、ブライアンの「銀行による独占」への長年の抵抗が、一行による真の独占、すなわち一九一三年の連邦準備銀行設立に直結したのである。ナシーム・タレブの指摘するとおり、ロン・ポールが自由至上主義《リバタリアン》の大統領候補として連邦準備銀行の廃止を訴えたときには変人と言われたが、もし彼が通貨以外のなんらかの商品の価格を決める権限を持った独占企業をつくりたい、などと言っていたら、そのせいで変人と呼ばれていただろう。

要するに、金本位制、中央銀行、最後の貸し手、あるいは多くの規制がなくても、国が紙幣、すなわち不換通貨の安定した流通を行なえることに疑問の余地はない。危機を回避できるばかりか、順調な成果を上げられるのだ。ボトムアップの通貨制度——いわゆる自由銀行制——のほうが、トップダウンの制度よりはるかに優れた実績がある。中央銀行制度に関する一九世紀の偉大な理論家、ウォルター・バジョットもその考えを受け入れている。話題を呼んだ著書『ロンバード街』（邦訳は久保恵美子訳、日経BP社など）の中で、中央銀行が最後の貸し手になる必要があるのは、ひとえに中央銀行の存在自体が不安定を引き起こすからであると、事実上認めているのだ。

中央銀行制の歴史がこれを裏づけている。イングランド銀行は一六九四年に設立された。一七二〇年、イギリスは史上まれに見る絶望的な金融危機、南海泡沫事件のさなかにあった。人々を丸め込んで、貿易などいっさいしていない貿易会社の株式と国債を交換させた投機詐欺である。ところがこの騒ぎにイングランド銀行は資金を引き上げるどころか、一枚かもうと乗り気になり、国債引き受けの見返りに株式を発行する許可をめぐって入札競争を行なっている。

南海会社の幹部のジョン・ブラントが、その戦略——言ってみれば株価をつり上げて投資家のお金でぜいたくに暮らすこと——の手本と仰ぐ同じような計略が、一七一八年からフランスで進行していた。スコットランド出身のジョン・ローは殺人犯だが脱獄して大陸にわたり、投機家および企業家として才能を発揮して、独占的なフランス政府銀行のバンク・ロワイアル（王立銀行）を設立し、これがフランスの中央銀行となった。摂政のフィリップ二世（オルレアン公）から広範囲の経済的権力を与えられたローは、その力を利用してできるだけ多くの富裕者を、ミシシッピ会社の株式バブルに取り込んだ。この会社はローの銀行が所有し、北アメリカおよび西インド諸島との貿易独占権を握っていた。ローはルイジアナの豊かさを喧伝することで、銀行の株価を実際の価値以上につり上げたが、結局そのバブルははじける。

ローの故郷のスコットランドで起こっていたこととは、きわめて対照的である。フランスもスコットランドも紙幣を導入した。ひとつの銀行に国家が後ろ盾となる中央銀行としての独占権を与えたほうは、万民を破滅に追い込んだ。分権的な進化する競争システムを推進したほうは、見事にうまくいっていた。中央銀行は景気循環を増幅するように振る舞う傾向があって、信用が拡大するときには借入コストを押し下げ、収縮するときには扉をぴしゃりと閉める——まさに二〇〇〇年代初期に行なわれたことである。それとくらべて、分権的な通貨のほうがはるかに優れた実績を上げている。

スコットランドにおける自由銀行制の実験と似た、現在進行中の興味深い現象もある。パナマ、エクアドル、エルサルバドルの三カ国が、自国の通貨にドルを使うと決断することによって、経済を「ドル化」したのだ。当然、アメリカ連邦準備銀行がパナマの銀行を救済する可能性はないので、この三カ国の銀行には最後の貸し手がいないことになる。しかしその結果は意外にも良好である。モラルハザード（倫理の欠如）がなくなり、ドル化した三カ国の銀行はごく慎重に振る舞っているので、パナマの銀行は非常に安定していると見なされるようになり、まさに最後の貸し手がないことが「制度の回復力と安定性に貢献している」と国際通貨基金（ＩＭＦ）が明言している。ＩＭＦはある種の流動性ファシリティを常設することが必要だと考えてはいたが、エルサルバドルに提案しているのは中央銀行ではなく、全銀行の通貨準備預金からのプールと、ファシリティを使う必要のある銀行に対する懲罰的金利である。これはスコットランドが長年にわたって非常にうまく運営していた制度と大差ない。

## チャイナ・プライス

とはいえ、二〇〇八年に始まった深刻な金融危機の原因が、過剰な規制緩和と行きすぎた利益追求だったことは確かなのでは？　少なくとも、世間一般の見解はそうなっている。この観点からすると、一九九九年の（銀行業務と証券業務を分離した）グラス＝スティーガル法の廃止が、一〇年にわたる金融自由化運動の集大成だった。しかし多くの社会通念と同じように、この見方もほぼ完全に間違っている。

ジョージ・ギルダーが述べているように、危機におちいる前段階には「あらゆる大手金融機関に審査官、監督官、行政官、調査官、監視員、コンプライアンス指導官など、規制を守らせるための部隊が群がっていた」。そのため金融機関はつねに、救済措置が必要だと宣言するその瞬間まで、健全であるというお墨付きを与えられていた。二〇〇八年に破綻し、連邦預金保険公社（FDIC）に一一〇億ドルの負担をかけ、預金者と債権者にも損失を与えたインディペンデント・ナショナル・モーゲージ（通称インディマック）社には四〇人もの政府の調査官が立ち入っていて、その全員が同社に高い評価をつけていた。同じ年にクレジット・デフォルト・スワップで世界経済を破滅させかけたAIGは、ギルダーによると「五〇の州および一〇〇以上の国で、連邦政府、州、地域、さらには世界各国の大勢の役人によって、監視され、あら探しされていた」。銀行の会長として私自身も経験したことだが、すべてがおかしくなるその瞬間まで、煩雑で細かい規制があるからずっと安心なのだと思い込む。規制する側の人たちは危機が来ることを警告するどころか、その真逆《まぎやく》のことをして、間違った安心感を与えるか、間違ったリスクを強調していた。

実際には問題はもっと深刻だ。二〇〇八年の危機が起こったのは、ボトムアップのシステムであるべきもの、すなわち信用貸しに対する、トップダウンの干渉によるところが大きかったのだ。強欲、無能、不正、誤りは過去にいくらでもあったが、いまだに事欠かない。過剰な規制がそれを助長し、見返りを与える。

二〇〇八年の危機を生んだ要因を考えてみよう。これまでの金融危機がほぼすべてそうであるように、直接的な原因は資産価格の、とくに不動産価格の、過剰なバブルが崩壊したことだ。一九九七年のアジア通貨危機、一九八九年の日本、そして一九七〇年代、一九二〇年代、さらには何十年前、何百年前のさまざまな危機にも当てはまる。二〇〇八年の危機を理解するためのカギは、そのバブルがどうやって膨らんだかにある。

第一に、中国政府が重商主義の輸出戦略を推進するために、一九九四年に通貨を劇的に切り下げ、その後も輸出品の競争力を保つために抑え続けたことによって、貯蓄する中国人と借金するアメリカ人という世界的アンバランスが生まれた。実質的に中国は自国の輸出品の競争力を高め、その収益をアメリカ人の低金利ローンに投資した。為替レートがしかるべきレベルに落ち着くことを許されていれば、通貨と金利はもっと円滑に調整されて、借金するアメリカ人はそう簡単に低金利で住宅ローンを組むことはできなかっただろう。この話をしているのは中国を非難するためではなく、重要な決定を下したのは市場ではなく政治家だったことを思い出してほしいからだ。元下院議員で予算委員長だったデイヴィッド・ストックマンいわく、「アメリカが大幅な経常赤字を抱え、『チャイナ・プライス』が世界を席巻する時代に、アメリカ経済は事実上、強烈な低賃金と製品デフレを輸入していたのだ。しかも中国の水田で人手があまらなくなり、人民銀行が為替レートを固定するのをやめるまで続くだろう」。二〇〇八年にこのやり方が崩壊するまでに、中国の中央銀行はアメリカ人の住宅ローンになんと一兆ドルも出資していた。

第二に、欧米経済に押し寄せた低金利ローンの波は、その出口を資産価格インフレに見つけるしかなく、実際にそうなった。ほぼ四〇〇年の長きにわたって、借入コストが安いときにはバブルが発生していて、これからも引き続きそうなるだろう。もともとは一九九〇年代後半にITバブルが膨らんではじけ、その次が住宅価格だ。そしてよくあることだが、当局はバブルを阻止するどころか積極的に膨らませた。ITバブル崩壊後、株式市場を破綻させないようにしてウォール街を救うために、金利を引き下げるというアメリカ連邦準備銀行の政策が、その後の住宅バブルにつながる唯一最大の原因だった。いわゆるグリーンスパン・プットである。

しかし第三のきわめて重要な要因がある。無責任な融資が当局によって積極的に推進されたことだ。アメリカの政治家は、預金がなくて返済する能力がほとんど、またはまったくない人たちに、銀行が低金利で融資することを許しただけではない。奨励しただけでもない。法律によって積極的に命じたのだ。

## どこまでファニーのせいだったのか？

種《たね》は一九三八年にまかれていた。ルーズヴェルト政権が連邦住宅抵当金庫、通称「ファニー・メイ」を、銀行が相手にしないような中間所得者に住宅ローンを提供するための政府プログラムとして設立したときのことだ。ファニー・メイが活動を始めるころにはすでに住宅市場は回復していたが、目的は住宅建設を促すことだった。ファニー・メイは住宅ローン債権を銀行から現金で買い取ることで運営されていたので、銀行が顧客の信用度を心配せずに融資することになるリスクを負っていた。しかもアメリカ政府の後ろ盾があったので、債務不履行もどうでもいいことだった。実質的にファニー・メイはローンに政府保証をつける手数料を取っているだけで、費用は納税者が負担していた――そんな仕事があるのなら、これほどうまい話はない。

一九六〇年代、リンドン・ジョンソン大統領はファニー・メイを「政府支援機関（GSE）」として半「民営化」した。一九七〇年には弟分の連邦住宅金融抵当公社、通称「フレディ・マック」も加わったが、どちらも暗黙の政府保証があったので、借入コストは低く抑えられた。財務省の信用供与枠というかたちをとっていたが、それが必要とあれば無制限になりえることは周知の事実である。つまり、ファニーかフレディが窮地におちいったら、納税者が救済するということだ（実際にそうなった）。事実上、表向きは民営、裏は公営なのだ。デイヴィッド・ストックマンいわく、「GSEは中産階級への住宅供給支援というニューディール公認の使命を帯びていたために、見せかけの太鼓判を押されてはいたが、実際の経済的性格は不安定で危なっかしい、奇形と言うべきものだった」。

ストックマンはロナルド・レーガンの行政管理予算局局長だったとき、ファニーとフレディに対し、徐々に市場レートでの借り入れを強いることによって抑圧しようとした。これに戦々恐々とした金融機関、仲介業者、建設業者、建材業者が「低金利の公的融資で民間企業の活況が続くようにするための強力な同盟」に参加した。そしてストックマンを止めるよう議会に働きかけ、共和党主導の議会はそれを実現した。これは縁故資本主義が自由市場に反対する行動を起こした典型的な事例である。

一方、商業銀行は、「ACORN（いま改革するためのコミュニティ組織連合）」のような団体から、融資基準を下げるようにとプレッシャーをかけられるようになった。銀行は合併完了の日が設定されている場合、その完了日が迫っている期間は、融資の人種差別を禁じる一九七七年の地域社会再投資法を遵守していないとされる訴訟に非常に弱いことに、ACORNは気づいたのだ。頭金がない、あるいは信用履歴がよくないという理由でローンの申し込みを断わられると、白人よりアフリカ系アメリカ人のほうが大きな痛手をこうむりがちである。合併の期限をひかえている銀行はACORNに訴えられると譲歩し、融資基準を緩めるだけでなく、低所得顧客への融資を増やすプロジェクトを──たいていACORNが始めた住宅ローンによって──推進するために、ACORN自体にも資金援助を行なう。最終的に、このプレッシャーを感じていたのは小さな銀行だけではなかった。チェース・マンハッタンが二〇〇〇年にJPモルガンと合併したとき、両行とも何十万ドルもACORNに寄付している。

しかしこの段階でもまだ、ファニー・メイとフレディ・マックはリスクの高い債券を引き受けることを拒んでいた。そこでACORNは、GSEの責務を変更するよう議会に働きかけることにした。一九九二年、ブッシュ・シニア政権のもとでACORNの目論見《もくろみ》は成功し、議会はファニー・メイとフレディ・マックに新たな低価格住宅供給の目標を課し、頭金五パーセント以下のローンと、信用履歴が一年以下の顧客を受け入れるよう求めた。ファニーとフレディは暗黙の政府保証のために、優先的借入能力を資本市場で発揮することになる。ACORNは下院銀行委員会委員長のために法律の主要部分を起草している。

クリントン政権は、ファニー・メイとフレディ・マックが買い取るローン全体の三〇パーセントは低所得および中所得の借り手向けでなくてはならないと要求し、この責務を事実上の割当制にした。しかしこの時点では、その割当で影響を受けるのは貸金業界の四分の一にすぎなかった。一九九四年七月、ACORNはクリントン大統領と面会し、たとえ信用リスクにもとづいた線引きの偶然の副産物だとしても、融資基準で人種差別をすべきではないと主張することによって、低所得者への融資指示をノンバンクにまで広げるよう促した。クリントンは一九九五年六月に新方針を発表したが、その式典にACORNが来賓として列席していた。

一九九九年、政府は低所得者の割当を五〇パーセントに、そして超低所得者の割合を二〇パーセントに引き上げ、この目標達成に真剣に取り組みはじめた。さらには「全国持ち家政策」の一環として、頭金を引き下げるための補助金交付も始めたが、これは確実に住宅価格を押し上げる政策である。《ニューヨーク・タイムズ》の記事によると、ファニーとフレディにとって「低所得者と中所得者に住宅ローンを広めるようにというクリントン政権からの圧力が増して」いた。住宅ローンによって「マイノリティと低所得者のマイホーム所有者を増やす」ために行なわれたことである。

要するに、サブプライムローンの急増は完全にトップダウンの政治的プロジェクトであり、議会によって指示され、政府支援企業によって実施され、法律によって強制され、大統領によって推奨され、圧力団体によってチェックされていたのだ。サブプライム・バブルの行きすぎを自由市場のせいにする声を聞いたら、このことを思い出してほしい。問題の原因は規制緩和であるというのは単なるつくり話である。問題の期間中、規制は徐々に、だが大幅に増えた。たとえばブッシュ・ジュニア政権は、アメリカ経済に対して年に七万八〇〇〇ページの割合で規制を追加した。そのせいで金融規制のコストは二九パーセント増加している。

二〇〇〇年以降、ファニーとフレディのサブプライムローン買い取りの勢いは年々著《いちじる》しく高まり、この勢いに応えるために銀行などの貸し手による住宅ローンはますます過熱し、豊かな収穫を促した。住宅建設業者、金融機関、住宅ローン仲介業者、ウォール街の引受業者、法律事務所、住宅供給の慈善団体、そしてACORNのような圧力団体、みんなが利益を得た。しかし納税者は違う。二〇〇〇年代初期には、ファニーとフレディは政治家と密接にからみ合っていて、とくに民主党議員にふんだんに選挙献金をし、政治家たちに実入りの多い仕事を与えていた——クリントン政権の予算委員長だったフランクリン・レインズは、ファニーの責任者だった短い期間で一億ドルを着服している。一九九八年から二〇〇八年までのあいだに、ファニーとフレディは議会へのロビー活動に一億七五〇〇万ドルを費やした。

二〇〇二年、ファニーが三人の経済学者、ジョゼフ・スティグリッツ、ピーター・オルザグ、ジョナサン・オルザグに依頼した分析の報告書は、サブプライムローンのせいでファニーまたはフレディが債務不履行となる可能性から政府が受けるリスクは「ほぼゼロ」——「見つけるのが困難なほど小さい」——と結論づけた。バーニー・フランク下院議員は二〇〇三年のスピーチで、この二社は「いかなる種類の財政危機にも直面していない……人々が問題を誇張すればするほど、二社にかかるプレッシャーは大きくなり、手ごろな住宅の供給という観点が失われる」と述べている。経済学者のポール・クルーグマンは二〇〇八年七月になってもまだ、「ファニーとフレディは数年前のハイリスクな融資急増とはなんの関係もない」し、サブプライムローンとも関係がないと主張していた。それに対してロン・ポール下院議員はすでに、このGSE二社に認められている特権のせいで「政府が住宅供給への過剰投資を積極的に促進していなかった場合より、損失は大きくなる」と警告していた。

しかし政策は継続された。すべてが悪い方向に走りはじめた二〇〇八年までに、ブッシュ・ジュニア政権は低所得者向けローンの割当を五六パーセントまで引き上げていた。それ以前でさえファニーとフレディは割当を満たすだけの優良な債権を見つけられなくなっていたので、引受基準を緩《ゆる》くし、どんどんサブプライムローンを受け入れるようになっていた。しかし、このなりふりかまわぬサブプライムへの投資は、市場には知られないままだった。なぜなら、どのローンもサブプライムとは呼ばれていなかったからだ。GSEは「オルトA」ローンと呼んでいたが、その違いは純粋に解釈の問題である。そしてこの大量のサブプライムローンを報告しなかったこと自体が、危機をさらに悪化させる原因となった。私は当時の市場関係者の大部分が示した態度をよく覚えている。「とんでもなく無責任な融資があるのは確かだが、それは市場のごく一部にすぎない」。一部だけだったら、どんなによかったことか。銀行家のジョン・アリソンが著書『金融危機と自由市場療法（*The Financial Crisis and the Free Market Cure*）』に書いているが、ファニーとフレディは住宅不動産への誤った投資にさんざん資金を供給しただけでなく、「他の市場参加者が誤解するような、非常にまぎらわしい情報を提供していた」のである。

二〇〇五〜〇七年、ファニーとフレディが買い取った債権の優に四〇パーセントは、サブプライムまたはオルトAだった。住宅価格が上がっているあいだ、とくに、新たなマイホーム所有者が数年間は支払うべき利子がないと知ったとき、さらには、住宅価格上昇のおかげで、ローンが払えなくても借り換えによってさらに借り入れができたときには、すべてがバラ色に見えた。しかしやがて債務不履行が雪だるま式に増えはじめる。

ＧＳＥ二社にまつわるサブプライムローンの全貌が明らかになったのは、二〇〇八年に二社が破産し、財務省の管理下に入ったときのことだ。その年、（ポール・クルーグマンが両社に問題はなく、言われている懸念は誇張であり、両社はサブプライムローンと関係がないと述べた直後に）支払い不能になった時点で、ファニーとフレディは全サブプライムローンの三分の二以上を保有していて、その金額は二兆ドルに達していた。しかも新しいローンの四分の三近くは、その年に二社の手を通過していた。

ファニーとフレディ、そしてクリントンおよびブッシュ政権のことを長々と話してきたのにはわけがある。たしかに、住宅バブルを生む余剰貯蓄は中国から出ていて、借り入れを促す低金利を決めたのは連邦準備銀行だが、信用力の低い借り手に無責任に融資する誘因は、いわゆる規制緩和や新たな「利益追求」の行きすぎより、政府と圧力団体の連携によるところのほうがはるかに大きかった、という点を強調するためである。そしてこれが、あれほど多くの銀行と保険界の巨人ＡＩＧが破綻した最大の原因だった。ファニーとフレディを抜きにしてあの大不況を語ることはできないし、彼らを駆り立てた政治的決定を省くことも考えられない。それは最初から最後まで、ボトムアップの市場がトップダウンでゆがめられた話なのだ。デイヴィッド・ストックマンは著書『大きなゆがみ（*The Great Deformation*）』で手厳しく断じている。「ファニー・メイの歴史は、ひとたび縁故資本主義が国家の力をつかむと、まるで癌《がん》のように増殖するおそれがあって、非常に危険であることを物語っている」。ジェフ・フリードマンは金融危機についての非常に長く説得力ある論文で、同様の結論に達している。「この金融危機を引き起こしたのは、近代資本主義を抑圧して方向転換させるために策定され、広がり続けていた複雑な統制の網だった」。政府の金融危機調査委員会のメンバー、ピーター・ワリソンも同様のことを述べている。「金融危機は規制が弱く効果がなかったから起きたのではない。逆に、二〇〇八年の金融危機は政府の住宅政策が引き起こしたのである」。サブプライム危機は進化現象ではなく、特殊創造論的現象だったのだ。

## モバイルマネーの進化

政府による通貨独占は、イノベーションと実験をつぶすだけでなくインフレと品質悪化にもつながり、金融危機だけでなく格差も生む。ドミニク・フリスビーが著書『国家後の生活（*Life After the State*）』で指摘しているように、資金調達のチャンスは財務省を出発点に外へ向かってさざ波のように広がっていく。国はまだ存在さえしないお金を使い、特権階級の銀行は新たに鋳造された貨幣を最初に手に入れて、資産の取得原価が増大する前に投資できる。通貨が一般の人々に届くまでに、その価値は減っている。この外向きの伝播はカンティロン効果と呼ばれる——南海泡沫事件で、紙幣発行が発行元にいちばん近い人々に真っ先に利益をもたらしたことに気づいた、リチャード・カンティロン（リシャール・カンティヨン）にちなんだ呼び名である。フリスビーの主張によると、大きな政府による貨幣発行のプロセスは、実際には貨幣を貧困者から富裕者に再配分するという。「これは自由市場の働きではなく、政府の介入によって引き起こされる、予期せぬひどい経済のゆがみである」。

通貨どうしの相対的価値に関して、政治家がそれを自然に任せるのではなく、自分たちで決定したがる妙な執着に、私はずっと首をかしげてきた。とくにイギリスでは昔から、為替レートの誤った設定によって危機が起きている。一九二五年、財務大臣だったウィンストン・チャーチルがイギリスを間違ったレートで金本位制にもどしたため、いきなり景気が後退した。一九六七年、ジェームズ・キャラハンが抵抗したせいでポンドの切り下げが遅れた。一九九二年には、ノーマン・ラモントがドイツマルクとの固定為替レートに固執した。そしていうまでもなく、一九九九年に欧州連合が共通通貨というかたちのひどい策略を考案し、それが南ヨーロッパ諸国に失業、深刻な不景気、そして負債をもたらした。この執着はどういうことなのか？　政治家には価格を正しく決められないことを、なぜ私たちは学ばないのか？　歯磨き粉の価格が中央で決められることはない。であれば、なぜ通貨の価格をそうやって決めるのか？　フリスビーはこうも言っている。「この通貨と融資の制度は、規制のない自由市場ではなく、保護された縁故資本主義である。モラルに反し、きわめて不公正で、非常に危険である。利益を追求する者たちに食い物にされる」。

通貨発行に関して政府の独占を終わらせることがきわめて重要である。アメリカのロン・ポール下院議員が主張したように、自国の通貨が最も優良な通貨であると政府が自信をもっているのなら、競争を恐れてはいけない。「政府の不換ドルはアメリカの消費者、貯蓄者、そして投資家の利益のために、自由市場において別の通貨と競争するべきである」。イギリスのダグラス・カースウェル議員によれば、イングランド銀行の独占を排する権利を私たちが持てば、「イングランド銀行はわれわれの通貨を勝手にいじるのをやめる気になるかもしれない」。

昨今、新しいかたちの自律的通貨が次々と生まれている。航空会社のマイル、携帯電話のクレジット、ビットコインという具合だ。こういうものがそのうち公式の通貨に取って代わるのだろうか？

そうなるのではないかと、私は思う。ケニアは意外にも携帯電話マネーの開発で先を行っている。二〇〇〇年代初め、政府や業界の誰に促されたわけでもないのに、ケニア人は携帯電話の通話時間ポイントを一種の通貨としてメールで互いに融通しあうようになった。するとサファリコムやボーダフォンのような通信会社がそれに目をつけ、ユーザーに便利な仕組みにしようとした。そうして生まれた「Mペサ」のおかげで現在、人々は現金を携帯電話に振り込んだり、代理店経由で引き出したり、携帯電話どうしで送金したりすることができる。都会で働いて田舎の村にいる家族に仕送りをする人々に評判がよかった。いまやケニア人の三分の二がMペサを通貨として使っていて、この国のGDPの四〇パーセント以上が、この通貨で流れている。ケニアでは従来の銀行口座より、携帯電話を通じた貯蓄と支払いのシステムを利用する人のほうがはるかに多い。

ケニアのシステムが成功したおもな要因は、規制機関が締め出されていて、システムが進化するに任されていたことである。規制の動きがなかったわけではない。銀行はMペサをもっと規制するよう政治家に働きかけた。世界の他の地域では、生まれようとするモバイルマネーの息の根を高圧的な規制が止めてきた。しかし二〇〇八年のケニアでは選挙後に起きた暴動のさなか、携帯電話の口座のほうが現金よりはるかに安全に思われたため、このシステムはさらに人気が高まった。そしてすぐに採算の取れる規模に達した。つまり、参加して取引を行なうことが合理的であると考えられるほど、多くの人々がMペサを使っている状況になったのだ。ケニアの人々はMペサで賃金を払い、貯蓄商品を買い、ローンを組んでいる。

通貨にはおもに三つの機能がある——価値の保存、交換の媒介、そして計算の単位である。この三つはしばしば対立する。金《きん》は希少でさびないので価値の保存に適しているが、希少すぎて実際的な交換の媒介には向かない。かつて一部の地域でタカラガイの貝殻が通貨の一種として使われたが、それは非常に硬いうえに珍しいからだ。タカラガイ通貨の問題は、供給量が突然増える――タカラガイの新たな採集場所、つまり新たな宝の山が発見される――と、インフレになってしまうことだ。逆に、通貨として使われているものが別の用途に使われると、突然通貨が不足する可能性がある。イギリス海軍が船体を銅で覆うようになったとき、銅の価格が上がって、硬貨の価値より成分の銅のほうが高価になったため、人々はペニー硬貨を熔かしはじめた。

紙幣のような「不換」通貨ではこのような問題は起きないが、供給を抑制するのは、気まぐれに紙幣を印刷しないという国の約束だけであり、歴史上、国は借金を減らすためにその約束を一度ならず破ってきたため、破られることのない通貨政策のルールを決める方法の模索が続いている。通貨経済学者のジョージ・セルジンらが主張しているように、客観的尺度に照らすと、アメリカの連邦準備銀行が設立されてからの一〇〇年は失敗だった。連邦準備銀行が生まれた一九一三年以降、抑えようのないインフレ（それまでの一二〇年で八パーセントだったのに対し、それから一〇〇年で二三〇〇パーセント）が起こっただけでなく、壊滅的なデフレもあり、信用不安が増え、金融が不安定になり、不景気が長く深刻になっている。二〇〇八年の危機に対する連邦準備銀行の対応も、厳しい批判にさらされている。事実上、不良債権を救済しながら、流動性をもたらして支払い能力のある機関に助け舟を出すという、危急の策はほとんど取られなかったからだ――ウォルター・バジョットの提唱した最後の貸し手機能とは逆である。住宅価格の下落によって生じた比較的穏やかな景気後退を、連邦準備銀行がこの不手際な対応によって大不況にしてしまったと考える人もいる。全体として見ると、後世の人々は、経済にとっての連邦銀行は、一八世紀の医学における瀉血《しゃけつ》のようなものだと思うかもしれない。無用どころか有害だが、誰もそう言おうとしない。工場や病院や鉄道を中央政府がどう計画すべきかという問題と同じで、通貨制度を中央政府がどう計画すべきか、知る賢者などいないのだ。

通貨へのもう一つのアプローチは、ほかに用途がないのでどこかで急に需要が増えることはないが、希少性は揺るがないのでその価値が保たれると期待できる、「人工のもの」を見つけることだ。紙幣を印刷したあと、その石版をこれ見よがしに破壊すれば、ある程度この目的を果たせると、コンピュータが出現する前の時代には論じられていた。同じように、一九八〇年代のイラクでサダム・フセインが、スイスで原版を彫ってイギリスで印刷されたディナール札を発行した。しかし第一次湾岸戦争のあと、制裁措置のせいで通貨の供給を断たれた。そこでイラクで紙幣の印刷を始めたが、品質が悪く、簡単に偽造できるうえ、量が多すぎてインフレが起こった。しかしスイスでつくられたディナールも流通しつづけ、自国のものと価値が分かれるようになった。スイス・ディナールはもうつくられていないので、人々はこの紙幣を価値の保存手段と考え、紙幣は対ドルの価値を保っていた。

その後、ビットコインが登場した。暗号通貨《クリプト・カレンシー》の意味するところも近年のその進化も奥が深く、通貨というテーマをはるかに超えている。そこには、インターネットそのものの将来的な進化が垣間見《かいまみ》える。

# 第16章　インターネットの進化

従って、無よりは何ものも生じ得ず、ということを一とたび知るに至れば、ひいて忽ちわれわれの追及する問題、即ち、物はそれぞれ如何なる元《もと》から造られ得るのかということも、またあらゆる物は神々の働きによることなしに、如何にして生ずるか、という点もいっそう正しく認識するに至るであろう。

――ルクレティウス、『物の本質について』第一巻より

インターネットには中心も階層構造もない。それを使うコンピュータはすべて対等である。ひとつのネットワークのなかの「同輩」だ。スティーヴン・バーリン・ジョンソン（訳注　アメリカのポピュラーサイエンスライターでメディア理論家）が言うように、インターネットはボトムアップのシステムですらない。というのも、ボトムが存在するなら、トップも存在することになってしまうからだ。さらに、インターネットは誰が計画したものでもない。一つひとつは計画的なプロジェクトがたくさん足しあ

わされたもの——実のところ、掛け合わされたものである——だが、インターネットはひとつのものとして、設計もされず、期待もされず、予想もされずに、私の生きているあいだに出現した。ブログ、SNS、そして検索エンジンも、誰も予測していなかった。誰も管理していない。しかしインターネットは、ぐちゃぐちゃしているのは確かだが、カオス的ではない。秩序があり、複雑でありかつパターンを持っている。それは、複雑性と秩序が、設計者なしに自《おの》ずと、進化的なメカニズムにより分散的なかたちで出現する現象が私たちの眼前で起こった、現実の例である。

二〇世紀をとおして、ほとんどの人がコミュニケーション・テクノロジーをいかに悲観的に見ていたか、思い出してみるといい。ジョージ・オーウェルはラジオとテレビの未来に洗脳を見た。フリードリヒ・ハイエクは、『自由の条件』（西山千明・矢島鈞次監修、気賀健三・古賀勝次郎訳、春秋社）のなかで、私たちは「マインド・コントロールの技術的可能性が急速に高まる時代の入り口に来たばかりにすぎない」と考えた。

実際、二〇世紀の初頭、マスコミュニケーションの手段にはラジオと映画しかなかったころ、権力はたちどころに全体主義者へと移った。これらの技術は、ひとりの人間から大勢の人間に向かって物事を伝えるのに適していた。ハーヴァード大学のクリストファー・ケッズィーは、独裁者はごく少数の発信者がきわめて多数の受信者に語りかけるコミュニケーション・テクノロジーを好むと指摘している。電話やインターネットのような多対多の技術は、独裁政権を強化するよりむしろ弱体化させてきた。一九八八年東ドイツでカラーテレビを持っていた家庭が五二パーセントだったのに対し、電話を持っていたのはたったの四パーセントだったのは偶然ではない。インターネットが個人の自由を推進する力だということを疑う者はほとんどいないだろう。

インターネットを作った功績は誰のものかをめぐり、不毛な議論が長年続いている——政府なのか、民間産業なのか、ということだ。バラク・オバマは二〇一二年の演説でも述べていたとおり、「インターネットは自然に発明されたのではなかった。政府の研究がインターネットを生み出したのだ」として、少しも疑っていない。彼はこのとき、私たちが今日《こんにち》知っているインターネットという分散型のネットワークは、ひとつには、ペンタゴンが出資したARPANET（アーパネット）（訳注　ARPANETは、Advanced Research Projects Agency Networkの頭字語。米国国防総省の高等研究計画局、略称ARPAの資金提供で作られた通信ネットワークで、世界で初めて運用されたパケット通信ネットワーク）というプロジェクトとして始まったこと、そして二つめとして、ソ連の最初の攻撃で持ちこたえ、報復のために各地のミサイル基地にメッセージを送信できるものを何かつくりたいというのを主な動機として、ランド・コーポレーションのポール・バランが思いついた、パケット交換《スイッチング》という通信方式に依存していたという、二つの事実を指していた。だからこそインターネットのネットワークは分散型という性質を持っている、というわけだ。

そんなばかな、と、ほかの人々は言う。インターネットは単なるパケット交換以上のものだ。コンピュータ、コミュニケーション手段、ありとあらゆるソフトウェア、そしてその他の通信規約《プロトコル》がインターネットには必要で、政府支援の研究プロジェクトはその多くを民間企業から購入したはずだ。ともかく、アーパネットがインターネットの起源だと本気で言いたいなら、政府が三〇年間もその上にあぐらをかいたまま、一九九〇年代に事実上民営化するまでほとんど何もせず、民営化されたとたんに爆発的な効果をあげたのはなぜか、その理由を説明していただきたい。ありようを言えば、それよりはるかにひどい話だ。一九八九年まで、政府は個人的あるいは商業的な目的でアーパネットを使うことを実際に禁じていた。一九八〇年代MITで使われていたユーザー用ハンドブックは、「商業的利益もしくは政治目的のために電子メッセージをアーパネット上で送信することは、反社会的かつ違法である」と、釘を刺している。学者たちが、商業利用に反感を抱く政府のネットワークに依存していなければ、インターネット革命は一〇年早く起こっていたかもしれない。

まあいいさ、誰が研究に出資していたかは脇において、その人なしにはインターネットはけっして生まれなかったと思われる個人には、少なくとも称賛を与えるべきだろう。ポール・バランは、パケット交換という考え方を最初に思いついた。ヴィントン・サーフは、インターネット上で異なる多数のプログラムを走らせるのに不可欠なことが明らかになった、ICP／IPプロトコル群を発明した。また、サー・ティム・バーナーズ＝リーは、World Wide Webを考案、開発した。だが、ここにも問題はある。これらの間違いなく優秀な人たちが生まれていなかったとしたら、これらのもの――あるいはその等価物――が一九九〇年代に登場することはなかったのだろうか？　同時発明という頻繁《ひんぱん》に見られる現象について、そして、ある技術がいったん成熟すれば、次のステップのイノベーションは必然的に起こるということ（第7章参照）について、私たちが知っていることすべてを考え合わせれば、人々が、自分のハードドライブではなくてよそのノード（訳注　コンピュータ・ネットワークへの接続ポイント）に何があるかを見られるように、コンピュータを互いに接続する、広範に及ぶ開かれた手段が生まれることなしに二〇世紀が終わったとはとても考えられない。実際パケット交換――そして今私たちが使っているこの名称さえも――は、バランがたまたま思いついたほんの少しあとに、ドナルド・デイヴィスというウェールズ人が独自に思いついている。また、ヴィントン・サーフは、ＩＣＰ／ＩＰ発明の栄誉をボブ・カーンと分かちあっている。そのようなわけで、個人個人の貢献は当然称賛すべきとしても、彼らの作り上げたものは彼ら無くしてはこの世に登場しなかったはずのものだ、などという考え方をまともに取り上げるべきではない。そのころ生きていたのが誰であれ、インターネットに代わる何かが、名称も一部の手順も違うだろうが、今日存在しているはずだ。

インターネットの本当の起源は、優れた個人でも、民間企業でも、政府の資金提供でもない。それはスティーヴン・バーリン・ジョンソンの説得力ある論で示されているとおり、ほとんどヒッピーのような、そう、六〇年代カリフォルニアで連中が作ったコミューンと呼ばれる生活共同体のような、オープンソース（訳注　ソフトウェアの設計図に相当するソースコードを公開すること）でピアツーピア（訳注　接続されたコンピュータどうしに上下関係が存在しないネットワーク形態）のネットワーク構造なのだ。「デジタル時代を定義するものとなった種々の基盤技術の多くがそうであるように、インターネットは、自分たちの知的労働の成果を世界全体と自由に共有する、科学者、プログラマ、愛好家（そして少なからぬ起業家）の分散的なグループによって作り出された――そして、今も形成され続けている」。これらの人々は、金をもらったからではなく、自らそうしたかったから協力したのであり、知的財産などという考えはほとんど頭になかった。オープンソースの協業ネットワークが、今日インターネット――そして、インターネットにとどまらず、スマートフォン、株式市場、そして航空機も――が依存しているおびただしい行数のコードの大部分を生み出したのだ。私がこれを書くのに使っているコンピュータはUNIXオペレーティング・システムに基づいたものだが、このUNIXもコラボレーションで作られた。しかし、それは利益のためではなかった。私が執筆活動に伴う調べ物で使うウェブ・サーバーは、アパッチ・ソフトウェアで、これもまたオープンソース・プログラムだ。ジョン・バーローの言葉を借りるなら、これこそ「ドット－コミュニズム」である。ドット－コミュニズムは、共同の取り組みに貢献しながら、個人的な報酬を期待しない人々からなる、共有し分かちあうコミュニティだ。資本主義のアメリカで冷戦時代にできた軍産共同体のはらわたのなかから、「濃く、多様で、しかも非集中的なやりとり」の技術が出現し、共産主義政権がこれまでに成し遂げた以上にマルクス主義の理想に近いものを生み出しているとは、なんと素晴らしい皮肉だろう。

## ウェブの小国乱立化《バルカニゼーション》

しばらくのあいだ、私たちはみなインターネットの便利さを堪能した。クラウドソーシングをやり、ウィキペディアで調べ物をして、その結果私たちの生活を混乱させた。最も過激な輩《やから》、ジャーナリストたちは、ブロガー、ツイッタラー、そして素人写真家たちに取って代わられたと気づき、不快に思った。まともな調査ができるのはトップダウンのジャーナリズムだけだと彼らは言った。科学者たちは、同業者による査読後に出版されるという、厳《おごそ》かで不透明な従来のやり方に代わって、フォーラム上で彼らのアイデアが即座に、無礼なかたちで論じられることに慣れなければならなかった。政治家たちはツイッターでのいやがらせに耐えなければならなかった。

だが、やがて反撃が始まった。コラムニストのマシュー・パリスが、覗き見屋、検閲者、そしてウェブの番人と呼ぶ類《たぐい》のものがはびこりだした。キューバと中国では、インターネットへのアクセスは制限されたままだったが、ほかの国々でも少しずつ自由が制約されるようになった。最近になってわかったことだが、ロシアや中国とまったく同様にアメリカは、公安維持のために自国の市民をコンピュータ・ネットワーク上で躍起になって監視し、その事実について嘘をつき、同時に秘密裡に行なった法律解釈によって自らの行為を正当化していた。エベン・モグレンの言葉を借りれば、コミュニケーション革命が「民主的社会の本質をそこなう全体主義的な措置を強化する」ために使われていたのだ。アメリカ、ヨーロッパ、そしてアジアの各国政府のすべてが、お互いの市民の会話を自由に聞いていいと、暗黙のうちに合意していたことが明らかになったわけだ。これらの市民たちには、これが新しい取り決めですよ、などとは誰も教えなかったというだけのことである。

私たちがこうした一切合切を知ったのが、ジュリアン・アサンジやエドワード・スノーデンのような、当人にも問題がないわけではない内部告発者たちを通じてだったのは、おそらく不幸なことだ。なにしろ彼らは盗聴の内容を自ら暴露し（そして狭量《きょうりょう》な政権の情けにすがり）、国家の罪を一段と重くして、嬉々としているように見えることもままあったのだし。だが、覗き見する連中の情報漏洩を容認せず、同時に、政府が覗き見しているのを非難する、というのはまっとうなことだ。一九八九年の共産主義の崩壊で、欧米の各国政府が密かにかつ非寛容に行動する必要性は低下するのではないかと期待した人がいたとしたら、その人は今ごろひどく幻滅しているだろう。インターネットで私たちがやることを規制したいと望む政府そのものが、私たちのプライバシーを自由に侵害したいと願っているわけだ。スノーデンが暴露したように、イギリスでは一〇〇万人以上のウェブカメラユーザーが、政府のスパイ機関、GCHQ（政府通信本部）による情報漁りで密かに見張られていた。しかもこの情報漁りは、不正行為の疑いがあるという正当な理由もなしに行なわれたのだった。

権威主義者たちはいずれ敗れる運命にあるにせよ、システムの一部をトップダウンの領土に変えることには成功するだろう。いつも名の挙がるあの連中は、インターネット誕生の瞬間から、枠組、取締機関、多少の「秩序」を要求してきた。この戦争の重要な会戦のひとつが、知的財産に依存するハリウッドの巨大映画製作会社やその他のメディア企業の要求により二〇一一年に議会に提案された、オンライン海賊行為防止法案をめぐる攻防だ。超党派の支持が取り付けられ、また、いまだにインターネットの無政府状態に恐れを抱いている大きな政府の官僚組織から大いに推進され、この法案の成立は確実視された。ところが二〇一二年一月、まさかの土壇場《どたんば》での抵抗に遭った。何百ものウェブサイトが、法案に抗議して停止してしまったのだ。その結果、一週間のうちに法案の立法審議の延期が決定された。

だが、この戦争はまだ終わっていない。ウィキペディアのような組織までもが、権威主義に訴えたいという発作的な衝動に逆らえず、特定の話題に対して自分の偏見を押し付けることができる特権を持った編集者たちを指名した。動機はわからないではない――妙な見解を持つ、強迫観念に凝り固まった変わり者に、いろいろな項目のページが乗っ取られないようにしたいわけだ。だがもちろん、フランス革命やロシア革命と同じで、結局、変わり者たちが委員会のメンバーになってしまった。編集者になるには、ただたくさんのページを編集して、その結果信頼を得るだけでよかったのだから。編集者の一部が極端に偏《かたよ》った教条主義者となり、クラウドソーシングによる百科事典の価値は徐々に損なわれていった。ある評論家が言うように、ウィキペディアは「排他的で批判的な編集者たちによって運営され、いたずらや荒らし行為に無防備になっている」。議論の的になっていない項目について調べたいときには依然として、最初に訪れるサイトとして頼れるものの、多くのテーマでウィキペディアは信頼できないと私は思う。ある架空の戦争がインドのゴア州で起こったという話がでっちあげられ、ウィキペディアで五年間表示され続けたばかりか、アクセス数トップの項目のひとつとなり、賞まで取っているのだから。

　これは些《さ》細《さい》な例にすぎないかもしれないが、ウィキペディアがいかにクラウドソーシング型百科事典から逸脱して、より階層的で集中管理されたものになってしまったかを示す近年の多くの出来事のひとつだ。その一方でプロの広告会社はクライアントのために、ウィキペディアやネット全般に対する偏見を広めようと熱心に活動している。欧州連合司法裁判所が二〇一四年に下した、自分に関する昔の話を、たとえそれが真実でも、検索結果から削除するよう求めることを認めるという判決（訳注　いわゆる「忘れられる権利」）は、ありとあらゆる悪党にとって福音となった。

　さらにまた、とりわけ中国が国家ぐるみで行なっているような、本物の検閲がある。インターネットを検閲する国の数は増加の一途をたどっており、現在四〇カ国以上にのぼっている。ヴィントン・サーフが「許可不要のイノベーション」と呼ぶ伝統がインターネットの成功には不可欠なのだが、それが今、イノベーションはすべて許可を申請しなければならないと主張する、世界中の政府やでしゃばりたちからの露骨な攻撃に曝《さら》されている。国連の専門機関のひとつで一九三カ国が加盟する国際電気通信連合（ITU）は、インターネットに対する管理を拡大し、ドメイン名の登録に関する権限を持つようにし、たとえば匿名の使用を禁止する国際法を導入するよう、数カ国の政府から働きかけを受けている。私たちの多くが、インターネットで匿名のもとに口汚いコメントをする人物の正体が暴露されることを願っている一方で、抑圧的な政権の指導者たちも体制に反対する人々の素性が曝《さら》け出されるのを待ち望んでいる。ロシアの大統領ウラジーミル・プーチンは、ITUをとおして「インターネットに対する国際的な管理体制を確立すること」が自分の目標だと、かねてから公言している。二〇一一年ロシアは中国、タジキスタン、ウズベキスタンとともに、「情報セキュリティーのための国際行動規範」を提案した。

この問題は、二〇一二年一二月にドバイでITUの会合が行なわれた際に山場を迎えた。このとき、加盟国による投票の結果、八九対五五で提案は採択され、国連機関にインターネットに対する前例のない権力を与えることになった。規制の先頭に立ったのは、ロシア、中国、サウジアラビア、アルジェリア、そしてイランだ。多くの国がこの新しい国際電気通信規則に署名しなかったが、アメリカの連邦通信委員会委員長は、それでも世界中の言論の自由に対して深刻な損害が及ぼされたと主張し、その理由を、「インターネットを政府間管理の対象から外すものだと理解されていた、条約上のいくつかの重要な定義の意味を、規制賛成派勢力が変えることにすでに成功してしまったからだ」と説明した。彼は、ITUの「規制拡張に対する意欲はとどまるところを知らない」と述べている。

分散的なインターネットにも、かつてのソ連にあったような「中央委員会」はある――Internet Corporation for Assigned Names and Numbers（割り当てられた名前と数字のためのインターネット法人）、略称ICANNだ。立ち上げたのはアメリカ政府だが、今では他国の政府や国際団体と責任を分かちあっている。この法人はピカピカのオフィスと、ドメイン名を与える権限を持っている。

話の大筋としては、やがて進化の力が命令と規制の力の鼻を明かし、インターネットはすべての人に自由なスペースを提供しつづけるだろうことに関して、私は今も楽観的だ。だがそれはもっぱら、人間の独創性が、統制政策の一歩先を行きつづけるからである。インターネットの子孫のなかで、この先最も重要となるのは、政府に依存しないデジタル通貨だろう。ビットコイン、あるいはそのあとに登場する暗号通貨《クリプト・カレンシー》だ。「インターネットは政府の役割を縮小する大きな力のひとつになるだろう。今はまだ存在しないが、まもなく生み出されるであろうものが、信頼性ある電子キャッシュだ」と、ミルトン・フリードマンは述べた。そしてそれは電子キャッシュだけではない。最終的に、インターネットのみならず社会をも分散化できるのが、ビットコインの背後にあるテクノロジーだ。ビットコインが通貨としてまっとうに機能できるようにしている、ブロックチェーン・テクノロジーが、広範囲に影響を及ぼすのである。

## ブロックチェーンの奇妙な進化

話の発端は一九九二年、インターネットがまだ生まれようとしていたころに遡《さかのぼ》る。ティム・メイという裕福なコンピュータの先駆者《パイオニア》が、サンタクルーズの自宅に人々を招いた。ネットワークにつながったコンピュータに対して「暗号による手段」を使って、知的財産と政府のセキュリティーの障壁を破るにはどうすればいいかを議論するためだ。「立ち上がろう！　有刺鉄線を張った自分の柵のほかに失うものなど何もないさ」と、彼は集まった一同に話した。彼らは「サイバーパンクス」と名乗り、今後技術がどのようにして、自由にとって脅威と機会の両方になるかを予見した。世界を開放する機会となりうる一方で、国家が私たちの生活に侵入する機会にもなりうるわけだ。彼らはマニフェストでこのように宣言した。「われわれサイバーパンクスは、匿名のシステムを構築することに全力を尽くす。われわれは、匿名のメール転送システムによる暗号で、デジタル署名で、そして電子マネーで、われわれのプライバシーを守っている」。

自由主義者の共同体がえてしてそうであるように、サイバーパンクスのウェブコミュニティはすぐに、辛辣な言い争いと、罵倒の応酬で崩壊した。しかし、それまでのあいだにメンバーたちは、互いの頭のなかに何らかの面白いアイデアの火を点しあうことができた。このグループの主なメンバーは、アダム・バック、ハル・フィニー、ウェイ・ダイ、そしてニック・サボである。自己組織化する貨幣システムの諸問題に匿名で取り組むなかで、バックはハッシュキャッシュと呼ばれるシステムを発明し、ダイはb－マネーを思いつき、フィニーはリユーザブル・プルーフ・オブ・ワーク（訳注　プルーフ・オブ・ワークとは、「仕事による証明」の意。サーバ－クライアントシステムにおいて、クライアントを認証する場合などに使われるもので、サーバから要求される仕事をクライアントが行なってサーバに返すことによって認証を行なう方法。これを再利用可能にしたものがリユーザブル・プルーフ・オブ・ワーク）という重要なプロトコルを開発した。このテーマについて、最も長く歴史に残り、哲学的にも深く掘り下げたのはサボだった。コンピュータ・サイエンスの学位と法学の博士号を持っていた彼は、貨幣の歴史に深い興味を抱くようになり、このテーマで長い論文を書き、そのなかで、進化生物学者リチャード・ドーキンスが何気なく述べた、「金は、遅延型の互恵的利他主義の、公式なトークンだ」――つまり、金は他人の好意に対して、間接的に、しかも好きなときにお返しすることを可能にするという意味――というコメントについて、詳細に論じた（訳注　ここでトークン〔token〕とは、価値が量ではかれるとして、ある価値と同じ量の価値を表す、証拠となるものの意。英語のtokenは、しるし、証拠という意味のほか、記念品、形見、土産、表彰、合言葉、代用硬貨、商品券などの意味で使われている）。

『支払――貨幣の起源（Shelling Out: The Origins of Money）』と題されたこの論文は、貨幣は徐々に、かつ不可避的に進化したのであり、計画によって出現したのではないという事実を鋭くも認識していた。貨幣は貝殻、骨、ビーズなど、壊れにくいことで重宝された収集可能物に始まった。知られているように、古代人はこれらのものを収集していたが、それが次第に交換媒体という別の役割を担うようになった。物々交換を普遍化するためだ。サボはこの論文のなかで進化心理学のさまざまな考え方にことさら関心を寄せ、この分野の多くの著作物を引用している。二〇〇〇年代までには、彼はビットゴールドなるものについて考えをめぐらせていた。ビットゴールドとは、金《ゴールド》の特徴を真似た、想像上のソフトウェア製品だ。それは希少で手に入りにくいが、他人がそれと確認するのは容易で、そのため価値を蓄えるものとして信頼できる。明らかに彼は、現実の貨幣の進化における重要なステップをオンラインで再現する方法を考え出そうとしていたのだ。

数年が経過した。そして二〇〇八年八月一八日、金融危機が本格化する一月前、ある新しいドメイン名が匿名の人物によって登録された。bitcoin.orgである。二週間後、「サトシ・ナカモト（中本哲史）」というユーザー名を使う何者かが、ビットコインというピアツーピアの電子キャッシュ・システムの構想を概説する九ページの論文を公開した。ビットコイン・システムはその数カ月後に立ち上がった。イギリス政府が二度めの銀行救済を発表した日のことだった。サトシもビットコイン誕生を知らせる声明のなかで《タイム》誌の見出しを引用して、このことに触れた。一カ月ののち、サトシはP2P《ピアツーピア》ファウンデーション（訳注　アムステルダムに拠点を置く、ピアツーピアのテクノロジーと思想が社会に及ぼす影響を研究する組織で、ピアツーピアのプロセスを既存の社会・経済的、文化・政治的秩序のなかで開発する人々のためのネットワーキング・サイトとなっている）のウェブサイト上で、このように宣言した。「私は、ビットコインという、新しいオープンソースP2P電子キャッシュ・システムを開発しました。これは完全に分散的で、セントラル・サーバーも信頼できる第三者機関（訳注　電子認証において電子証明書の発行などを行なうための、信頼性を持った機関）もありません。なぜなら、すべてのことが信頼ではなくクリプト・プルーフに基づいているからです。ぜひ使ってみてください。あるいは、スクリーンショット（訳注　動作画面例）とデザイン・ペーパーをご覧ください」。彼の動機は明らかだった。ビットコインは、貴金属による支えもなく、一元化された発行者もなく、内在的価値もなしにその価値を維持できるよう設計されていた。サトシは、「中央管理された通貨の、予測不可能なインフレーション・リスクを逃れましょう！」と、ユーザーたちに呼びかけた。

ビットコインがいかに機能するかを理解するのは難しい。私がこれまでに見つけた最も簡潔な説明のひとつが、イーサリアムという、ビットコインの後継となることを目指して構築されたシステムが最近の発表で使ったものだ。「サトシが提供したイノベーションは、多数のトランザクションを結び付ける、プルーフ・オブ・ワークを通してシステムに参加する権利を獲得するノードに基づいた、きわめて単純な分散型合意プロトコルを、一〇分ごとにひとつの〝ブロック〟へとまとめあげ、成長の一途をたどるブロックチェーンを作り出すというアイデアです」。何のことかわからないとお思いだろうが、それはあなたに限ったことではない。数学的にはきわめて明確なブロックチェーン・テクノロジーだが、これを普通の言葉でどう説明すればいいのか、私もまだわかっていない。大筋では、ビットコインは実質的には公開式の台帳《レジャー》なのだと私は理解している。世界中のビットコインユーザーが記録した、トランザクションの一覧表だ。参加するためにあなたは、要するに、その台帳のひとつの部分を作り、それをほかの人々と、暗号によって結び付けられたひとつの「ブロック」として分かちあう、ということをやるわけだ。これによってビットコインは、銀行も、その他の事実を検証する機関もなしに、誰がどれだけの価値を誰に移したかを記録する絶対確実で公共の登録簿《レジスター》となるのである。

サトシ・ナカモトというのは本名ではない。ビットコインの創設者、もしくは創設者たちは、匿名にとどまることを望んだ。理由はきわめて明らかだ。これまでに私的な貨幣を発明した者たちは、警戒の目を怠《おこた》らない国家とのあいだにしばしば厄介な問題を起こしてきた。たとえばバーナード・フォン・ノットハウスは一九九八年から、金《きん》で作った「リバティー・ドル」という貨幣をおおっぴらに鋳造し、売っていた。それが要は偽ドルだということを少しも隠し立てせずに。彼は、公式通貨の代替となる価値保存手段を提供したわけで、フェデックスが郵政公社と競合しているのと同じように、連邦準備銀行と競合しはじめた。アメリカ合衆国連邦政府は一一年間これを黙認したあげく、突然、彼を強制捜査し、逮捕して、偽造、詐欺、そしてアメリカに対する陰謀のかどで起訴した。彼の顧客がだまされたわけでもなく、不満だったわけでもないのに、彼は有罪判決を受けた——実質的には、連邦政府と張り合ったからという理由で。また、カリブ海を拠点にダグラス・ジャクソンという癌《がん》専門医が運営していた、イー・ゴールドというデジタル支払システムがあった。これは取引高一五億ドルまで急成長したところで、違法な送金を放置しているという理由で閉鎖された。政府は自分がコントロールできる範囲外の貨幣に対して、親切には振る舞わない。そんなわけでビットコインの創始者は匿名を固守しているのだ。

## 謎の創始者

サトシ・ナカモトとは誰なのか？　二〇一四年三月、ロサンゼルスの近郊に住む六四歳の日系アメリカ人プログラマ、ドリアン・サトシ・ナカモトを特定した《ニューズウィーク》誌は、ビットコインの創始者を突き止めたと確信していた。失業中で健康状態も悪く、英語も達者ではないドリアンは、寝耳に水の話に困惑し、自分はビットコインとは何の関係もなく、そんなもの何なのか全然わからないし、「ビットコム」じゃないかと思ったぐらいだと抗議した。そして至極《しごく》まっとうに、匿名でいたいならなんで本名の一部を使うのかと反問した。まもなく当のサトシが沈黙を破り、自分はドリアンではないとウェブ上で（匿名のまま）発表した。

本物のサトシは、日本人の名前とドイツのウェブ・アドレスを用い、多くのイギリス風言い回しや英文の文献を引き、書き込みのタイミングから見て、アメリカ（東海岸）時間で暮らしている。彼がまったく関係していないと思われる唯一のハイテク地域が北米の西海岸で、そこにはニック・サボが住んでいる。彼の文体、癖、推定年齢と活動パターンを法科学的に分析した結果から、ドミニク・フリスビー（訳注　イギリスの経済誌《マネー・ウィーク》に記事を書いている個人投資家で金《きん》や商品投資の専門家）

ら――バーミンガム大学の四〇名の法言語学者からなるチームを含めて――は、サトシ・ナカモトはおそらくニック・サボだという結論に達している。いつもはあちこちでたくさんの発言をしているサボが、サトシ・ナカモトが活発な時期には妙に静かになり、その逆のことが起こっているのも疑わしい。しかしサボはツイッターで、自分はサトシではないと表明している（彼とハル・フィニーが協力してサトシの名のもとに発言し、互いに嫌疑を否定できるようにしているのではないかと考える者たちは依然として存在する）。サボ自身は、素性を明かさぬよう注意深く振る舞っている。ネット上で彼の写真を見つけることはできない。

正体が誰であれ、「サトシ・ナカモト」はコンピュータ・プログラミングと経済の歴史に精通している。これは珍しい取り合わせだ。ビットコインが、私たちが生きている時代の最も重要な発明のひとつであることはほぼ間違いない（だが、もしもサトシが存在しなかったならビットコインは発明されぬままだったかどうかは疑わしい。誰かほかの人物が、何らかの形の自己承認する貨幣を思いついていたはずだ）。ビル・ゲイツはビットコインの発明を偉大な業績と呼ぶ。これまでのところビットコインは、ハッキングすることも不可能で、通貨システムとしてほぼ理想的な特徴を備えており、自己管理的で、水増しすることもできず、国家の権力が及ばないところにある。それまでの電子通貨のすべてが悩まされた問題を、ビットコインは解決する。つまり、誰かがあなたに送っているお金は、同時に他の人間に送られてはいないことを確実にするために、第三者が必要だという問題だ。銀行は送金に対してこれを行ない、政府は硬貨と紙幣の発行数を制限することでこれを行なっている。ビットコインは、「同じお金が二カ所に送られている場合には最初に確認された取引だけを処理する」という処置を確実にすることによって、二重支払を防止する。

ビットコインの「鋳造《ミンティング》」工程は、「採掘《マイニング》」と呼ばれるプロセスを擬して作られている。個々のコインは、それまでのコイン発行で作られた一連の暗号——ブロックチェーンと呼ばれる——に、難しいパズルをコンピュータが必死に働いて解くことにより作られる、新しいブロック一個を加えたものでできている。本書執筆時において、約一三〇〇万個のビットコインが流通しており、その数は二一〇〇万個を超えることはけっしてないような仕組みになっている。ビットコイン製造のペースは四年ごとに半減し、二二世紀中ごろには総供給量が上限に達して発行は終了するはずだ。

ビットコインは、ポンドやドルと同じように売買することができる。二〇一三年のキプロスの財政危機の直後、ビットコインの価格は跳ね上がった。キプロス政府が、一〇万ドルを超えるすべての預金の四〇パーセント以上を差し押さえると発表したため、個人預金者たちが、自分のお金は銀行に預けておいても安全ではないのだという事実に目覚めたのだ。世界中の投資家たちが政府の権力の恣意性を改めて認識したおかげで、ビットコインの価格は二〇一三年九月の約一二〇ドルから同年一二月には一二〇〇ドルに急騰した。それ以降は徐々に値を下げている。

本書執筆時において、約六〇億ドルに相当する金がビットコインで保持されている。だが、ビットコインが世界の準備通貨（訳注　各国の通貨当局が対外決済準備として保有している外国通貨）の座を奪うまでにはまだまだ長い道のりがある。そもそもまだ勘定単位としても機能していない。ビットコインの不安定さとバブル的な振る舞いを見れば、とても世界の準備通貨にはできないし、供給量が比較的少ないのもネックだ。それに今なお、トレーダーにビットコインを受け入れさせるのは、オンラインでも難しい。最初のビットコイン交換所、マウントゴックスは、たび重なる詐欺で崩壊した。そのうえ、ビットコインは麻薬の売人たちにたいへん人気があり、とりわけ、シルクロードというオンライン交換所を通して、密売人らによく使われていることが明らかになった。当局はシルクロードに侵入し、何人もの犯罪者を逮捕した（『プリンセス・ブライド・ストーリー』の登場人物の名を借りて、自らドレッド・パイレート・ロバーツと名乗り、オーストリア＝ハンガリー二重帝国の経済学者、フォン・ミーゼスを引用する二九歳の落第生も含めて）。これら諸々《もろもろ》の事実があって、ビットコインの電子台帳としての評判は傷ついてしまった。

そんなわけなので、あまり期待したり、ビットコインは未来の貨幣の決定版だと結論したりしないほうがいい。それはむしろ、何かの始まりのようなものだ。そして、暗号通貨が進化するであろうことは間違いない。ダラム大学でファイナンスを専門としているケヴィン・ダウド教授が言うように、「不況は毎回、より弱いサイトを排除し、ほかの者たちに何を避けるべきかを教えることによって、進化圧として働く。ひとつが倒れ、新しいものがそれに取って代わるだろう。シルクロード2．0がすでに登場し、活動している」。

ドミニク・フリスビーが述べているように、これまでのビットコインの進化がカオス的で無計画かつ有機的であるのみならず、それを取り巻く人々も「コンピュータの天才から詐欺師や経済学者まで、日和見《ひよりみ》主義者から利他主義者や活動家まで種々雑多な、ありとあらゆる連中が入り混じっている」。それにもかかわらず、何の後ろ盾もないビットコインが、内在的価値と呼べるようなものは何も持たぬまま、今日までに世界のなかでどれだけのことを成し遂げたかは注目に値する。これは、未来のオンライン暗号通貨にとって良い兆しだ。ビットコインと競争するライバルとなるオンライン暗号通貨――アルトコインと呼ばれる――は、現在すでに三〇〇以上存在しており、ビットコインに並ぶマーケット・シェアを獲得したものはまだないとはいえ、それは単に時間の問題かもしれない。

分散的な暗号通貨がほんとうにうまく行きはじめたらどんなことになるか、想像してみてほしい。人々が自分の貯蓄を暗号通貨に変えはじめ、金融業者が暗号通貨ベースの面白い商品を提供しはじめたなら、政府は自分が操作する余地があまりなくなってきたと気づくだろう。政府がむやみに資金を借り入れたり、強欲に課税したり、国の通貨が（たとえば）ビットコインに対してどんな立場になるかを気にせずに好き放題浪費することはできなくなるだろう。フリスビーは、国は生産ではなく消費に課税せざるを得なくなり、インフレーションはシステムから排除されるだろうと考える。とりわけ、世界の富がひとつの産業に集中してしまった元凶たる歪《ゆが》みは正され、大手銀行は廃業に追いやられるだろう。サトシ・ナカモトはビットコインを、「われわれがちゃんと説明できれば、自由主義的な観点から非常に魅力的なもの」だと位置づける。ナシーム・タレブは、「ビットコインは政府なしの通貨という、すごいものの始まりだ。これは必要かつ不可避なものだ」と言う。ケヴィン・ダウドは、ビットコインは「自然発生的な社会秩序の出現という、深い問題を提起する……それは、通貨制度のなかで政府が担える役割がもはや存在しない、暗号ベースの無政府社会だ」と述べる。ビットコインの開発者のひとり、ジェフ・ガルジックはそれを、「インターネット始まって以来最大の出来事――われわれの生活のあらゆる領域で変化を促すもの」と呼ぶ。

## みんなのためのブロックチェーン

この人たちは、なぜこんなに盛り上がっているのだろう？　それは、ビットコインの背後にある「ブロックチェーン」テクノロジーは、まったく新しい、巨大なテクノロジーの構成要素になるかもしれないからだ。この新たなテクノロジーはインターネットそのものと同じぐらい大規模で、商業の大部分から中間業者を追い出し、私たちが今よりはるかに自由に、仲介業者を通すことなく、商品やサービスを世界中の人々と交換できるようにしてくれる、イノベーションの波だ。それは、銀行、政府、そして企業や政治家さえも、不要にしてしまい、社会そのものを徹底的に分散化しうる。

ツイッターのライバルで、ブロックチェーンを使い、完全にピアツーピアのネットワーク上で構築されている「ツイスター」を例に見てみよう。もしもあなたが独裁政権のもとで暮らしているとしたら、あなたの政府に批判的なメッセージをツイッターで送れば、政府がツイッター社にあなたが登録している詳細な情報を渡せと強要しても、あなたは無防備でなすすべがない。ツイスターなら、そんな危険は起こりえない。また、ネームコインという、ビットコインにＤＳＮ機能（訳注　インターネット上のドメイン名とコンピュータのＩＰアドレスを対応させる機能）を付加し、非集中的なピアツーピア方式でインターネット上のドメイン名を発行しようとするシステムもある。分散型クラウド・ストレージサービスのＳｔｏｒｊ《ストージ》は、ブロックチェーンのなかに隠したファイルをクラウド上《クラウド・ストレージ》で保存できるようにしようと計画している。そしてイーサリアムは、マシュー・スパークスによれば、「暗号で記述できる文字どおりすべてのものに取って代わるために設計された」分散型ピアツーピア・ネットワークだ。フランス国立科学研究センターの研究員でデジタル・テクノロジーが専門のプリマヴェーラ・デ

・フィリッピは、イーサリアムやその同類について、「スマート契約」を構築しつつあり、いったんブロックチェーン上で展開されれば、「もはや自らの創造者を必要としない（あるいは、気にかけない）、分散型の自律的な組織」を実現すると見ている。

言い換えれば、自動運転の車のみならず、所有者のいない会社もつくってしまえ、ということだ。将来、運転手がいないのみならず、人間ではなく、ひとつのコンピュータ・ネットワークの所有物であるタクシーを呼ぶところを想像してみてほしい。そのネットワークそのものが、その「本社」がネットじゅうに分散しているにもかかわらず、資金を調達し、契約を結び、配車を受注したのだ。それは分散的で進化する、自律的なシステムの勝利を意味する。オンラインでビットコインを保管するオンライン・ウォレット、ブロックチェーン・ドット・インフォ（Blockchain.info）のアンドレアス・アントノポロスの言葉を借りれば、それは「規制が達成できなかったことを、ソフトウェアが達成した」ことを意味する。彼は、中央集権的なシステムとは違って、分散的な機構は回復力があり、堕落しにくいと言い、「中枢部がないので、堕落をもたらす機会が生じるような余地がない。これは、人類の自然な進歩だと思う」と述べている。

急進的な自由主義の夢想家たちの話に、私があまりに軽率に信頼して聞き入っているとみなさんは思われるかもしれない。おそらくそのとおりだろう。何か大きなものが近づいているという私の自信の源《みなもと》は、本書でここまでご説明してきた、人間の行動の結果ではあっても、人間が計画した結果ではない、諸々のシステムが進化してきたという証拠にある。言語や政府と同じくらいラディカルなものがインターネットから出現しつつある。役人、弁護士、政治家、実業家は、自分たちが余剰人員として不要になってしまうことを察知し、一致団結してこれを阻止しようとして、一時的には成功するかもしれない。しかし、進化というものが持つ、冷酷で不可避で無慈悲な性質が、最終的には彼らを打ち負かすだろう。私たちが望むと望まざるとにかかわらず、テクノロジーはいかに進化するかを思い出してほしい。

## 政治を再進化させる

政治を例に見てみよう。すでに今の段階で、インターネット革命はいたるところで巨大なものの基盤を揺るがせている。インターネットは万人をジャーナリスト兼政治家に変え、顧客を最終責任者にし、慈善であれ、事業であれ、政治活動であれ、普通の人が並外れたことをするのにかかるコストを下げる。その独創性と破壊力に満ち満ちた攻撃の前に、大企業が倒れている。国家の巨大な官僚制度の抵抗も長くは続かない。型破りな英国下院議員ダグラス・カースウェルが、「インターネットが触れるものはすべて変貌する。参入障壁は崩壊する。既存の業者は機敏な新興企業との競争にさらされる。政治においても同じだ」と言うとおりである。カースウェルは、e‐デモクラシーは急激かつ容赦なく古い政治のやり方を変えており、政党が管理し官僚制によって成り立っていた伝統を、新たに出現しつつある急進的な可能性――公開予備選挙から即時国民投票まで、地方自治体の一般参加型予算編成からオンライン・リコールまで――へとすげ替えていると述べる。「われわれの民主主義のなかの、何か素晴らしくクロムウェル的なものを呼び覚ましたのだ」と。私たちを行き詰まらせ、虐げる、「大きな政府」というモデルは、単にコスト面でやっていけないだけではなく、ますます実際的でなくなってきている。個人と企業がお上《かみ》のいろいろな所管の境界線を易々と越えて渡り歩ける世界――ガチョウが税務署に羽をむしられるのをおとなしく待っていたりはしない世界――では、公共財政において無駄な浪費を正当化することはますます難しくなるだろう。そして、暗号通貨が広く入手可能になれば、そうなるのはいっそう確実だろう。

カースウェルはあなたが、つまり市民が管轄する世界を予想している。それまで「あらゆる場合に適用する一つの汎用政策」を命じてきた役人たちは、あなたから言われたとおりにしなければならなくなる。選挙で選ばれた政治家たちは、以前は、四、五年に一度しかあなたの指示を仰がなかったが、この連中も同じ運命だ。カースウェルはこのように述べる。「デジタル革命は、このエリートによる専制政治に対するクーデターだ。それは、他人のアイデアを古物商のごとく売ってもうけているこの連中を転覆させる」。二〇〇九年、保守党のダニエル・ハナンが欧州議会で立ち上がり、英国首相ゴードン・ブラウンを気の毒にも三分間にわたって厳しく批判したとき、主要メディアは最初これを無視した。しかし、この演説は数分のうちにユーチューブで見る見る広まり、再生回数が一〇〇万回を超えると、主要メディアも追随しないわけにいかなくなった。案の定、イギリスの経済・文化誌《ニュー・ステーツマン》の編集者ピーター・ウィルビーは、インターネットは質の管理がいかに不足しているかがこの出来事で明らかになったと述べたが、これは、インターネットには彼のような人々によるチェックというフィルターがないという意味だ。今ではインターネットは、多くの人々の知恵によってチェックされ、フィルターをかけられている。

カースウェルは、この数十年で政治は着実に中央集権化が進んでいると指摘する。だが、このトレンドの逆転が始まっている兆候も見られると彼は考えている。国家は国のなかで作られる金をますます多く摑み取り、その金を、中央で解決策を練ることに、そして創造説を政治において実践するのに費やしてきた。これによって権力は選挙で選ばれない役人たちに移り、選挙で選ばれた議員たちは骨抜きにされた。イギリスの法律の五分の四が、今では選挙で選ばれない終身公務員によって起草されている。これらの公務員の仕事は、政策の実行から作成へと移行したわけだ。選挙で選ばれた議員のうち、影響力を持つ者たちは、政府の中枢部の周囲で小さな取り巻き集団をなしており、一九九〇年代に政策と政治を集中的にコントロールする体制を固めたのが、スピンドクター（訳注　自分の立場を有利にするために行なう情報操作に長けた人のこと）と呼ばれる人物たちだ。そして、現状を好む偏った見解を持ち、新しいものは用心深く信用せず、エリート的な思い込みにまみれた政治システムがイノベーションを目指すすべての試みを阻止する、ほぼ完璧な構造ができあがっている。

だが、状況は急速に変化しつつある。伝統的な政党は、もはや人々の政治的ニーズに合わない。供給業者を変えたり、まっとうなサービスを要求したり、オンラインで瞬時に情報を得たり、クリックひとつで靴を買ったり、市民としてますます良い経験を重ねている人々は、政府の管理下に置かれてひどい仕打ちを受けていることにどんどん不満を募らせている。いったいどうして、問い合わせの答えを何週間も待たねばならないのか？　ウェブサイトはどうしてこんなに横柄でなければならないのか？　何かを申し込むとき、必要項目記入のページはどうしてこれほど使いにくいデザインでなければならないのか？　サービスの料金は、どうしてこれほど不透明でなければならないのか？　法律はどうしてこれほど融通が利かないのか？　デジタル革命がもたらした、公共サービスを「超‐個人向け」にする可能性は、とても大きい。一人ひとりの子どもの教育予算は親に任せよう。個々の患者に、自分の医療予算を任せよう。あいだに介在する官僚を排除しよう。

デジタル・デモクラシーは、冷戦の終結が共産主義を揺るがしたのと同じぐらいラディカルに政府を揺るがしうる。これまでのところ、デジタル・テクノロジーの影響は、政府の業務や生産性にほとんど何の影響も及ぼしていない。それどころか、公共サービスの生産性は下がっており、上がってなどいない。考えてみると、これはほんとうに驚くべきデータだ。コンピュータにスマートフォン、そして、インターネットの格安のコミュニケーションと無限の資源が自分のオフィスにも到着しているにもかかわらず、役人たちが自分らの生産性を向上させることを巧みに回避しているということか？　いったいどうしてそんなことができたのか？　激震の訪れるのはもうすぐだ。政治を進化させよう。

# エピローグ　未来の進化

二〇世紀の物語には、語り方がふた通りある。一連の戦争や革命、危機、伝染病、財政破綻《はたん》について述べることもできる。あるいは、地球上のほぼすべての人の生活の質が、ゆっくり、しかし確実に向上した事実を示すこともできる。所得は増え、病気は打ち負かされ、寄生虫は一掃され、欠乏はなくなり、平和の持続期間はしだいに長くなり、寿命は延び、テクノロジーは進歩した。私は後者の物語で本をまる一冊書き上げ、そうするのがなぜ独創的で意外に思えるのか、首を傾《かし》げた。世界がかつてないほど、はるかに、はるかに良い場所になったことは、どこから見ても歴然としていた。それにもかかわらず、新聞を読むと、私たちはこれまで災難から災難へとよろめき進んできて、避けようもないさらなる災難に満ちた未来に直面しているかのように思えてくる。学校の歴史のカリキュラムを眺めると、過去の災難、そして未来の危機ばかりではないか。楽観と悲観がこのように奇妙なかたちで背中合わせになっている状況に、私はどうしても納得がいかなかった。悪いニュースを果てしなく提供する世界で、人々の暮らしは良くなる一方なのだ。

今ではそれが理解できた気がする。そして、その理解を深めるのが、本書の目的の一部だった。私の説明を、この上なく大胆で意外な形にまとめるとこうなる。悪いニュースは、歴史に押しつけられた、人為的で、トップダウンで、意図的な物事にまつわるものだ。良いニュースは、偶発的で、計画されておらず、創発的《そうはつ》で、徐々に進化する物事にまつわるものだ。うまくいくのはたいてい、意図されていないことであり、うまくいかないのはたいてい、意図されたことだ。二つのリストを挙げよう。第一のリスト——第一次世界大戦、ロシア革命、ヴェルサイユ条約、世界大恐慌、ナチス政権、第二次世界大戦、中国革命、二〇〇八年の金融危機。これらは一つ残らず、意図的な計画を実施しようとする比較的少数の人（政治家、中央銀行総裁、革命家など）による、トップダウンの意思決定の結果だ。第二のリスト——世界の所得の増加、感染症の消滅、七〇億人への食料供給、河川と大気の浄化、富裕な国々の大半における再植林、インターネット、携帯電話を使ったバンキング、遺伝子指紋法を利用した、犯罪者に対する有罪判決と無実の人に対する無罪判決。これらは一つ残らず、偶然で予想外の現象で、こうした大きな変化を引き起こす意図のない無数の人々によってもたらされた。興味深いことはすべて漸進的《ぜんしんてき》に起こり、過去五〇年間、人間の生活水準の統計値における主要な変化のうち、政府の措置の結果はほとんどないと、選挙学者のサー・デイヴィッド・バトラーは言っている。

もちろん、その逆の例も見つかる。ある個人あるいは機関が計画に従って格別すばらしいこと（月面着陸は？）をしたり、ある創発的現象がなんとも悲惨な結果（過剰な衛生管理の結果起こったアレルギーの発生や自己免疫疾患は？）になったりする場合だ。だが私は、その数はそれほど多くはないと思う。悪いことをしながら、良いことが進化するのに任せるというのが、これまでずっと歴史の主要なテーマだった。だからこそ、ニュースは悪いことがなされているというものばかりであるのに、悪いことが終わると、非常に良いことが思いがけず起こっていたのに私たちは気づくのだ。良いことは徐々に起こる。悪いことは突発する。そして何より、良いことは進化する。

そうは言っても、これは馬鹿げた誇張だという人もいるだろう。世の中は、デザインされ、計画され、意図され、しかもうまくいくこと、うまく機能するもので満ちあふれている、と。だが、秩序あるものがあっても、それがデザインされたことにはならない。たいていそれは、偶然の試行錯誤を通して現れ出てきたのだ。秩序を制御と同一視することには、相変わらず直感に強く訴える力がある、とブリンク・リンゼイは指摘している。「計画されていない市場が明らかに成功を収め、インターネットの非中央集権的秩序が目覚ましい台頭ぶりを見せ、『複雑性』の新しい科学と、それによる自己組織化システムの研究が広く知られているにもかかわらず、中央の権威以外の選択肢は混沌しかないとばかり、多くの人が依然として思い込んでいる」。

私が今、本書の文字を打ち込んでいる、このすばらしいノートパソコン、マックブックエアーのような美しいデザインの典型的な例でさえ、じつは進化の過程の結果であり、その過程では、何千もの発明家の仕事がまとめ上げられているばかりか、無数のデザイン候補が篩《ふるい》にかけられ、このバージョンが選ばれ、それからようやく市場に出されて、消費者に選ばれるか退けられるかを問うことになったのだ。これを含め、アップルの卓越したデザインの多くはサー・ジョナサン・アイヴの功績とされ、それはもっともな話であることは確かなのだが、シリコンチップやソフトウェア、陽極酸化処理をしたアルミケーシングといった構成要素や部品は、ほかの発明家に由来する。それらを選び、組み合わせる過程は、ボトムアップだった。このノートパソコンは、創造されたのと少なくとも同じ程度まで、進化したのだ。

プロローグで論じたように、一八五九年にチャールズ・ダーウィンが概説した自然淘汰による進化の理論は、本来、進化の「一般理論」と区別して、進化の「特殊理論」と呼ばれるべきだ。この発想を与えてくれたのが、進化とイノベーションの両方の専門家であるリチャード・ウェブだ。彼の言わんとしていることを、私は本書で詳しく説明しようと試みた。すなわちそれは、歴史の弾《はず》み車《ぐるま》は組み換えによってイノベーションが推進される、試行錯誤を通した漸進的な変化であり、これは遺伝子を持つものだけでなく、それよりもはるかに多くの種類のものに当てはまるということだ。これは、道徳、経済、文化、言語、テクノロジー、都市、企業、教育、歴史、法律、政府、宗教、金銭、社会における変化が起こる、主要なかたちでもある。上から変化をデザインするという考え方に取り憑かれた私たちは、あまりにも長いあいだ、下から推進される自然発生的で、有機的で、発展を促す変化の力を過小評価してきた。だから、一般進化理論を受け入れてほしい。万物が進化することを認めてもらいたい。

二一世紀にも、おもに悪いニュースの衝撃が幅を利かせるものの、おもに良いことが目に見えないかたちで進展すると思ってまず間違いないだろう。漸進的で否応《いやおう》がなく、避け難い変化が、物質的進歩と精神的進歩を私たちにもたらし、私たちの孫の生活をより豊かで、健康で、幸せで、賢く、清潔で、優しく、自由で、平和で、平等なものにしてくれるだろう——ほぼ全面的に、文化の進歩に伴う偶然の副産物として。だがその過程で、壮大な計画を持った人々が痛みや苦しみを引き起こすことだろう。

特殊創造説の支持者への称賛を多少なりとも控え、万物の進化を奨励し、称えようではないか。

# 謝辞

本書は何年も、いや、もしかしたら何十年も温めてきたものなので、そのあいだに私にインスピレーションや思考の糧《かて》をくださったすべての人に感謝するのは不可能だ。私が常々指摘しているように、人間の思考の本質は、それが分散型の現象で、人間の脳の内側ではなく、脳と脳のあいだに存在しているということにある。私は知識の巨大なネットワークのひとつのノードに過ぎず、進化する摑みどころのない実体を、とても十分とはいえない言葉で捉えようとしているだけだ。これは、本書に何らかの誤りがあった場合、その責任を私以外の誰かに帰するという意味ではない。

とはいえ、自分の考え、提案、警告、時間を、快く提供くださった多くの方々には、特別に感謝を申し上げておかねばならないと思われる。それには次に挙げる人々が含まれるが、これで全員ではない。ブライアン・アーサー、エリック・ベインホッカー、ドナルド・ブードロー、カロル・ブードロー、ジョバンニ・カッラーダ、ダグラス・カースウェル、モニカ・チェイニー、グレゴリー・クラーク、スティーヴン・コラレッリ、ジョン・コンスタブル、パトリック・クレーマー、ルパート・ダーウォール、リチャード・ドーキンス、ダニエル・デネット、メグナド・デサイ、ケート・ディスティン、バーナード・ドノヒュー、マーティン・ダーキン、ダニー・フィンケルシュタイン、デイヴィッド・フレッチャー、ボブ・フランク、ルイス＝ヴィンセント・ゲーヴ、ハーブ・ジンティス、ハネス・ジシュラーソン、ディーン・ゴッドソン、オリヴァー・グッドイナフ、アンソニー・ゴットリープ、ブリジット・グランヴィル、ジョナサン・ハイト、ダニエル・ハナン、ティム・ハーフォード、ジュディス・リッチ・ハリス、ジョー・ヘンリッヒ、ドミニク・ホブソン、トム・ホランド、リディア・ホッパー、アヌラ・ジャヤスリヤ、テレンス・キーリー、ハイペリオン・ナイト、クワシ・クワーテン、ノーマン・ラモント、ナイジェル・ローソン、李鉅威、マーク・リトルウッド、ニクラース・ルンドブラッド、ディアドラ・マクロスキー、ジェフリー・ミラー、アルベルト・ミンガルディ、スガタ・ミトラ、アンドリュー・モントフォード、ティム・モントゴメリー、ジョン・モイニハン、ジェシー・ノーマン、セリーナ・オグレイディ、ジェリー・オルストルム、ジム・オッテソン、オーウェン・パターソン、ローズ・パターソン、ベニー・ペイザー、ヴェンカトラマン・ラマクリシュナン、ニール・レコード、ピート・リチャードソン、アダム・リドレー、ラッセル・ロバーツ、ポール・ローマー、ポール・ルーシン、デイヴィッド・ローズ、ジョージ・セルジン、アンドリュー・シューエン、エミリー・スカーベック、ビル・ステイシー、ジョン・ティアニー、リチャード・トウル、ジェームズ・トゥーリー、アンドリュー・トランス、ナイジェル・ヴィンソン、アンドレアス・ワグナー、リチャード・ウェブ、リンダ・ウェットストーン、デイヴィッド・スローン・ウィルソン、ジョン・ウィザロー、アンドリュー・ワーク、ティム・ウォーストール、クリス・ライト――そして、ほかにも大勢の人々に助けていただいた。

本書に関連する調べものや執筆について、ガイ・ベントレーとアンドレア・ブラッドフォードから、有益で実際的な助言をいただいた。心から御礼申し上げる。私の代理人を務めてくださったフェリシティー・ブライアンとピーター・ギンズバーグ、そして編集ご担当のルイス・ヘインズとテリー・カーテンは、一貫して忍耐強く、私を励ましてくださり、鋭い判断力で支援してくださった。

最大の感謝を、アイデアや洞察のみならず、安らぎの場所と心のバランスを提供してくれた、私の家族、アーニャ、マシュー、そしてアイリスに贈る。

# 訳者あとがき

本書『進化は万能である』は、『赤の女王』『ゲノムが語る23の物語』『徳の起源』『やわらかな遺伝子』といった、進化や遺伝、社会についての作品を手がけてきたイギリスのベストセラー作家マット・リドレーが、前作『繁栄』に続いて昨年発表した *The Evolution of Everything: How New Ideas Emerge* の全訳だ。

『繁栄』では、「昔は良かった」というノスタルジーや、「それに引き換え今は」という嘆き、「先が思いやられる」という不安がじつは事実無根であるとし、その主張を裏づけるデータをたっぷり紹介し、「今は昔に比べて、けっして悪くはない。いや、これほど良い時代はかつてなかった」という結論を導いた。あわせて、現在の繁栄に至るまで人類の進歩を促した要因として、交換（交易）と分業（専門化）を挙げた。そして、厭世論や悲観論に毒されがちな私たちに、共有や協力、信頼、自由、秩序が普遍化したボトムアップの民主的な世界という未来像を提示して、元気づけてくれた。

本書でも、そのボトムアップという概念と歴史的方向性に着目し、今度は進化という切り口から物事を眺め、今後も進歩が続くという明るい展望を与えてくれる。ただし「進化」といっても、自然淘汰による生物学的進化にとどまらない。進化は私たちの周りのいたるところで起こっている、というのが著者の主張だ。前作の核心である交換と分業による人類の進歩と繁栄もこの「進化」に含まれる（第5章参照）。この見方を取れば、ダーウィン説は「特殊進化理論」にすぎず、「一般進化理論」も存在することになる（ちなみに著者も認めているように、「特殊進化理論」という用語は著者独自のものではなく、イノベーション理論家のリチャード・ウェブの言葉だ）。

プロローグで著者は、「進化は自然発生的であると同時に否応《いやおう》のないものだ。単純な始まりから積み重なる変化を示唆する。外から指図されるのではなく内から起こる変化という、言外の意味を持つ。またたいてい、目的がなく、どこに行き着くかにかんして許容範囲が広い変化を指す」と規定している。

ところが（というより、だから）著者にしてみれば、「現在のような人類史の教え方は、人を誤らせかねない。デザインや指図、企画立案を過度に重視し、進化をあまりに軽視するからだ」となる。なぜそうした見方が幅を利かせているのかと言えば、一つには、「動植物の形態や振る舞いの場合には、見たところ目的があるように思えるので、意図的なデザインに帰することなく説明するのが難しく感じられ」るからであり、デイヴィッド・ヒュームの書いているように、私たちは「どの自然現象も、何らかの知的行動主体に支配されているものと想定」してしまうからだ。そしてまた、文化についても、それが人間の抱える問題をうまく解決できるのは「誰か賢い人が、解決するという目的を念頭に置いてデザインしたからだと、私たちは考える傾向」を持っているからであり、また、「ランダムなデータに有意なパターンを見る人間の癖」のせいでもある。

著者は、世の中は人間の意図やデザインや企画立案で動いているという考え方を、「妄想」として斬り捨て、前作で悲観論を覆《くつがえ》しにかかったように、本書ではその妄想の束縛から人々を解放することを目指す。

それを試みた先哲として著者がまず目を向けたのがギリシャの哲学者エピクロスだが、彼の著述は失われてしまったため、それに代わって注目したのがローマの詩人ルクレティウスであり、彼が残した『物の本質について』だ。各章の冒頭に引用があるので、読者のみなさんにも、もうすっかりお馴染みだろう。著者は、ハーヴァード大学の歴史家スティーヴン・グリーンブラット著『一四一七年、その一冊がすべてを変えた』を通して、ルクレティウスを知ったという(ルクレティウスの先見性の素晴らしさは第1章に詳述されている)。著者は、「キリスト教徒たちがルクレティウスを抑圧しなかったなら、ダーウィニズムの発見は何世紀も早まっていたに違いない」と悔しがり、「ルクレティウスの詩を、六〇代になってやっと……読んだことについては、これまでに受けた教育への憤りが今後も私の心のなかでくすぶり続けることだろう」と、不満をあらわにする。

そしてルクレティウスさえもが、著者の苛立ちを募らせる。彼も自由意志を説明するために神を持ち出したからで、これがいわゆる「ルクレティウス的逸脱《スワーブ》」だ。そして、逸脱《スワーブ》はルクレティウス一人にとどまらず、ニュートン、ライプニッツ、ヒューム、アルフレッド・ラッセル・ウォレス、スティーヴン・ジェイ・グールドら、時代の先駆者たちによっても繰り返された。だからこそ著者は、同じ轍《てつ》を踏むまいと、「妄想」の打破に邁進するのだろう。

前作『繁栄』も生物学や進化、歴史、社会、経済などじつにさまざまな観点に立っていたが、今回は原書のタイトルで「The Evolution of Everything（万物の進化）」と謳《うた》うだけあって、取り上げる分野は宇宙、道徳、生物、遺伝子、文化、経済、テクノロジー、心、人格、教育、人口、リーダーシップ、政府、宗教、通貨、インターネットと、ますます多様になった。なにしろ、著者に言わせれば「人間の文化に見られる事実上すべてのものの変化の仕方を、進化によって説明できる」からだ。そして前作同様、当を得た事例を多数挙げて説得力ある主張を展開する。

著者の言葉を挑発的、過激と感じ、そこまで向きにならなくても、と思う方もいらっしゃるだろうし、すべてに進化の観点を当てはめることには多少の無理を見て取る方もいらっしゃるかもしれない。おそらく、著者も批判は覚悟の上だろう。それでも本書を著《あらわ》したのは、「ニセ科学」が横行し、それに迎合する人々がいる現状への憤懣《ふんまん》に加えて、根拠のない思い込みを抱いたり、事実に反する主張を鵜呑みにしたりしがちな私たちの目を、真実に対して開きたいという強い願いがあればこそだろう。それゆえに著者は言うのだ──「みなさんがデザインという幻想を見透かして、その向こうにある創発的で、企画立案とは無縁で、否応もなく、美しい変化の過程を目にできるようになってもらいたいと願っている」と。はっとするような主張を突きつけられ、従来の「常識」を見直す醍醐味を堪能し、物事は意外にもそれほどトップダウンではないと読者のみなさんに実感していただけたなら、著者も喜ぶだろう。

なお本書の訳は、前作『繁栄』の訳に携《たずさ》わった三人に一人加えて四人で分担した。大田直子が第4・6・13・15章、鍛原多惠子が第3・5・10・12章、吉田三知世が第1・7・11・16章と謝辞、柴田裕之がプロローグと第2・8・9・14章とエピローグで、この分担は版元の早川書房の担当編集者、伊藤浩さんにお願いして、各訳者の得手・不得手などを踏まえて決めていただいた。全文に目を通して問題点を指摘してくださった校正者の谷内麻恵さん、通常の校正や編集に加えて、四人の訳を統一・調整する作業もこなしてくださった伊藤浩さん、そのほか刊行までにお世話になった方々に心から感謝申し上げる。

二〇一六年八月

訳者を代表して　柴田裕之

# 出典と参考文献

## プロローグ　一般進化理論

エネルギーの進化については、Bryce, Robert 2014. *Smaller Faster Lighter Denser Cheaper*. PublicAffairs.

反脆弱については、Taleb, Nassim Nicholas 2012. *Antifragile*. Random House.

アダム・スミスについては、*The Theory of Moral Sentiments*. 1759.（邦訳は『道徳感情論』村井章子・北川知子訳、日経ＢＰ社など）

アダム・ファーガスンについては、*Essay on the History of Civil Society*. 1767.（『市民社会史』大道安次郎訳、白日書院）

人間のデザインではなく行動の結果として生み出されたものには名前がないことについては、Roberts, R. 2005. The reality of markets. At Econlib.org 5 September 2005.

特殊進化理論と一般進化理論というリチャード・ウェブの概念は、2014年7月にロンドンで開かれたグルーター研究所の会議で公表された。

## 第１章　宇宙の進化

ルクレティウスの『物の本質について』に関しては、詩人アリシア・ストーリングズによるひじょうに叙情的な英訳を本書では使っている。Stallings, A. E. (translated and with notes) 2007. Lucretius. *The Nature of Things*. Penguin.（邦訳は『物の本質について』樋口勝彦訳、岩波書店など）

スカイフックについては、Dennett, Daniel C. 1995. *Darwin's Dangerous Idea*. Simon & Schuster（『ダーウィンの危険な思想――生命の意味と進化』山口泰司監訳、石川幹人・大崎博・久保田俊彦・斎藤孝訳、青土社）。最初に使用されたのは、次の新聞記事の中である。「将校が操縦し、准将もしくは下士官の電信技士が同乗する海軍の飛行機が、新しい信号システムのもとで砲兵隊と連携作業していた。その日は寒く、風で機体がガタガタ揺れ、飛行機に乗っていた者たちは、はっきり言って退屈していた。やがて、砲兵隊の信号手が、『砲兵隊は１時間にわたり活動を停止する。上空に留まり、命令を待て』というメッセ

ージを送った。注目すべき素早さで、返答があった。『本機はスカイフックで空に固定されているわけではない』」。*Feilding Star* (New Zealand) 15 June 1915.

ダーウィニズムの意味については、Arnhart, Larry 2013. The Evolution of Darwinian Liberalism. Paper to the Mont Pelerin Society June 2013.

ルクレティウスについては、Greenblatt, Stephen 2012. *The Swerve*. Vintage Books.（『一四一七年、その一冊がすべてを変えた』河野純治訳、柏書房）

ドーキンスとルクレティウスについては、Gottlieb, Anthony 2000. *The Dream of Reason*. Allen Lane/The Penguin Press.

西洋思想に対するルクレティウスの影響については、Wilson, Catherine 2008. *Epicureanism at the Origin of Modernity*. Oxford University Press.

ニュートンとルクレティウスについては、Jensen, W. 2011. Newton and Lucretius: some overlooked parallels（T. J. Madigan, D.B. Suits (eds), *Lucretius: His Continuing Influence and Contemporary Relevance*. Graphic Arts Press に収録）。さらに、Johnson, M. and Wilson, C. 2007. Lucretius and the Histoy of Science（*The Cambridge Companion to Lucretius*, 131-148, ed. S. Gillespie and P. Hardie. Cambridge University Press に収録）。

ニュートンの宗教への逸脱《スワーブ》については、Shults, F. L. 2005. *Reforming the Doctrine of God*. Eerdmans Publishing.

逸脱《スワーブ》については、Cashmore, Anthony R. 2010. The Lucretian Swerve: The biological basis of human behavior and the criminal justice system. *PNAS* 107:4499-4504.

ヴォルテールとルクレティウスについては、Baker, E. 2007. Lucretius in the European Enlightment（*The Cambridge Companion to Lucretius*, 131-148, ed. S. Gillespie and P. Hardie. Cambridge University Press に収録）。

エラズマス・ダーウィンについては、Jackson, Noel 2009. Rhyme and Reason: Erasmus Darwin's romanticism. *Modern Language Quarterly* 70: 2.

ハットンについては、Dean, D. R. 1992. *James Hutton and the History of Geology*. Cornell University Press; ならびに、Gillispie, C. C. 1996. *Genesis and Geology*. Harvard University Press.

決定論については、Laplace, Pierre-Simon. 1814. *A Philosophical Essay on Probabilities*（『確率の哲学的試論』内井惣七訳、岩波書店）；ラプラスの意図に

については、Hawking, S. 1999. Does God Play Dice?（ホーキングの公開講演で、archive.org で閲覧可能）; ならびに Faye, Hervé 1884. *Sur l'origine du monde: théories cosmogoniques des anciens et des modernes*. Paris: Gauthier-Villars.

人間原理については、Waltham, D. 2014. *Lucky Planet: Why the Earth is Exceptional and What That Means for Life in the Universe*. Icon Books.

ダグラス・アダムズが使った水溜りの比喩は、1998 年の講演で使われたもの。次のウェブページに引用されている。biota.org/people/douglasadams/index.html.

ヴォルテールとエミリー・デュ・シャトレについては、Bodanis, David 2006. *Passionate Minds: The Great Enlightenment Love Affair*. Little, Brown.

## 第２章　道徳の進化

スミスの道徳哲学については、Macfarlane, Alan 2000. *The Riddle of the Modern World*. Palgrave; Otteson, James 2013. Adam Smith（Roger Crisp (ed.), *Oxford Handbook of the History of Ethics*, 421-442. New York: Oxford University Press に収録）; Otteson, James 2013. *Adam Smith*. New York: Bloomsbury Academic; Otteson, James 1998. *Adam Smith's Marketplace of Life*. Cambridge University Press; Roberts, Russ 2005. The reality of markets. econlib.org/library/Columns/y2005/Robertsmarkets.html; Roberts, Russ 2014. *How Adam Smith Can Change Your Life*. Penguin. さらに、Kennedy, G. 2013. Adam Smith on religion（*the Oxford Handbook on Adam Smith*. Oxford University Press に収録）。そして、Foster, Peter 2014. *Why We Bite the Invisible Hand*. Pleasaunce Press. Butler, Eamonn 2013. *Foundations of a Free Society*. IEA.

自由主義と進化については、Arnhart, Larry 2013. The Evolution of Darwinian Liberalism. Paper to the Mont Pelerin Society June 2013.

暴力の減少については、Pinker, Steven 2011. *The Better Angels of Our Nature*. Penguin.（『暴力の人類史』幾島幸子・塩原通緒訳、青土社）

中世の暴力については、Tuchman, Barbara 1978. *A Distant Mirror*. Knopf.（『遠い鏡——災厄の 14 世紀ヨーロッパ』徳永守儀訳、朝日出版社）

老子については、Blacksburg, A. 2013. Taoism and Libertarianism—From Lao Tzu to Murray Rothbard. Thehumanecondition.com.

ブルジョアの価値観については、McCloskey, Deirdre N. 2006. *The Bourgeois Virtues*. University of Chicago Press.

ローマ教皇フランシスコについては、Tupy, Marion 2013. Is the Pope Right About the World?. *Atlantic Monthly* 11 December 2013.

コモンローについては、Hutchinson, Allan C. 2005. *Evolution and the Common Law*. Cambridge University Press; Williamson, Kevin D. 2013. *The End is Near and it's Going to be Awesome*. HarperCollins; Lee, Timothy B. 2009. The Common Law as a Bottom-Up System. Timothyblee.com 16 September 2009. そして、Hogue, Arthur R. 1966. *The Origins of the Common Law*. Indiana University Press. さらに、Hannan, Daniel 2012. Common Law, not EU Law. Xanthippas.com 20 March 2012; Boudreaux, Don 2014. Quotation of the Day 18 June 2014. At cafehayek.com.

法の進化については、Goodenough, Oliver 2011. When stuff happens isn't enough: how an evolutionary theory of doctrinal and legal system development can enrich comparative legal studies. *Review of Law and Economics* 7:805-820.

## 第３章　生物の進化

ダーウィンとアダム・スミスについては、Gould, Stephen Jay 1980. *The Panda's Thumb*. Norton（『パンダの親指――進化論再考』櫻町翠軒訳、早川書房）; Shermer, Michael 2007. *The Mind of the Market*. Times Books.

自然宗教については、Paley, William 1809. *Natural theology; Or, evidences of the existence and attributes of the deity, collected from the appearances of nature*. London; Shapiro, A.R. 2009. William Paley's Lost 'Intelligent Design'. *Hist. Phil. Life Sci*. 31: 55-78.

ダーウィニズムの哲学については、Dennett, Daniel C. 1995. *Darwin's Dangerous Idea*. Simon & Schuster（『ダーウィンの危険な思想――生命の意味と進化』山口泰司監訳、石川幹人・久保田俊彦・斉藤孝訳、青土社）; Cosmides, Leda and Tooby, John 2011. Origins of specificity. commonsenseatheism.com.

ビヴァリーの批判については、Beverley, Robert Mackenzie 1867. *The Darwinian Theory of the Transmutation of Species*. James Nisbet & Co.

鉛筆については、ネットで簡単に閲覧できるLeonard Reed (1958) の 'I, Pencil'.

不可能の山については、Dawkins, Richard 1996. *Climbing Mount Improbable*. Norton.

オプシンについては、Feuda, R., Hamilton, S. C., McInerney, J. O. and Pisani, D. 2012. Metazoan opsin evolution reveals a simple route to animal vision. *Proceedings of the National Academy of Sciences*.

代謝経路網の冗長性については、Wagner, Andreas 2014. *Arrival of the Fittest*. Current Books.（『進化の謎を数学で解く』垂水雄二訳、文藝春秋）

キッツミラー対ドーヴァー学区裁判については talkorigins.org/faqs/dover/kitzmiller_v_dover_decision2.htm にある裁判所の判決 .

エンペドクレスについては、Gottlieb, Anthony 2000. *The Dream of Reason*. Allen Lane/The Penguin Press.

ハルン・ヤフヤについては、strongatheism.net にある Tremblay, F. の‘An Invitation to Dogmatism’.

グールドの逸脱《スワーブ》については、Dennett, Daniel C. 1995. *Darwin's Dangerous Idea*. Simon & Schuster.（『ダーウィンの危険な思想』）

ウォレスについては、Wallace, Alfred Russel 1889. *Darwinism*. Macmillan & Co.（『ダーウィニズム——自然淘汰説の解説とその適用例』長澤純夫・大曾根静香訳、新思索社）

ラマルク主義については、Weismann, August 1889. *Essays Upon Heredity and Kindred Biological Problems*.

エピジェネティクスについては、Jablonka, Eva and Lamb, M. 2005. *Evolution in Four Dimensions: Genetic, Epigenetic and Symbolic Variation in the History of Life*. MIT Press. そして Haig, D. 2007. Weismann Rules! OK? Epigenetics and the Lamarckian temptation. *Biology and Philosophy* 22:415-428.

## 第４章　遺伝子の進化

生命の起源については、Horgan, J. 2011. Psst! Don't tell the creationists, but scientists don't have a clue how life began. *Scientific American* 28 February 2011; Lane, N. and Martin, W. F. 2012. The origin of membrane bioenergetics. *Cell* 151:1406-1416.

エネルギーと遺伝子については、Lane, Nick 2015. *The Vital Question*. Profile;

Constable, John 2014. Thermo-economics: energy, entropy and wealth. B&O Economics Research Council 44.

人間の体内で起こっている事象の数に関する計算は私のものだが、パトリック・クレーマーとヴェンキ・ラマクリシュナンに提供された情報をもとにしている。

利己的なDNAについては、Dawkins, R. 1976. *The Selfish Gene*. Oxford University Press（『利己的な遺伝子』日高敏隆・岸由二・羽田節子・垂水雄二訳、紀伊國屋書店）; Doolittle, W.F. and Sapienza, C. 1980. Selfish genes, the pheno-type paradigm and genome evolution. *Nature* 284: 601-603; Crick, F. H. C. and Orgel, L. 1980. Selfish DNA: the ultimate parasite. *Nature* 284: 604-607.

「ジャンクDNA」については、Brosius, J. and Gould, S. J. 1992. On 'genomenclature': A comprehensive (and respectful) taxonomy for pseudogenes and other 'junk DNA'. *PNAS* 89:10706-10710. さらにRains, C. 2012. No more junk DNA. *Science* 337: 1581.

ジャンクDNAの擁護については、Graur, D., Zheng, Y., Price, N., Azevedo, R.B., Zufall, R. A., Elhaik, E. 2013. On the immortality of television sets: 'function' in the human genome according to the evolution-free gospel of ENCODE. *Genome Biol. Evol.* 5(3):578-590. ほかにPalazzo, Alexander F. and Gregory, T. Ryan 2014. The case for junk DNA. *PLOS Genetics* 10.

赤の女王効果については、Ridley, M. 1993. *The Red Queen*. Viking.（『赤の女王　性とヒトの進化』長谷川眞理子訳、早川書房）

## 第５章　文化の進化

発生学については、Dawkins, R. 2009. *The Greatest Show on Earth*. Bantam.（『進化の存在証明』垂水雄二訳、早川書房）

自然に見られる創発的な秩序については、Johnson, Steven 2001. *Emergence*. Penguin.（『創発――蟻・脳・都市・ソフトウェアの自己組織化ネットワーク』山形浩生訳、ソフトバンクパブリッシング）

文化の進化については、Richerson, Peter J. and Boyd, Robert 2006. *Not by Genes Alone: How Culture Transformed Human Evolution*. University of Chicago Press; Henrich, Joe, Boyd, Robert and Richerson, Peter 2008. Five misun-

derstandings about cultural evolution. *Human Nature* 19:119-137; Richerson, Peter and Christiansen, Morten (eds) 2013. *Cultural Evolution: Society, Technology, Language and Religion*. MIT Press. Distin, Kate 2010. *Cultural Evolution*. Cambridge University Press.

言語については、Darwin, C. R. 1871. *The Descent of Man*. Macmillan（邦訳は『人間の進化と性淘汰』長谷川眞理子訳、文一総合出版ほか）; Pagel, M. 2012. *Wired for Culture: Origins of the Human Social Mind*. Norton. また Nettle, Daniel 1998. Explaining global patterns of language diversity. *Journal of Anthropological Archaeology* 17:354-374.

アフリカにおける人類革命については、McBrearty, S. and Brooks, A. S. 2000. The revolution that wasn't: a new interpretation of the origin of modern human behavior. *Journal of Human Evolution* 39:453-563. スヴァンテ・ペーボの引用は、Pääbo, S. 2014. *Neanderthal Man: In Search of Lost Genomes*. Basic Books.（『ネアンデルタール人は私たちと交配した』野中香方子訳、文藝春秋）

人類革命で遺伝的変化をもたらした文化の変化については、Fisher, S. E. and Ridley, M. W. 2013. Culture, genes and the human revolution. *Science* 340:929-930.

モーリス・ド・サックスの性欲については、Thomas R. Philips's introduction to 'Reveries on the art of war' by Maurice de Saxe.

ヒトの複婚と単婚の広がりについては、Tucker, W. 2014. *Marriage and Civilization*. Regnery および Henrich, J., Boyd, R. and Richerson, P. 2012. The puzzle of monogamous marriage. *Phil. Trans. Roy. Soc*. B 1589:657-669.

都市については、経済問題研究所（IEA）教授、スティーヴン・デイヴィスの講演、Kay, John. New York's wonder shows planners' limits, *Financial Times*, 27 March 2013; Glaeser, Edward 2011. *Triumph of the City. How Our Greatest Invention Makes Us Richer, Smarter, Greener, Healthier and Happier*. Macmillan; Geoffrey West's 2011 TED Global talk: The surprising math of cities and corporations および Hollis, Leo 2013. *Cities are Good for You*. Bloomsbury.

政府の緩慢な進化については、Runciman, W. G. 2014. *Very Different, But Much the Same*. Oxford University Press.

## 第６章　経済の進化

21世紀の経済成長については、Long-term growth scenarios. OECD Economics Department Working Papers. OECD 2012.

大富裕化については、McCloskey, D. 2014. Equality lacks relevance if the poor are growing richer. *Financial Times* 11 August 2014. Phelps, Edmund 2013. *Mass Flourishing*. Princeton University Press も参照。

制度については、Acemoglu, D. and Robinson, J. 2011. *Why Nations Fail*. Crown Business.（『国家はなぜ衰退するのか――権力・繁栄・貧困の起源』鬼澤忍訳、早川書房）

市場については、Smith, Adam 1776. *The Wealth of Nations*.（邦訳は『国富論――国の豊かさの本質と原因についての研究』山岡洋一訳、日本経済新聞出版社など）

ウィリアム・イースタリーの引用は、Easterly, William 2013. *The Tyranny of Experts*. Basic Books.

スウェーデンの経済成長については、Sanandaji, N. 2012. The Surprising ingredients of Swedish success: free markets and social cohesion. Institute of Economic Affairs.

浪費と派手な消費については、Miller, Geoffrey 2012. Sex, mutations and marketing: how the Cambrian Explosion set the stage for runaway consumerism. EMBO Reports 13: 880-884. Miller, Geoffrey 2009. *Spent: Sex, Evolution and Consumer Behavior*. Viking.

パリの食料供給については、Bastiat, Frédéric 1850. *Economic Harmonies*.（邦訳は『経済調和論』土子金四郎訳、哲学書院など）

シュンペーターについては、McCraw, Thomas K. 2007. *Prophet of Innovation*. The Belknap Press of Harvard University Press.（『シュンペーター伝――革新による経済発展の預言者の生涯』八木紀一郎監訳、田村勝省訳、一灯舎）

ブルジョアの徳に関してはマクロスキーによる参考図書その２として、McCloskey, D. 2010. *Bourgeois Dignity: Why Economics Can't Explain the Modern World*. University of Chicago Press.

進化システムとしての経済については、Hanauer, N. and Beinhocker, E. 2014. Capitalism redefined. *Democracy: A Journal of Ideas*. Winter 2014; Beinhocker, E.

2006. *The Origin of Wealth: Evolution, Complexity, and the Radical Remaking of Economics*. Random House.

生態系の平衡については、Marris, E. 2013. *The Rambunctious Garden: Saving Nature in a Post-Wild World*. Bloomsbury で論じられている。ほかに Botkin, Daniel 2012. *The Moon in the Nautilus Shell*. Oxford University Press; Botkin, Daniel 2013. Is there a balance of nature? Danielbotkin.com 23 May 2013.

大富裕化については、McCloskey, D. 2014. The Great Enrichment Came and Comes from Ethics and Rhetoric（ニューデリーでの講演、deirdremccloskey.org に再掲）。ほかに Baumol, William J., Litan, Robert E. and Schramm, Carl J. 2004. *Good Capitalism, Bad Capitalism*. Yale University Press.（『良い資本主義悪い資本主義——成長と繁栄の経済学』原洋之介監訳、田中健彦訳、書籍工房早山）

利益増大とイノベーションの説明追求については、Warsh, David 2006. *Knowledge and the Wealth of Nations: A Story of Economic Discovery*. Norton.

ラリー・サマーズは Easterly, William 2013. *The Tyranny of Experts*. Basic Books に引用されている。

アイデアの交換については、Ridley, Matt 2010. *The Rational Optimist*. HarperCollins.（『繁栄——明日を切り拓くための人類10万年史』大田直子・鍛原多惠子・柴田裕之訳、早川書房）

経済の創造説については、Boudreaux, Don 2013. If They Don't Get This Point, Much of What We Say Sounds Like Gibberish to Them. Blog post 5 October 2013, cafehayek.com. ほかに Boudreaux, Donald 2012. *Hypocrites & Half-Wits*. Free To Choose Network も参照。

ボスとしての消費者については、Mises, L. von 1944. *Bureaucracy*. mises.org で閲覧可能。

医療と家計についての数字は Conover, C.J. 2011. The Family Healthcare Budget Squeeze. *The American* November 2011. American.com より。

友愛組合については、Green, D. 1985. *Working Class Patients and the Medical Establishment*. Maurice Temple Smith. Frisby, Dominic 2013. *Life After the State*. Unbound.

## 第７章　テクノロジーの進化

電球の歴史については、Friedel, R. 1986. *Edison's Electric Light*. Rutgers University Press.

同時発明については、Wagner, A. 2014. *Arrival of the Fittest*. Current Books（『進化の謎を数学で解く』垂水雄二訳、文藝春秋）; Kelly, Kevin 2010. *What Technology Wants*. Penguin (Viking)（『テクニウム――テクノロジーはどこへ向かうのか？』服部桂訳、みすず書房）; さらに、Armstrong, Sue 2014. *The Gene that Cracked the Cancer Code*. Bloomsbury Sigma p53.

二重らせん発見の不可避性については、Ridley, Matt 2006. *Francis Crick*. HarperCollins.（『フランシス・クリック――遺伝暗号を発見した男』田村浩二訳、勁草書房）

四因子公式については、Kelly, Kevin 2010. *What Technology Wants*. Penguin (Viking)（『テクニウム』）中のスペンサー・ワートについての記述を参照。

ピクサー飛躍のときを予測するのにムーアの法則が使われたことについては、Smith, Alvy Ray 2013. How Pixar used Moore's Law to predict the future. *Wired* 17 April 2013. ムーアの法則とその関連諸法則については、Ridley, Matt 2012. Why can't things get better faster (or slower)?. *Wall Street Journal* 19 October 2012. ムーアの法則の延長については、Kurzweil, Ray 2006. *The Singularity is Near*. Penguin.（『ポスト・ヒューマン誕生――コンピュータが人類の知性を超えるとき』井上健監訳、小野木明恵・野中香方子・福田実訳、日本放送出版協会）

テクノロジーにおける進化については、Arthur, W. Brian 2009. *The Nature of Technology*. Free Press（『テクノロジーとイノベーション――進化／生成の理論』有賀裕二監修、日暮雅通訳、みすず書房）; Johnson, Steven 2010. *Where Good Ideas Come From*. Penguin (Riverhead Books)（『イノベーションのアイデアを生み出す七つの法則』松浦俊輔訳、日経BP社）; Harford, Tim 2011. *Adapt*. Little, Brown（『アダプト思考――予測不能社会で成功に導くアプローチ』遠藤真美訳、武田ランダムハウスジャパン）; そして、Ridley, Matt 2010. *The Rational Optimist*. HarperCollins.（『繁栄――明日を切り拓くための人類10万年史』大田直子・鍛原多惠子・柴田裕之訳、早川書房）

ジョージ・バサラが少し前に出した本に、Basalla, George 1988. *The Evolution of Technology*. Cambridge University Press がある。

舟についてアランが述べた鋭い洞察は、Dennett, Daniel C. 2013. *Intuition Pumps and Other Tools for Thinking*. W. W. Norton & Co.（『思考の技法――直観ポンプと 77 の思考術』阿部文彦・木島泰三訳、青土社）に引用されている。

ビジネスのイノベーションに関しては、Drucker, P. 1954. *The Practice of Management*. Harper Business（『現代の経営』上田惇生訳、ダイヤモンド社）。さらに、Brokaw, L. 2014. How Procter & Gamble Uses External Ideas For Internal Innovation. *MIT Sloan Management Review* 16 June 2014.

知的財産については、Tabarrok, A. 2011. *Launching the Innovation Renaissance*. TED Books.

知識については、Hayek, F. A. 1945. The uses of knowledge in society. *American Economic Review* 4:519-530. また、Hayek, Friedrich A. *The Road to Serfdom* (Condensed Version). Reader's Digest.（邦訳は『隷従への道――全体主義と自由』一谷藤一郎・一谷映理子訳、東京創元社など）

科学と技術の関係については、Kealey, Terence 2013. The Case Against Public Science. Cato-unbound.org 5 August 2013. さらに、Kealey, T. and Ricketts, M. 2014. Modelling science as a contribution good. *Research Policy* 43:1014-1024. また、Pielke, R. Jr 2013. Faith-based science policy. Essay at rogerpielkejr.blogspot.co.uk February 2013.

水圧破砕《フラッキング》については、Jenkins, Jesse, Shellenberger, Michael, Nordhaus, Ted and Trembarth, Alex 2010. US government role in shale gas fracking history: an overview and response to our critics. Breakthrough.org website, 2014 年 10 月 1 日にアクセスした。さらに、クリス・ライトとの個人的な情報交換で得た知識を使用。

## 第８章　心の進化

「思考を行なうもの」についてのスピノザの引用は、the Scholium to Prop 7 of Part 2, E. Curley (trans.) 1996. Spinoza, *Ethics*. Penguin（邦訳は『エチカ』新福敬二訳、明玄書房など）。坂を転がり落ちる石のたとえと、酩酊した男の話は、Spinoza, *Correspondence*（『スピノザ往復書簡集』畠中尚志訳、岩波書店）中の Letter 62 (1674).

スピノザについては、Damasio, Anthony 2003. *Looking for Spinoza*. Houghton

Mifflin.（『感じる脳――情動と感情の脳科学　よみがえるスピノザ』田中三彦訳、ダイヤモンド社）

物質主義と心については、Gazzaniga, Michael S. 2011. *Who's in Charge?*. HarperCollins（『〈わたし〉はどこにあるのか――ガザニガ脳科学講義』藤井留美訳、紀伊國屋書店）。さらに、Humphrey, Nicholas 2011. *Soul Dust: The Magic of Consciousness*. Quercus（『ソウルダスト――〈意識〉という魅惑の幻想』柴田裕之訳、紀伊國屋書店）。Crick, Francis 1994. *The Astonishing Hypothesis: The Scientific Search for the Soul*. Scribner.（『DNAに魂はあるか――驚異の仮説』中原英臣・佐川峻訳、講談社）

行動と思考のあいだの時間差を見つける実験については、Soon, C. S., Brass, M., Heinze, H.-J., Haynes, J.D. 2008. Unconscious determinants of free decisions in the human brain. *Nature Neuroscience* 11:543-545.

リベットの実験については、Harris, Sam 2012. *Free Will*. Free Press.

責任については、Cashmore, A. R. 2010. The Lucretian swerve: The biological basis of human behavior and the criminal justice system. *PNAS* 107:4499-4504.

サム・ハリスに対するダニエル・デネットの回答は、Dennett, D. 2014. Reflections on free will. naturalism.org に発表され、samharris.org に再掲された論評。

ロバート・サポルスキーの引用は、Satel, S. 2013. Distinguishing brain from mind. *The Atlantic* 13 May 2013.

腫瘍が原因の小児性愛については、Harris, Sam 2012. *Free Will*. Free Press. さらに、Burns, J. M. and Swerdlow, R.H. 2003. Right orbitofrontal tumor with pedophilia symptom and constructional apraxia sign. *Archives of Neurology* 60:437-440.

自由意志については、Dennett, Daniel C. 2003. *Freedom Evolves*. Penguin.（『自由は進化する』山形浩生訳、NTT出版）

## 第９章　人格の進化

生まれと育ちに関するジュディス・リッチ・ハリスの２冊の著書は、Harris, Judith Rich 1998. *The Nurture Assumption*. Bloomsbury（『子育ての大誤解――子どもの性格を決定するものは何か』石田理恵訳、早川書房）と Harris, Judith Rich 2006. *No Two Alike*. W. W. Norton.

生まれと育ちについては、Pinker, S. 2002. *The Blank Slate: The Modern Denial of Human Nature*. Allen Lane（『人間の本性を考える――心は「空白の石版」か』山下篤子訳、NHK 出版）。そして、Ridley, Matt 2003. *Nature via Nurture*. HarperCollins.（『やわらかな遺伝子』中村桂子・斉藤隆央訳、早川書房）

行動に影響を与える遺伝子については、Weiner, J. 1999. *Time, Love, Memory: A Great Biologist and his Quest for Human Behavior*. Knopf.（『時間・愛・記憶の遺伝子を求めて――生物学者シーモア・ベンザーの軌跡』垂水雄二訳、早川書房）

「私たちの遺伝子の中にはない」については、Lewontin, R., Rose, S. and Kamin, L. 1984. *Not in Our Genes: Ideology and Human Behavior*. Pantheon.

遺伝子と知能については、Plomin, R., Haworth, C. M. A., Meaburn, E.L., Price, T. S. and Davis, O.S.P. 2013. Common DNA markers can account for more than half of the genetic influence on cognitive abilities. *Psychological Science* 24:562-568. Plomin, Robert, Shakeshaft, Nicholas G., McMillan, Andrew and Trzaskowski, Maciej 2014. Nature, nurture, and expertise. *Intelligence* 45:46-59. さらに、Plomin, R., DeFries, J. C., Knopik, V. S. and Neiderhiser, J. M. 2013. *Behavioral Genetics* (6th edition). Worth Publishers.

年齢とともに知能の遺伝率が上がることについては、Briley, D. A. and Tucker-Drob, E. M. 2013. Explaining the increasing heritability of cognitive ability over development: A meta-analysis of longitudinal twin and adoption studies. *Psychological Science* 24:1704-1713; Briley, D. A. and Tucker-Drob, E. M. 2014. Genetic and environmental continuity in personality development: A meta-analysis. *Psychological Bulletin* 140:1303-1331.

平均的水準への退行については、Clark, Gregory 2014. *The Son Also Rises*. Princeton University Press.（『格差の世界経済史』久保恵美子訳、日経 BP 社）

サルと玩具については、Hines, M. and Alexander, G. M. 2008. Monkeys, girls, boys and toys: A confirmation letter regarding 'Sex differences in toy preferences: Striking parallels between monkeys and humans'. *Horm. Behav.* 54:478-479.

殺人のパターンの普遍的な類似性については、Daly, M. and Wilson, M. 1988. *Homicide*. Aldine.

男女の年齢の好みについては、Buunk, P. P., Dujkstra, P., Kenrick, D. T. and

Warntjes, A. 2001. Age preferences for mates as related to gender, own age, and involvement level. *Evolution and Human Behavior* 22:241-250.

## 第10章　教育の進化

プロイセンの学校については、Rothbard, M. 1973. *For a New Liberty*. Collier Macmillan.

識字率については、Clark, G. 2007. *A Farewell to Alms: A Brief Economic History of the World*. Princeton University Press.

エドウィン・ウェストについては、West, Edwin G. 1970. Forster and after: 100 years of state education. *Economic Age* 2.

低額の私教育については、Tooley, James 2009. *The Beautiful Tree: A Personal Journey into How the World's Poorest People are Educating Themselves*. Cato Institute. および Tooley, James 2012. *From Village School to Global Brand*. Profile Books.

公教育の公共の目的とヒトデとクモのモデルについては、Pritchett, Lant 2013. *The Rebirth of Education: Schooling Ain't Learning*. Brookings Institution Press.

教育市場については、Coulson, A. 2008. Monopolies vs. markets in education: a global review of the evidence. Cato Institute, Policy Paper no 620.

他の資料については、Frisby, D. 2013. *Life After the State*. Unbound. Stephen Davies, Institute of Economic Affairs lectures.

アインシュタインの引用については、Einstein, A. 1991. *Autobiographical Notes*. Open Court.（『自伝ノート』中村誠太郎・五十嵐正敬訳、東京図書）

アルバート・シャンカーの引用については、Kahlenberg, R. D. 2007. *Tough Liberal: Albert Shanker and the Battles Over Schools, Unions, Race and Democracy*. Columbia University Press.

スウェーデンの学校については、Stanfield, James B. 2012. *The Profit Motive in Education: Continuing the Revolution*. Institute of Economic Affairs.

大規模公開オンライン講座（MOOC）については、Brynjolfsson, E. and McAfee, A. 2014. *The Second Machine Age*. Norton.（『ザ・セカンド・マシン・エイジ』村井章子訳、日経BP社）

ミネルヴァ・アカデミーについては、Wood, Graeme. The future of college?.

*The Atlantic* September 2014.

スガタ・ミトラ（Sugata Mitra）のTEDトークについては、TED.com. 彼の短い本は、*Beyond the Hole in the Wall: Discover the Power of Self-Organized Learning*. TED Books 2012.

環境教化については、Montford, A. and Shade, J. 2014. Climate Control: brainwashing in schools. Global Warming Policy Foundation.

モンテッソーリ方式の学校については、Sims, P. 2011. The Montessori Mafia. *Wall Street Journal* 5 April 2011.

アリソン・ウルフの研究については、Wolf, A. 2002. *Does Education Matter?*. Penguin および Wolf, Alison 2004. The education myth. Project-syndicate. org. また Wolf, A. 2011. Review of Vocational Education: The Wolf Report. UK Government.

## 第11章　人口の進化

19世紀のマルサス主義的な考え方と、20世紀の優生学ならびに人口抑制策との結びつきについては、Zubrin, Robert 2012. *Merchants of Despair*. Encounter Books (New Atlantis Books)；Desrochers, P. and Hoffbauer, C. 2009. The Post War Intellectual Roots of the Population Bomb. さらに Fairfield Osborn の *Our Plundered Planet* および William Vogt の 'Road to Survival'. *Retrospect. The Electronic Journal of Sustainable Development* 1:37-51.

アイルランドで起こった大飢饉については、Pearce, F. 2010. *The Coming Population Crash*. Beacon.

ダーウィンが少し優生学に傾いたことについては、Darwin, C. R. 1871. *The Descent of Man*. Macmillan（邦訳は『人間の進化と性淘汰』長谷川眞理子訳、文一総合出版など）。ゴルトンの優生学については、Pearson, Karl 1914. *Galton's Life and Letters*. Cambridge University Press.

エルンスト・ヘッケルがアルテンブルクで行なった講演は、Monism as connecting science and faith (1892).

第一次世界大戦前にマルサス主義と優生学が盛んになったことについては、Macmillan, Margaret 2013. *The War that Ended Peace*. Profile.

リベラル・ファシズムについては、Goldberg, Jonah 2007. *Liberal Fascism*.

Doubleday.

マディソン・グラントの役割については、Wade, N. 2014. *A Troublesome Inheritance*. Penguin.

ナチスが環境政策を推進したことについては、Durkin, M. 2013. Nazi Greens—an inconvenient history. At Martindurkin.com.

戦後の人口抑制運動については、Mosher, S. W. 2003. The Malthusian Delusion and the Origins of Population Control. *PRI Review* 13.

1960年代に出版された人口抑制に関する本には、Paddock, W. and Paddock, P. 1967. *Famine 1975!*. Little, Brown. さらに、Ehrlich, P. 1968. *The Population Bomb*. Ballantine（『人口爆弾』宮川毅訳、河出書房新社）。また、Ehrlich, P., Ehrlich, A. and Holdren, J. 1978. *Ecoscience*. Freeman. がある。

人口転換については、Hanson, Earl Parker 1949. *New Worlds Emerging*. Duell, Sloan & Pearce. さらに、Castro, J. de. 1952. *The Geopolitics of Hunger*. Monthly Review Press.

資源については、Simon, Julian 1995. Earth Day: Spiritually uplifting, intellectually debased. このエッセイは、juliansimon.org でアクセス可能。

ローマ・クラブについては、Delingpole, J. 2012. *Watermelons: How Environmentalists are Killing the Planet, Destroying the Economy and Stealing Your Children's Future*. Biteback. ローマ・クラブの1974年のマニフェストは、*Mankind at the Turning Point*（『転機に立つ人間社会——ローマ・クラブ第２レポート』大来佐武郎・茅陽一監訳、ダイヤモンド社）を参照。また、Goldsmith, E. 1972. *A Blueprint for Survival*. Penguin（『人類にあすはあるか——生き残り運動の基本綱領』上村達雄・海保真夫訳、時事通信社）も。

中国の一人っ子政策については、Greenhalgh, S. 2005. Missile Science, Population Science: The Origins of China's One-Child Policy. *China Quarterly* 182: 253-276; Greenhalgh, S. 2008. *Just One Child: Science and Policy in Deng's China*. University of California Press. また、テッド・ターナーは地球を救うために全世界で一人っ子政策を採用することを呼びかけている。*Globe and Mail* 5 December 2010.

ジェイコブ・ブロノフスキーがテレビ番組、《人間の進歩》の最後で語る場面は、インターネットで閲覧できる。

## 第12章　リーダーシップの進化

モンテスキューと偉人については、Macfarlane, Alan 2000. *The Riddle of the Modern World*. Palgrave. Mingardi, Alberto 2011. *Herbert Spencer*. Bloomsbury Academic.

チャーチルについては、Johnson, B. 2014. *The Churchill Factor: How One Man Made History*. Hodder & Stoughton.（『チャーチル・ファクター――たった一人で歴史と世界を変える力』石塚雅彦・小林恭子訳、プレジデント社）

中国の改革については、The secret document that transformed China. National Public Radio report on Chinese land reform 14 May 2014.

アメリカの大統領制については、Bacevich, A. 2013. The Iran deal just shows how badly Obama has failed. *Spectator* 30 November 2013.

グーテンベルクの影響については、Johnson, S. 2014. *How We Got to Now*. Particular Books.

蚊と戦争については、Mann, Charles C. 2011. *1493*. Granta Books（『1493――世界を変えた大陸間の「交換」』布施由紀子訳、紀伊國屋書店）および McNeill, J. R. 2010. Malarial mosquitoes helped defeat British in battle that ended Revolutionary War. *Washington Post* 18 October 2010.

威厳に満ちたCEOについては、Johnson, Steven 2012. *Future Perfect*. Penguin（『ピア――ネットワークの縁から未来をデザインする方法』田沢恭子訳、インターシフト）および Hamel, G. 2011. First Let's Fire All the Managers. *Harvard Business Review* December 2011.

モーニングスター社のトマトについては、YouTube の I, Tomato: Morning Star's Radical Approach to Management および Green, P. 2010. The Colleague Letter of Understanding: Replacing Jobs with Commitments. Managementexchange.com.

自己管理については、Wartzman, R. 2012. If Self-Management is Such a Great Idea, Why Aren't More Companies Doing It?. *Forbes* 25 September 2012.

経済開発については、Rodrik, D. 2013. The Past, Present, and Future of Economic Growth. Global Citizen Foundation および Easterly, William 2013. *The Tyranny of Experts*. Basic Books. また McCloskey, D. 2012. Factual Free-Market

Fairness. Bleedingheartlibertarians.com および Lal, Deepak 2013. *Poverty and Progress*. Cato Institute. さらに Villagers losing their land to Malawi's sugar growers. BBC News 16 December 2014.

## 第13章　政府の進化

ワイルド・ウェストについては、Anderson, Terry and Hill, P.J. 2004. *The Not So Wild, Wild West*. Stanford Economics and Finance.

刑務所については、Skarbek, D. 2014. *The Social Order of the Underworld: How Prison Gangs Govern the American Penal System*. Oxford University Press.

組織犯罪としての政府については、Williamson, Kevin D. 2013. *The End is Near and it's Going to be Awesome*. HarperCollins; Nock, A.J. 1939. The criminality of the state. *The American Mercury* March 1939; and Morris, Ian 2014. *War: What is it Good For?*. Farrar, Straus & Giroux. Robert Higgs, Some basics of state domination and public submission. Blog.independent.org 27 April 2104 も参照。

ミズーリ州ファーガソンの暴動については、Paul, Rand. We must demilitarize the police. *Time* 14 August 2014. Balko, Radley 2013. *Rise of the Warrior Cop*. PublicAffairs.

老子については、Blacksburg, A. 2013. Taoism and Libertarianism—From Lao Tzu to Murray Rothbard. Thehumanecondition.com.

アクトン卿からメアリー・グラッドストンへの手紙（1881年4月24日）は *Letters of Lord Acton to Mary Gladstone* (1913) p. 73. マイケル・クラウドの言葉は、Frisby, Dominic 2013. *Life After the State*. Unbound に引用されたもの。

レベラーズについては、constitution.org の 'An arrow against all tyrants' by Richard Overton, 12 October 1646 を参照。Hannan, Daniel 2013. *How We Invented Freedom and Why it Matters*. Head of Zeus Ltd.

18世紀の自由主義については、IEA.com のスティーヴン・デイヴィスによるオンライン講演がとくによい。

政府の歴史については、Micklethwait, John and Wooldridge, Adrian 2014. *The Fourth Revolution*. Allen Lane.（『英「エコノミスト」編集長の直言　増税よりも先に「国と政府」をスリムにすれば？』浅川佳秀訳、講談社）

アダム・スミスの政策については、Rothschild, Emma 2001. *Economic Senti-*

*ments: Adam Smith, Condorcet and the Enlightenment*. Harvard University Press.

ハミルトンとジェファーソンについては、Will, George 2014. Progressives take lessons from 'Downton Abbey'. *Washington Post* 12 February 2014.

イギリスのリベラル思想については、Martineau, Harriet 1832-1834. *Illustrations of political economy*. Micklethwait, John and Wooldridge, Adrian 2014. *The Fourth Revolution*. Allen Lane も参照。

自由貿易については、Bernstein, William 2008. *A Splendid Exchange: How Trade Shaped the World*. Atlantic Monthly Press（『華麗なる交易——貿易は世界をどう変えたか』鬼澤忍訳、日本経済新聞出版社）。Lampe, Markus 2009. Effects of bilateralism and the MFN clause on international trade—Evidence for the Cobden-Chevalier Network (1860-1875). dev3.cepr.org および Trentman, Frank 2008. *Free Trade Nation*. Oxford University Press も参照。

産業の反革命については、Lindsey, Brink 2002. *Against the Dead Hand*. John Wiley & Sons; Dicey, A. V. [1905] 2002. Lectures on the Relation between Law and Public Opinion in England during the Nineteenth Century.

20 世紀の自由主義については、Goldberg, Jonah 2007. *Liberal Fascism*. Doubleday. Brogan, Colm 1943. *Who are 'the People'?*. Hollis & Carter. Agar, Herbert 1943. *A Time for Greatness*. Eyre & Spottiswoode.

政府の成長については、Micklethwait, John and Wooldridge, Adrian 2014. *The Fourth Revolution*. Allen Lane.

クリスティアナ・フィゲレスのエール・エンヴァイロンメント 360 によるインタビューは、*Guardian* 21 November 2012

政治の将来的進化については、Carswell, Douglas 2012. *The End of Politics and the Birth of iDemocracy*. Biteback.

## 第 14 章　宗教の進化

宗教については、O'Grady, Selina 2012. *And Man Created God*. Atlantic Books; Armstrong, Karen 1993. *A History of God*. Knopf（『神の歴史——ユダヤ・キリスト・イスラーム教全史』高尾利数訳、柏書房）; Wright, Robert 2009. *The Evolution of God*. Little, Brown; Baumard, N. and Boyer, P. 2013. Explaining moral religions. *Trends in Cognitive Sciences* 17:272-280; Holland, T. 2012. *In the Shadow of the Sword*.

Little, Brown; Birth of a religion. Interview with Tom Holland, *New Statesman* 3 April 2012.

ミステリーサークルに関して引き合いに出されたテレビ番組は、*Equinox: The Strange Case of Crop Circles* (Channel 4, UK 1991); CIAとローマ教皇庁が「ミステリーサークル学者」の信用を損なおうとしていると主張する本は、Silva, Freddy 2013. *Secrets in the Fields*. Invisible Temple.

信じたいという切なる思いについては、Steiner, George 1997. Nostalgia for the Absolute (CBC Massey Lecture). House of Anansi.

ハトについては、Skinner, B.F. 1947 'Superstition' in the Pigeon. *Journal of Experimental Psychology* 38:168-172.

ニセ科学については、Popper, K. 1963. *Conjectures and Refutations*. Routledge & Keegan Paul（『推測と反駁——科学的知識の発展』藤本隆志・石垣壽郎・森博訳、法政大学出版局）。Shermer, Michael 2012. *The Believing Brain: From Ghosts and Gods to Politics and Conspiracies—How We Construct Beliefs and Reinforce Them as Truths*. St Martin's Griffin.

生気論については、Crick, Francis 1966. *Of Molecules and Men*. University of Washington Press.

バイオダイナミック農法については、Chalker-Scott, Linda 2004. The myth of biodynamic agriculture. Puyallup.wsu.edu.

気候については、Curry, Judith 2013. $CO_2$ 'control knob' theory. judithcurry.com 20 September 2013. 二酸化炭素と氷河期については、Petit, J.R. et al. 1999. Climate and atmospheric history of the past 420,000 years from the Vostok ice core, Antarctica. *Nature* 399: 429-436; そして、Eschenbach, Willis 2012. Shakun Redux: Master tricksed us! I told you he was tricksy! Wattsupwiththat.com 7 April 2012. Goklany, I. 2011. Could biofuel policies increase death and disease in developing countries?. *Journal of American Physicians and Surgeons* 16: 9-13. Bell, Larry. Climate Change as Religion: The Gospel According to Gore. *Forbes* 26 April 2011. Lilley, Peter 2013. Global Warming as a 21st Century Religion. *Huffington Post* 21 August 2013. Bruckner, Pascal 2013. Against environmental panic. *Chronicle Review* 27 June 2013. Bruckner, Pascal 2013. *The Fanaticism of the Apocalypse: Save the Earth, Punish Human Beings*. Polity Press. Lawson, Nigel

2014. *The Trouble With Climate Change*. Global Warming Policy Foundation.

洪水については、O'Neill, Brendan 2014. The eco-hysteria of blaming mankind for the floods. *Spiked* 20 February 2014.

気象については、Pfister, Christian, Brazdil, Rudolf and Glaser, Rudiger 1999. *Climatic Variability in Sixteenth-Century Europe and its Social Dimension: A Synthesis*. Springer.

気象による死については、Goklany, I. 2009. Deaths and Death Rates from Extreme Weather Events: 1900-2008. *Journal of American Physicians and Surgeons* 14:102-109.

## 第 15 章　通貨の進化

バーミンガムのトークンについては、Selgin, George 2008. *Good Money*. University of Michigan Press.

中央銀行については、Ahamed, Liaquat 2009. *Lords of Finance*. Windmill Books（『世界恐慌――経済を破綻させた４人の中央銀行総裁』吉田利子訳、筑摩書房）。Norberg, Johan 2009. *Financial Fiasco*. Cato Institute. Selgin, George 2014. William Jennings Bryan and the Founding of the Fed. Freebanking.org 20 April 2014. Taleb, N. N. 2012. *Antifragile*. Random House.

ドル化については、Allister Heath. The Scottish nationalists aren't credible on keeping sterling. *City AM* 14 February 2014.

規制については、Gilder, George 2013. *Knowledge and Power*. Regnery.

ファニーとフレディについては、Stockman, David A. 2013. *The Great Deformation*. PublicAffairs; Woods, Thomas E. Jr 2009. *Meltdown*. Regnery（『メルトダウン――金融溶解』副島隆彦監訳、古村治彦訳、成甲書房）; Kurtz, Stanley 2010. *Radical in Chief*. Threshold Editions; Krugman, Paul 2008. Fannie, Freddie and you. *New York Times* 14 July 2008.

金融危機については、Norberg, Johan 2009. *Financial Fiasco*. Cato Institute; Atlas, John 2010. *Seeds of Change*. Vanderbilt University Press; Allison, John A. 2013. *The Financial Crisis and the Free Market Cure*. McGraw-Hill. Friedman, Jeffrey (ed.) 2010. *What Caused the Financial Crisis*. University of Pennsylvania Press. Wallison, Peter 2011. The true story of the financial crisis. *American*

*Spectator* May 2011. そして Booth, Philip (ed.) 2009. Verdict on the Crash. IEA.

カンティロン効果については、Frisby, Dominic 2013. *Life After the State*. Unbound.

モバイルマネーについては、Why does Kenya lead the world in mobile money?. economist.com 27 May 2013.

連邦準備銀行については、Selgin, G., Lastrapes, W.D. and White, L.H. 2010. Has the Fed been a Failure? Cato Working Paper, Cato.org. Hsieh, Chang-Tai and Romer, Christina D. 2006. Was the Federal Reserve Constrained by the Gold Standard During the Great Depression? Evidence from the 1932 Open Market Purchase Program. *Journal of Economic History* 66(1) (March): 140-176. さらに Selgin, George 2014. William Jennings Bryan and the Founding of the Fed. Freebanking.org 20 April 2014.

## 第16章　インターネットの進化

ハイエクの文章は、Hayek, F. 1978. *The Constitution of Liberty*. University of Chicago Press（『自由の条件』気賀健三・古賀勝次郎訳、春秋社）からの引用。

東ドイツのテレビと電話については、Kupferberg, Feiwel 2002. *The Rise and Fall of the German Democratic Republic*. Transaction Publishers.

アーパネットについては、Crovitz, Gordon 2012. Who really invented the internet?. *Wall Street Journal* 22 July 2012.

ピアツーピア・ネットワークについては、Johnson, Steven 2012. *Future Perfect*. Penguin.（『ピア――ネットワークの縁から未来をデザインする方法』田沢恭子訳、インターシフト）

ウェブの小国乱立化については、Sparkes, Matthew 2014. The Coming Digital Anarchy. *Daily Telegraph* 9 June 2014.

ウィキペディアの編集については、Scott, Nigel 2014. Wikipedia: where truth dies online. *Spiked* 29 April 2014. Filipachi, Amanda 2013. Sexism on Wikipedia is Not the Work of 'a Single Misguided Editor'. *The Atlantic* 13 April 2013. Solomon, Lawrence 2009. Wikipedia's climate doctor. Nationalpost.com (no date). あるいは Global warming propagandist slapped down by Wikipedia. sppiblog.org.

許可なしに進むイノベーションについては、Cerf, Vinton 2012. Keep the

Internet Open. *New York Times* 23 May 2012. さらに Thierer, A. 2014. *Permissionless Innovation: The Continuing Case for Comprehensive Technological Freedom.* Mercatus Center, George Mason University.

ITU については、Blue, Violet 2013. FCC to Congress: U.N.'s ITU Internet plans 'must be stopped'. zdnet.com 5 February 2013.

ネット検閲については、MacKinnon, Rebecca 2012. *Consent of the Networked.* Basic Books.

ブロックチェーンについては、Frisby, Dominic 2014. *Bitcoin: The Future of Money?.* Unbound.

ニック・サボの論文『支払（Shelling Out)』については、nakamotoinstitute.org/shelling-out/.

イーサリアムの公式発表、A Next-Generation Smart Contract and Decentralized Application Platform については、https://github.com/ethereum.

民間通貨については、Dowd, K. 2014. *New Private Monies.* IEA.

スマート契約については、De Filippi, P. 2014. Ethereum: freenet or skynet?. At cyber.law.harvard.edu/events 14 April 2014.

デジタル政治については、Carswell, Douglas 2014. iDemocracy will change Westminster for the Better. Govknow.com 20 April 2014. さらに Carswell, Douglas 2012. *The End of Politics and the Birth of iDemocracy.* Biteback. また、Mair, Peter 2013. *Ruling the Void.* Verso.

## エピローグ　未来の進化

漸進的な変化は政府の措置とはほとんど無関係であるというサー・デイヴィッド・バトラーの指摘については、2015 年 2 月 27 日、BBC ラジオ 4 でのサー・アンドリュー・ディルノットによるインタビュー。

無秩序な現象については、Lindsey, Brink 2002. *Against the Dead Hand.* John Wiley & Sons.

進化《しんか》は万能《ばんのう》である
人類・テクノロジー・宇宙の未来
2016年9月20日　初版印刷
2016年9月25日　初版発行

*

著　者　マット・リドレー
訳　者　大田直子《おおたなおこ》・鍛原多恵子《かじはらたえこ》・柴田裕之《しばたやすし》・吉田三知世《よしだみちよ》
発行者　早　川　浩

*

印刷所　株式会社精興社
製本所　大口製本印刷株式会社

*

発行所　株式会社　早川書房
東京都千代田区神田多町2−2
電話　03-3252-3111（大代表）
振替　00160-3-47799
http://www.hayakawa-online.co.jp
定価はカバーに表示してあります
ISBN978-4-15-209637-1　C0040
Printed and bound in Japan
乱丁・落丁本は小社制作部宛お送り下さい。
送料小社負担にてお取りかえいたします。